자연재해의 이해

고려대학교핵심교양 **6**

자연재해의 이해

유철상

KU PRESS
고려대학교
출판문화원

이 저술은 고려대학교 교양교육원과 출판문화원의 집필지원을 받아 저술되었음.

책머리에

'자연재해의 이해'라는 교양과목을 개설하여 운영한 지 10년이 넘었다. 그동안 특별한 교재 없이 관련 자료를 학생들에게 제공해 주고 강의를 진행하였으나 이번에 이 자료를 묶어 책으로 출판할 기회를 얻게 되었다.

이 책에서 고려한 재해는 총 7가지이다. 우리에게 친숙한 홍수, 가뭄을 기본으로 했고, 우리나라에서 흔하지는 않지만 화산, 지진을 고려하였다. 여기에 지구온난화, 운석의 충돌, 환경재해를 추가하였다. 사실 엄격하게 보면 지구온난화나 환경재해는 자연재해가 아니라고 할 수 있다. 그러나 주제가 가지는 중요성을 고려하여 포함시키게 되었다.

처음에는 주로 사진 자료 등을 활용하여 강의를 진행하였으나, 점차 영화나 다른 동영상을 적극적으로 이용하게 되었다. 자연재해는 그 자체로 재미있는 주제여서, 소위, 재난영화나 환경영화 등이 상당히 많이 만들어져 왔다. 가뭄을 제외하고는 다양한 자연재해에 해당하는 영화를 찾는 것은 어렵지 않았다. 가뭄은 실제로는 가장 치명적인 재해임에도 불구하고, 영화로 만들기에는 드라마틱하지는 않은 모양이다. 이들 재난영화들은 상당히 정확한 과학적 지식을 기반으로 하고 있어 수업의 보조 자료로 사용하는 데 전혀 손색이 없었다. 영화에서 다루는 내용이 상당히 심오해서 감탄을 하기도 하였다. 본문에 영화에 대한 언급이 많은 것은 이런 이유 때문이다.

자연재해에 대한 과학적 해석을 가미하는 것은 이 과목의 중요한 기획 의도였다. 특히 인문·사회과학을 전공하는 학생들이 자연과학이나 공학에 대한 개념을 조금이나마 갖게 하고 싶었다. 추가로 자연과학이나 공학을 전공하는 학생들이 어떻게 공부하는지도 보여주고 싶었다. 결과적으로 수학, 물리학뿐만 아니라 통계학이나 역학 관련 내용이 약간씩 추가되어 자연재해의 특성 및 이에 대응하는 수단의 의미를 설명하는 데 이용되었다. 예를 들어, 홍수와 관련해서는 3가지 보존법칙이, 화산과 관련해서는 열역학법칙이, 가뭄과 관련해서는 통계학이 중요하다. 이외에 재료역학, 구조역학, 유체역학 등이 다양한 자연재해를 이해하는 데 필요하다.

이런 강의자료를 기반으로 해서 이 책이 만들어지게 되었다. 책의 구성도 강의의 구성과 같이, 각 재해의 개론적인 내용, 재해가 가져오는 피해의 양상과 대응 방안, 마지막으로 이 재해의 발생이나 대응과 관련한 이론적 배경으로 하였다. 재해에 따라 다룰 수 있는 내용이 달라 분량이 들쭉날쭉이지만 가능하면 비슷한 분량이 될 수 있게 하려고 하였다. 이 책이 당초 교재로 사용하려고 기획되었지만, 관련 분야의 교양서로 이용되어도 큰 문제는 없을 것이다. 심오한 것은 아니어서, 이론적인 부분도 읽기가 크게 어렵지는 않다. 사실 그냥 생략해도 문제가 없기는 하다.

이 책이 기획되고 완성되는 과정에서 고려대학교출판문화원 원장을 맡고 계신 윤인진 교수님의 도움이 컸다. 책의 출판 과정을 담당해 주신 이무희 선생님은 A4 용지로 출력된 원고를 근사한 책으로 바꾸어 주셨다. 원고를 정리하는 과정에서는 고려대학교 수문학연구실의 많은 학생들의 도움이 있었다. 특히 이 과정에서 강민석 군, 김소은 양의 도움이 컸다. 이 모든 도움에 감사드린다. 이런 도움이 없었다면 이 책은 나오지 못했을 것이다.

2020년 7월

유철상

차례

1장 지구온난화와 기후변화

투모로우The Day After Tomorrow (2004)

감독 롤란트 에머리히
출연 데니스 퀘이드(잭 홀 박사 역), 제이크 질런홀(샘 홀 역) 등

줄거리

남극에서 빙하로 기후를 연구하는 잭 홀 박사는 지구의 이상 변화를 감지하고 급격한 기온 하락을 경고한다. 그는 지구온난화로 인한 빙하기의 도래를 주장했지만 무시되고 만다. 얼마 지나지 않아 예견했던 빙하기로의 전환이 시작되었고, 특히 고위도 지역에는 커다란 재앙이 발생한다. 홀 박사의 아들 샘은 뉴욕에서 퀴즈 대회 참가 중 급격한 기상이변으로 친구들과 도서관에 고립되고 만다. 이 소식을 들은 홀 박사는 아들을 구하기 위해 뉴욕으로 향한다.

그림 1-1. 각국의 〈투모로우〉 포스터

1.1 지구온난화Global Warming란?

인류가 지구온난화Global Warming란 용어를 본격적으로 사용한 지는 약 40여 년 정도 되었다. 1980년대에 최초로 지구가 더워지고 있다는 보고가 나오기 시작했고 1990년대 들어서는 중요한 이슈로 자리 잡게 되었다. 특히 1990년대와 2000년대에는 지구온난화가 정치적인 이슈로 번져 전 세계적으로 큰 반향을 일으키게 된다(Spencer, 2003; 이유진, 2010). 전 세계가 지구온난화라는 이슈를 가지고 크게 동요하였는데, 여기에는 미국의 전 부통령인 앨 고어의 기여가 크다. 그는 불편한 진실An Inconvenient Truth이라는 다큐멘터리 영화를 통해 지구온난화의 심각성을 알렸으며, 아카데미상을 받기도 하였다. 여러 나라에서 지구온난화라는 이슈를 제기한 많은 정치인이 대통령, 수상 등 요직에 선출되기도 하였다. 1950년대 전후로는 빙하기의 도래가 큰 이슈였다는 점은 역사의 아이러니가 아닐 수 없다.

지구온난화는 말 그대로 지구가 더워지고 있다는 것이다. 과학적으로 보면 지구의 평균온도가 올라간다는 것을 의미한다. 지구의 평균온도가 올라감으로써 여름은 더 길어지고 겨울은 짧아지고, 고위도 지방이나 고산 지역의 빙하가 녹고, 해수면이 올라가는 현상이 발생한다.(심성보 외, 2019; 오상명 외, 2011) 우리가 흔히 알고 있는 내용이다. 그러나 더욱 더 큰 문제는 기후climate가 변하는 것인데, 이 기후라는 것은 우리가 오랫동안 적응해 온 평균적인 특성이다. 쉽게 이해되지는 않겠지만 기후가 변하면 개인적으로나 사회적으로나 큰 문제가 아닐 수 없다. 이것이 왜 큰 문제인지는 다음에 자세히 다룰 것이다.

아직도 반대의 의견이 많지만, '지구가 더워지고 있다는 것'은 사실로 보인다(WMO, 2020a). 지난 2백여 년 동안 지구의 평균온도는 약 0.5-0.8도 정도 상승한 것으로 보고된다(Peterson et al, 1997; IPCC, 2014; 국립기상과학원, 2019a). 이 문장에는 두 가지 중요한 점이 내포되어 있는데, 하나는 '200'이라는 숫자이고 또 하나는 '0.5-0.8'이라는 숫자이다. 먼저, 지난 2백여 년을 언급하는 이유는 산업혁명Industrial Revolution 이후 현재까지 약 2백여 년이 지났기 때문이다. 인류가 화석연료(석유, 석탄)를 태워 이산화탄소를 과도하게 배출했다는 것이 지구온난화의 가장 중요한 원인으로 지목되면서 이 기간이 매우 중요한 의미를 갖게 했다. 두 번째로 지구 평균온도의 상승 폭을 0.5-0.8도 정도로 제시하는 이유는 지구 평균온도를 정확하게 계산하기 어렵기 때문이다. 과학기술이 엄청나게 발전했지만, 지구의 평균온도를 정확하게 추정하지도 못하는 것이 인류의 현재 수준이다. 내일 날씨도 정확히 맞히지 못하는 것을 보면 충분히 이해되는 대목이다.

지구온난화와 관련하여 다루어야 할 내용은 매우 다양하다. 그러나 이 책에서는 과거 지구의 온도, 지구온난화가 가져올 다양한 변화, 지구온난화의 예측 등에 대해서 집중적으로 살펴보고자 한다. 추가로, 수학적인 도구(방법)로 지구의 평균온도를 계산하는 과정과 이산화탄소의 증가로 인한 지구의 평균 기온 변화를 계산하는 과정을 살펴보고자 한다.

1.2 과거의 지구 평균온도를 통해 본 사실

영화 투모로우(원제는 '내일'이 아니고 '모레' The Day After Tomorrow)의 첫 부분에는 주인공인 홀 박사와 동료들이 빙하를 채취하는 장면이 나온다. 여기서 사용되는 기계는 시추기라고 부르는데, 건설공사를 할 때 땅속의 토양, 암석 시편을 채취하는 기계와 같다. 이 기계를 이용하여 두껍게 쌓인 빙하의 하부 얼음을 채취하는 것이다. 최근 보고에 따르면 남극의 빙하는 두께가 2,160m 정도이며 현재 90% 이상 뚫은 상태이다. 이 빙하를 전부 다 뚫고 지나가면 그 아래 호수에 도달하게 된다고 한다. 그 호수에 무엇이 있을지 또는 무엇이 살고 있을지 많은 과학자가 궁금해하고 있다.

빙하는 얼음이지만 처음에는 눈snow이었다. 이 눈이 쌓이고 쌓여 또 눌리고 눌려 얼음으로 변한 것이다. 남극, 북극, 또한 고산지대의 빙하도 모두 처음에는 눈이었다. 눈은 그 구조가 매우 성겨서(느슨해서), 이것으로 눈싸움이라도 할라치면 꼭꼭 눌러 주어야 한다. 이때 눈과 눈 사이에 있던 공기는 그대로 단단히 굳은 눈 속에 갇힌다. 빙하도 마찬가지이다. 단단해진 눈 속에 갇힌 공기는 결국에는 얼음으로 변한 빙하 속에 남아 있게 된다.

남극과 같은 극지방은 매우 추워서 눈, 얼음이 녹지 않고 계속 쌓이기만 하므로 상당히 오랜 기간의 대기 정보가 얼음 속에 저장되어 있다. 남극의 경우는 대략 60–70만 년 전에 내렸던 눈도 빙하로 남아 있

그림 1-2. 남극 빙하의 모습
출처: 이정은, 〈빠르게 사라지는 남극 빙하, 국제공동 대응 나서〉, 《환경일보》, 2019년 5월 30일.
http://www.hkbs.co.kr/news/articleView.html?idxno=516012

는 것으로 알려져 있다. 현재까지 발굴한 기록은 대략 50만 년 정도인데 최대로 하면 약 70만 년 정도까지의 기록을 확보할 수 있을 것이다. 많은 선진국들이 이러한 탐사활동에 참여하여 각자의 기록들을 만들어내고 있는데, 그 기록들이 매우 유사한 것으로 보아 만들어진 기록들이 상당한 신뢰도를 가지고 있는 것으로 보인다.

빙하를 채취하면 실험실로 옮겨서 얼음 속에 갇혀 있는 공기 방울 속의 기체를 채취한다. 채취된 공기를 분석하면 산소가 몇 %인지, 질소가 몇 %인지, 또는 이산화탄소가 몇 %인지 등 기체 구성비에 대한 정보를 얻을 수 있다(Jerry, 2008). 이 구성비를 얻으면 거꾸로 그런 구성비에서 가능한 대기의 온도를 추정할 수 있다. 미리 만들어 놓은 일종

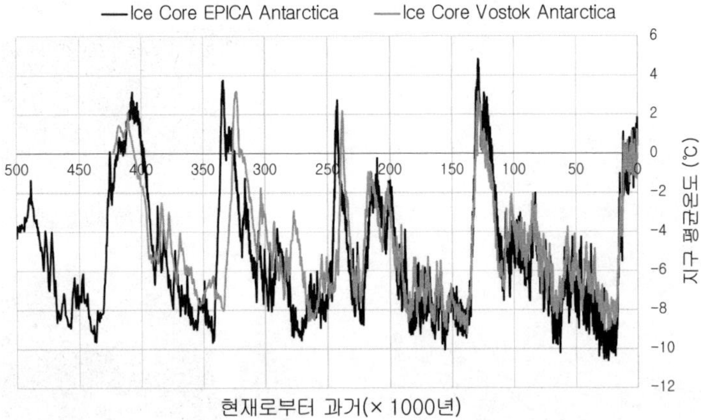

그림 1-3. 현재를 기준으로 한 과거 50만 년 동안의 지구 평균온도 변화

의 회귀식regression equation에 대입하여 쉽고 정확하게 당시의 대기 온도를 추정할 수 있다. 이렇게 만들어진 기록 중의 하나가 그림 1-3과 같다.

위 그림 1-3에 나타난 정보는 사실 굉장히 충격적이다. 먼저, 빙하기와 간빙기를 살펴보는 게 좋다. 우리가 현재 살고 있는 이 시기가 바로 간빙기이다. 이번 간빙기는 대략 일만(10,000) 년 정도 지속하고 있는 것으로 나타난다. 그전에는 빙하기로 약 십만(100,000) 년 정도 지속하였다. 이 그림에 나타난 과거 50만 년 동안 이런 간빙기는 대략 5–6번 정도 있었다. 평균적으로 보면 구만 년의 빙하기와 일만 년의 간빙기가 주기적으로 반복되고 있는 모습이다. 이 그림에 나타난 주기가 지켜진다면 곧 간빙기가 끝나고 빙하기가 도래할 것이다. 우리는 현재의 상태가,

즉, 이번 간빙기가 영원히 지속할 것이라고 가정하지만 과거 기록이 보여 주는 것은 다르다. 빙하기는 꼭 다시 도래할 것이다. 운이 좋으면(?) 빙하기에서도 살아 볼 수도 있을 것이다.

빙하기와 관련된 오해가 있는데, 빙하기는 그림에서 보이는 것처럼 현재보다 평균기온이 약 5-8도 정도 낮은 기간이다. 지구 전체가 얼음으로 덮이는 것이 아니고, 현재보다 훨씬 많은 지역이 눈과 얼음으로 덮이는 기간이다. 빙하기가 오면 현재의 봄, 가을 날씨가 여름 정도에 해당될 것이다. 봄, 가을은 현재의 겨울과 같은 것이고, 겨울은 물론 훨씬 더 추워질 것이다. 지역적으로 보면 적도 부근은 아마 현재와 별 차이가 없을 것이나, 중위도지방은 엄청나게 더 추워질 것이다. 우리나라에도 여전히 사람이 살 것이기는 하나 현재의 시베리아와 비슷한 모습이 아닐까 추측해 본다. 이 이야기는 뒤에 다시 한번 해 보기로 하자.

두 번째로 주목할 만한 점은 과거 지금보다 기온이 높았던 적이 있었음은 물론이고 그것도 여러 번 있었다는 것이다. 지금보다 기온이 5도 정도 높았던 적이 있었음도 확인할 수 있다. 즉, 지금보다 지구 평균온도가 5도 정도 상승한다고 해서 아주 이상한 일은 아니라는 것이다. 있을 수 있는 일이고 과거에도 여러 차례 있었던 일이다. 인류가 화석연료를 집중적으로 사용하지도 않았던 시기에도 지구 평균온도가 현재보다 높기도 했다. 즉, 자연적으로 이런 상황들이 만들어질 수 있다는데 주목할 필요가 있다. 지금 있는 상황이 굉장히 유별난 상황은 아니라는 것을 기억할 필요가 있다.

세 번째는 간빙기에서 빙하기로 또는 빙하기에서 간빙기로 급격하게 변화한다는 점이다. 급격하다는 표현을 썼지만, 변화의 기간이 순간이라는 말은 아니다. 단 며칠일 수도 있지만, 몇 달, 몇 년, 몇십 년 또는 몇백 년이 될 수도 있다. 간빙기나 빙하기 전체 기간보다 매우 짧은 기간이라는 의미이다. 영화 투모로우에서 보면 단 며칠 사이에 간빙기에서 빙하기로 변화하는 것을 보여주는데, 이것이 사실인지 아닌지는 안타깝게도 아무도 모른다. 단지 그럴 수도 있다고 생각할 뿐이다. 이 변화의 기간이 길면 인류는 어느 정도 적응할 것이고, 그렇지 못하면 영화처럼 될 것이다. 아마 에너지가 충분히 공급될 수 있다면 더욱 잘 적응할 것이다.

영화 〈아이스 에이지 2Ice Age: The Meltdown〉에 보면 빙하기가 끝나고 간빙기가 오는 장면이 나온다. 영화 끝에 대륙에 만들어진 빙하호수(빙하가 녹아 거대한 호수가 만들어짐)가 붕괴하는 장면이 나온다. 이 빙하호수는 그 규모가 어마어마하여 순식간에 해수면을 수 미터에서 수십 미터까지 상승시키는 역할을 했을 것으로 추측된다. 세계 곳곳에 존재하는 '노아의 방주' 전설이 이 빙하 호수의 붕괴와 관련이 있을 것으로 추측되고 있다.

참고로 그림1-4는 빙하기의 해수면 높이를 조사하여 작성한 것이다. 이 그림에서 살펴볼 수 있는 것은 빙하기의 해수면이 현재보다 100m 이상 낮다는 점이다. 빙하기가 되면 대륙에 무슨 일이 생기는지를 추측해 볼 수 있는 중요한 정보이다. 잘 알고 있는 것처럼 지구 표면

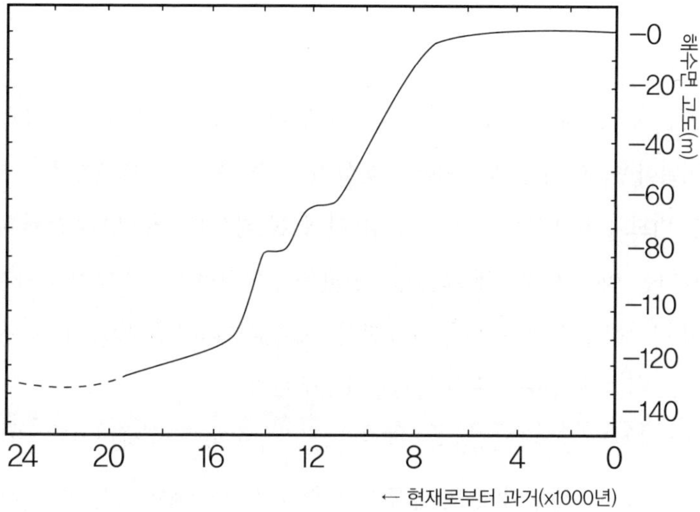

그림 1-4. 해수면의 변화

의 2/3는 바다, 나머지 1/3이 육지이다. 단순한 산술적 계산으로도 빙하기가 오면 대륙에는 평균적으로 200m 이상의 빙하가 쌓이는 것을 쉽게 예상할 수 있다. 적도 부근처럼 기온이 높은 지역을 빼면 나머지 고위도 지역에는 1,000m 이상의 빙하가 쌓일 수도 있다는 것이 된다. 현재도 아이슬란드에는 깊이 1.5km에 달하는 한반도보다 넓은 빙하지대가 존재한다.

1.3 온실효과와 이산화탄소

온실효과greenhouse effect는 익히 잘 알려져 있다. 우리가 온실 또는 비닐하우스에서 쉽게 경험하는 현상이다. 즉, 온실이나 비닐하우스 안은 밖보다 훨씬 온도가 높게 유지된다. 물론 해가 떠 있는 낮 동안에 해당하는 이야기이다. 왜 그런지는 단파복사와 장파복사의 차이를 가지고 간단히 설명할 수 있다. 먼저 복사radiation에 대해서 살펴보고, 다음으로 단파와 장파의 차이에 대해 이해해 보자.

복사는 전도conduction, 대류convection와 더불어 에너지를 전달하는 중요한 방법이다. 먼저, 전도는 열을 가진 물체에 직접 접촉되어 있는 다른 물체에 에너지를 전달하는 형식이다. 뜨거운 난로에 손을 대면 바로 화상을 입는 것이 열의 전도 때문이다. 대류는 에너지를 가진 물체와 다른 물체 사이에 존재하는 다른 물질이 열을 전달하는 형식이다. 뜨거운 난로에 부채질하면 난로 주변에서 뜨거워진 공기가 주위로 전달된다. 습도가 높은 여름에 느끼는 후덥지근한 더위는 대류와 관련이 깊다(Edward Aguado, 2005). 그러나 습도가 아주 낮은 가을에는 기온이 30도가 넘더라도 그늘에서는 시원함을 느낀다. 대류의 영향이 매우 작다는 것을 의미한다. 불가마라고 불리는 곳이 있는데, 수백 도로 달궈진 돌덩어리 근처에 있어도 쉽게 화상을 입지 않는다. 습도가 낮기 때문이다. 대신 달궈진 돌의 열기가 얼굴에 화끈거리는 것을 느끼게 되는데 이것이 복사이다. 태양과 지구 사이에는 어떤 물질도 존재하지 않

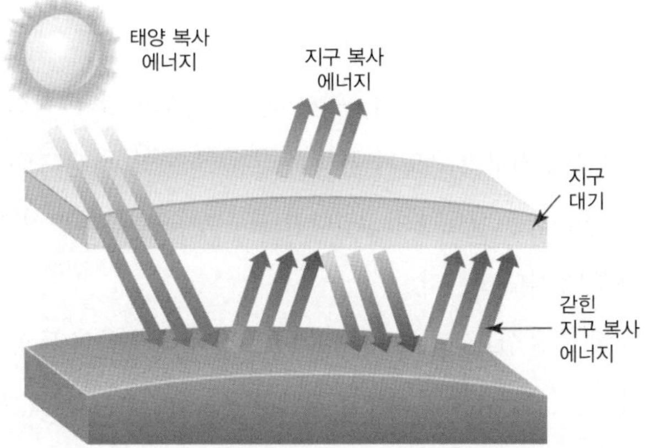

그림 1-5. 온실효과

지만 우리는 태양의 뜨거움을 얼굴로 느낀다. 이것이 복사이다.

복사이론에 의하면 물체의 온도가 높을수록 복사파의 파장이 짧아진다. 태양이라는 물체는 온도가 상당히 높아서 태양으로부터의 복사는 단파복사가 된다. 태양에 의해 데워진 지구는 그리 뜨겁지 않다. 지구도 복사에너지를 외계로 보내지만, 온도가 낮아서 파장이 긴 장파복사를 통해 전달한다. 문제는 이 복사파의 파장에 있다. 공교롭게도 온실의 유리나 비닐하우스의 비닐은 지구에서의 장파 복사를 방해하는 특성이 있다. 간단히 말하면 지구에서 만들어진 이 장파가 유리나 비닐을 잘 뚫고 지나가지 못해 다시 지면으로 반사되어 되돌아오는 것이다. 결국, 유리나 비닐은 태양으로부터의 에너지는 통과시키지만, 온실 속의 에너지는 내보내지 않기 때문에 온실 내부의 온도가 계속 올라가게 만든다. 이것이 온실효과이다.

이 온실효과라는 것이 지구에서도 이루어지고 있다. 사실, 이 온실효과 때문에 지구의 온도가 현재 우리가 살 수 있는 온도로 유지된다. 만일 지구에 온실효과가 없었다면 지구 전체는 생명이 살 수 없는 행성이 되었을지도 모른다.

지구에서 온실효과를 담당하고 있는 것이 대기 중의 특정 기체들이다. 이런 역할을 하는 기체를 온실기체greenhouse gases라고 부른다. 주요 온실기체들을 다음 표 1-1에 나열하였다. 우리가 익히 알고 있는 이산화탄소CO_2도 당연히 여기에 포함된다. 이들 기체의 특징은 파장이 4-40μm인 복사파를 잘 투과시키지 않는 것인데, 이 파장대가 지구복사파의 파장대와 일치한다. 이 파장대의 복사파를 투과시키지 않는 정도가 클수록 온실효과가 큰 기체라고 할 수 있다. 표 1-1에서 보면 온실효과의 정도는 육불화황SF_6이 가장 큰데 이산화탄소의 23,900배에 이른다. 이산화탄소보다 온실효과가 큰 기체는 메탄CH_4, 일산화이질소N_2O, 수소불화탄소HFC, 과불화탄소PFCs 등 다양하다. 수증기도 이산화탄소보다 큰 온실효과를 가지고 있다.

이렇게 이산화탄소보다 온실효과가 큰 기체들이 많음에도 불구하고 지구온난화를 이야기하면 늘 이산화탄소를 언급하는 이유는 무엇일까? 그 이유는 간단하다. 이 표에 제시된 기체들 중 이산화탄소의 양이 절대적으로 많기 때문이다. 대기 중에 존재하는 기체의 양을 고려

표 1-1. 온실기체의 종류 및 상대적 온실효과

가스 종류	지구온난화 지수 (GWP)	배출 비중 (%)	대기중 상대 비율(%)
이산화탄소(CO2)	1	91.7	0.039
메탄(CH4)	21	3.8	0.00018
일산화이질소(N2O)	310	2.0	-
수소불화탄소(HFC)	140-11,700	1.4	-
과불화탄소(PFCs)	6,500-9,200	0.3	-
육불화황(SF6)	23,900	0.9	0.67×10-9

해서 온실효과를 평가하면 이산화탄소가 단연 1위이다. 지구 전체의 온실효과 중 이산화탄소가 차지하는 비중은 50% 정도에 이른다(국립기상과학원, 2019b).

또 다른 이유는 이산화탄소를 인류의 화석연료 사용과 연결시키기 쉽기 때문이다. 산업혁명 이후 인류의 발전을 고려하면 이 과정에서 소모한 에너지를 환산할 수 있으며, 이 에너지의 확보를 위해 소비한 화석연료의 양도 추정할 수 있다. 미래에 예상되는 인류의 발전을 고려하며 필요한 에너지의 양 또는 화석연료의 양도 추정하기 쉽다. 인류가 에너지원을 다양화할 경우에 소모되는 화석연료의 양도 물론 추정하기 쉽다. 이렇게 소비된 화석연료는 대기 중 이산화탄소의 증가로 나타난다(이광호, 2019). 산업혁명 이후 약 2백여 년 동안 인류가 추가로 발생시킨 이산화탄소의 양은 현재 대기 중 이산화탄소량의 약 30%에 달한다. 현재 인류의 발전추세를 고려하면 앞으로 백 년 이내에 대기 중 이산화탄소의 양은 현재의 두 배에 이를 것으로 예측된다. 현재까지 보다 앞으로의 변화가 더 크다는 것이 지구온난화와 관련한 큰 우려의 시발점이다.

이산화탄소의 증가는 온실효과의 증가를 의미하게 되고 따라서 지구의 평균온도는 당연히 증가하게 된다. 산업혁명 이후 약 0.5-0.8도 정도 평균온도가 증가했다는 것은 일부 관측에 의한 결과이고 또한 이론적인 분석의 결과이기도 하다(좀 간단한 이론적인 분석을 이 장의 말미에서 다루어 볼 예정이다). 간단히 비례식을 적용하여 보자. 약 백 년 후에 이산화탄소의 농도가 현재의 두 배가 된다고 하면 지구 평균온도는 현재보다 약 2도 정도는 올라간다는 것을 쉽게 추측할 수 있다.

1.4 지구온난화의 영향

기후란 무엇인가?

지구온난화의 영향은, 즉, 지구의 평균온도가 높아짐에 따라 나타나는 영향은 다양하다. 우리가 일상적으로 듣고 있는 이야기만 간추려 봐도 다음과 같은 것들이 있다. 먼저, 겨울이 짧아지고 있다는 이야기를 한다. 봄이 오는 시기가 앞당겨지고 있으며, 여름은 더 길고 더워졌다고 한다(신호정·장한주, 2016; 정유림 외, 2013). 극지방이나 고산지대의 빙하가 녹고 있으며, 이로 인해 해수면이 상승하고 있다는 뉴스도 있다. 해발고도가 낮은 섬들은 곧 바닷속으로 잠길 것이라는 우울한 뉴스도 접한다. 북극곰이 물속에서 허우적대거나, 먹이 활동이 어려워 굶고 있다는 뉴스도 들린다(Root et al., 2013). 태풍이 큰 피해를 줄 때마다 지구온난화를 이야기한다. 큰 홍수나 가뭄도 지구온난화를 가지고 설명하려 한다. 새로운 병충해나 새로운 질병이 나타날 때도 지구온난화가 양념 같이 끼어든다(Vitousek, 1994). 이런 것 이외에도 지구온난화와 관련된, 지구온난화로 설명하려는 현상들은 수십, 수백 가지도 넘을 것이다(US Global Change Research Program, 2018). 지구온난화가 일정 부분 영향을 미치고 있는 것은 물론 사실이다.

지구온난화의 영향을 설명하려면 먼저 기후변화climate change에 대해 이야기해야 한다. 경우에 따라 지구온난화라는 용어와 기후변화라는 용어가 서로 혼용되어 사용된다. 그러나 지구온난화는 원인, 기후변화는 결과에 해당한다. 지구온난화의 결과로 기후변화가 발생한다.

지구온난화의 영향을 하나하나 살펴보기 전에, 기후climate와 기상(또는 일기weather)도 구분해 볼 필요가 있다. 기상은 매일매일 변하는 대기의 상태를 의미한다. 대기의 상태를 줄여서 기상이라고 표현했다고 이해하면 간단하다. 기상은 늘 변한다. 일기예보weather forecasting는 현재의 기상 상태에 근거하여 내일의 기상 상태를 예측하는 과정이다. 기후는 기상 상태의 장기간 평균이다(이승호, 2007). 통상 30년 정도의 기간을 고려한다. 예를 들어, 한국의 연평균강수량은 2010년 기준으로 1,307mm이다. 이 값은 사실 과거 30년간 한반도 내 주요 관측지점(총 73개 지점)에서 관측된 강수량을 평균해서 만든 값이다. 따라서 내년에 발표될 한국의 연평균강수량은 올해의 값과 약간 다를 것이다. 과거 30년의 평균을 계산할 때 새로운 1년이 추가되고 30년 전의 1년이 빠질 것이기 때문이다.

아주 긴 기간 속에서 연평균강수량을 살펴보면 대략 1,250-1,300mm 사이에서 움직이고 있는 것을 확인할 수 있다(이현영, 2000). 커졌다 작아졌다 하기는 하는데 어떤 특정한 방향으로, 즉, 증가하거나 감소하는 방향으로 일관되게 움직이지는 않는다. 단지 커졌다가 작아졌다가를 반복한다. 이렇게 변하는 모습을 보고 기후는 변하지change 않고 단지 변동variation한다고 한다. 기후변화와 기후변동의 차이가 이것이다. 기후변화는 특히 평균의 변화를 의미한다. 경우에 따라서는 평균의 변화는 없지만, 변동 폭, 즉 분산이 변하는 경우에도 변화라는 표현을 쓴다. 지구온난화는 기후변화를 유발하며, 이러한 변화에는 평균의 변화뿐만 아니라 분산의 변화도 포함된다.

우리나라의 기후 특성은 다양한 인자로 정량화 된다. 앞서 살펴본 강수량도 그중 하나다. 좀 더 자세히 보면, 일평균강수량, 월평균강수량, 계절평균강수량도 기후특성으로 정량화된다. 겨울철 강설량도 중요한 인자이다. 기온도 중요하다. 연평균, 월평균, 계절평균도 중요하다. 계절의 길이(일수)도 중요하다. 예를 들어, 일평균 기온이 5도 이상으로 올라가 9일간 지속되면 그 첫 번째 날을 봄의 시작일로 정의하는데, 이 시기가 얼마나 앞당겨지는지도 중요하고, 또 봄이 언제 끝나는 지도 중요하다. 장마는 언제 오는지, 얼마나 계속되는지, 우리나라에 영향을 주는 태풍의 수는 몇 개인지, 태풍이 오면 비가 얼마나 내리는지 등도 중요하다. 모두 장기간 평균의 개념이 적용된 값들이다.

지구 기온의 공간적 변화

지구온난화가 진행되면 지구에 여러 가지 변화가 나타나게 되는데 그 첫 번째는 당연히 대기온도, 즉 기온의 변화이다. 예를 들어, 지구 평균온도가 3도 정도 증가한다고 가정해 보자. 이 변화는 평균의 변화이지 지구 모든 지역에서 동일하게 3도 오른다는 것은 아니다. 지역적으로 기온이 더 올라가는 곳도 있고, 변화가 거의 없는 곳도 생기게 된다(Department of Environment, 2013). 그림 1-6은 이러한 변화를 예측한 것이다.

전체적으로 보면 가장 큰 변화는 북극 주변에서 나타나게 된다. 즉, 북극 주변에 가장 큰 기온의 상승이 나타난다는 것이다. 이와 반대로 남극에서의 변화는 북극보다 훨씬 적다. 이는 북극은 바다이고 남극은 대륙이기 때문이다. 북극의 빙하는 바다 위에 떠 있는 얼음이어서 바닷물 온도 상승의 영향으로 쉽게 녹는다. 그러나 남극은 대륙이기 때문에 그 위에 쌓여 있는 빙하는 쉽게 녹지 않는다. 얼음, 눈은 태양에너지를 반사하는 능력이 매우 커서 남극이 크게 더워지기는 쉽지 않다.

북반구의 변화가 크고 남반구의 변화가 작다는 점도 주목할 만하다. 북반구의 육지 면적이 더 크기 때문이다. 적도 부근에서의 변화가 상대적으로 미미하다는 점도 주목할 만하다. 지구온난화로 인한 기온

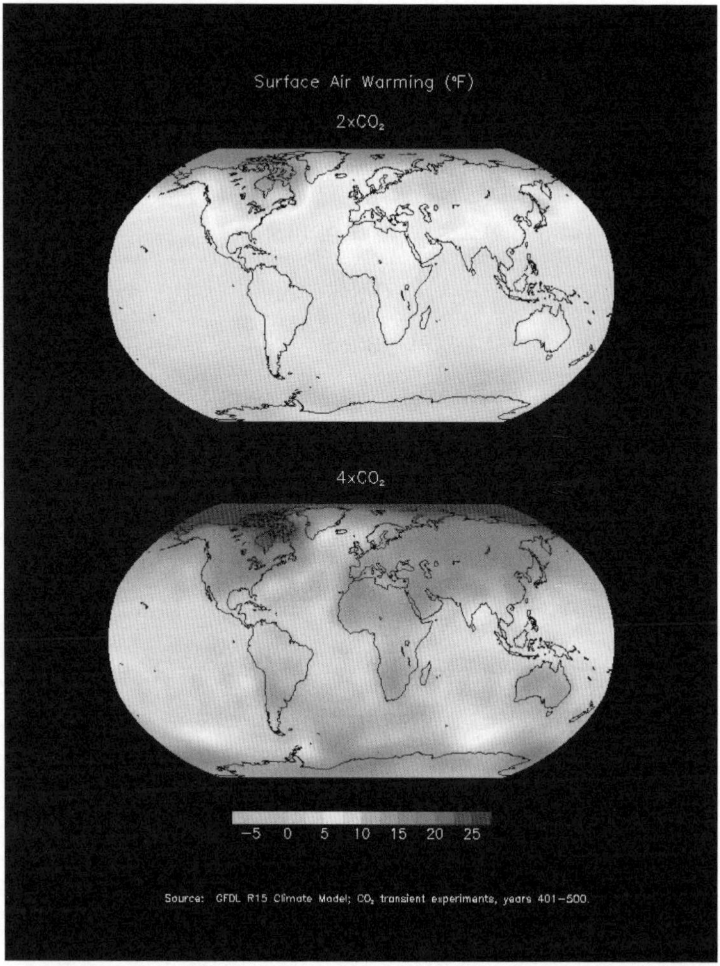

그림 1-6. 지구온난화에 따른 기온 변화의 공간적 특성

출처: NOAA(Geophysical Fluid Dynamics Laboratory), https://www.gfdl.noaa.gov/wp-content/uploads/pix/user_images/tk/quadrupling_co2/fig2.gif

의 상승은 사실 적도 부근에서는 그리 크지 않으며 고위도로 갈수록 증가한다. 같은 위도상이라면 강수량이 적은 건조한 내륙에서의 온도 변화가 크다. 물과 암석의 비열 차이를 고려하며 쉽게 판단할 수 있는 내용이다. 토양이 젖은 상태냐 마른 상태냐를 고려하여 공간적으로 좀 더 자세한 예측도 가능하다.

지구온난화와 빙하 면적의 감소

지구온난화를 이야기할 때 가장 많이 사용되는 것 중의 하나가 북극의 빙하 면적이 급격히 줄어든 사진이다. 북극의 빙하가 거의 녹아 없어졌다는 뉴스를 10여 년 이상 보고 있으므로 이제 북극의 빙하는 거의 다 없어졌을 것이다. 그러나 이는 사실이 아니다. 약 10여 년 전 IPCCInter-governmental Panel on Climate Change의 보고서에도 지금쯤 알프스의 빙하가 모두 없어질 것으로 예상했으나 아직 많이 남아있다. 물론 줄어들고 있는 것은 사실이다. 지구온난화가 더 진전되면 물론 다 없어질 수도 있다.

그러나 우리가 간빙기에 살고 있다는 것을 상기하면 현재 남은 빙하가 얼마나 적은 양인지를 쉽게 판단할 수 있다. 빙하기에 해수면은 현재보다 백 미터 이상 아래에 있었다. 육지의 면적이 바다면적의 반이고, 적도 부근은 여전히 따듯할 것이며, 또한 눈이나 얼음의 밀도가 물보다 작으므로 중위도, 고위도 지역에 쌓인 빙하의 깊이는 대충 따져도 1,000m 정도는 된다. 이런 곳은 현재 남극과 아이슬란드와 같은 아주

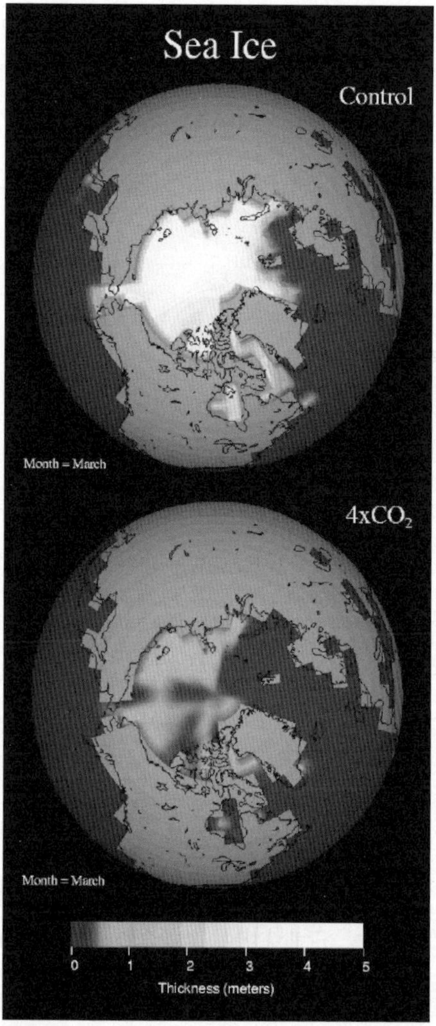

그림 1-7. 빙하면적 변화

출처: NOAA(Geophysical Fluid Dynamics Laboratory), https://www.gfdl.noaa.gov/wp-content/uploads/pix/user_images/tk/quadrupling_co2/fig3.gif

특별한 지역에서나 살펴볼 수 있다. 빙하기 때의 빙하는 이미 99% 이상 녹은 상태이며, 남은 것은 극히 일부분일 뿐이다.

빙하 면적의 감소를 언급하면 거의 예외 없이 북극의 빙하를 예로 든다. 사실 북극의 빙하는 바다 위에 떠 있기 때문에 바닷물의 온도에 매우 민감하게 반응한다. 지구온난화가 없어도 북극의 빙하는 여름에 녹고 겨울에 다시 생성되는 것을 반복하여 왔다. 물론 지구온난화가 심화되면 북극의 빙하는 여름철에는 완전히 사라질 수도 있다(그림 1-7 참고). 겨울철에도 빙하 면적이 줄어 바다가 노출될 수도 있다. 그러나 이 정도로 해수면에 큰 변화를 기대하기는 어렵다. 해수면 상승은 주로 바닷물의 온도가 증가하여, 즉, 물이 팽창함에 따라 발생하는 현상이다. 빙하가 미치는 영향은 작다.

북극에서의 이러한 변화는 과연 비극일까? 북극에서 멀리 떨어진 나라에 사는 사람들은 주로 비극이라고 말한다. 그러나 러시아, 아이슬란드 등 북극에서 가까운 나라 사람들은 오히려 지구온난화를 반기고 있다. 그동안 너무 춥게 살았으니 이제 좀 따듯하게 살아보자고 말한다. 북극의 빙하가 녹는 것도 물론 환영이다. 이들 나라에서는 자원 탐사나 개발에 큰 기대를 하고 있으며, 새롭게 북극 항로도 개척하고 있다(김은주·박지윤, 2015).

지구온난화의 비극을 대표하는 것이 북극곰이다. 빙하가 녹아 북극곰이 물개를 사냥하기 더욱 어려워지고, 또한 넓어진 바다를 건너다 빠져 죽기도 한다. 곧 북극곰이 멸종할 것처럼 보인다. 그러나 이는 사실이 아니다. 북극곰의 개체 수는 꾸준히 증가하고 있다. 지구온난화 덕분이다. 북극곰의 개체 수는 겨울이 얼마나 길고 혹독한가에 달려있다. 겨울이 혹독하게 길면 덩치가 작은 새끼 곰은 살아남지 못한다. 몸에 저장된 에너지가 어미 곰과 비교하면 턱없이 적기 때문이다. 겨울이 짧으면 모두 살아남는다. 또한, 곰들은 먹이를 북극 인근의 내륙에서 해결하는 쪽으로 바꾸고 있다. 가끔 물에 빠져 죽는 곰이 있기는 할 텐데 이는 일부 북극곰에게 닥친 시련일 뿐이다. 나머지 곰들은 변화된 환경에 적응해 가고 있다.

슈퍼태풍의 발생

지구가 공처럼 둥글기 때문에 적도에는 많은 에너지를 공급받고, 반대로 고위도지방에는 적은 에너지만을 공급받고 있다. 만일 이러한 에너지 불균형을 해소해주지 않는다면 적도는 불지옥, 북극은 얼음지옥으로 남을 것이다. 사람은 중위도 지역의 일부에서만 간신히 살 수 있는 정도일 것이다. 그러나 지금 지구에서 사람들은 적도에서 극지방 근처까지 모두 살고 있다. 살 수 있는 여건이 만들어져 있기 때문이다. 즉, 지구에는 적도의 잉여 에너지를 고위도지방에 전달하는 시스템이 여럿 구축되어 있으며, 그중 하나가 태풍이다(설동일, 2010).

태풍을 간단히 정의하면 회전하는 에너지 덩어리이다. 적도의 따듯한 바다에서 많은 물이 증발한다. 특히 더운 여름에 그렇다. 액체인 물이 기체인 수증기로 바뀌는 과정을 증발이라고 하는데, 증발이 되려면 상당량의 에너지가 필요하다. 즉, 수증기는 기체인 물로 그 자체로 많은 에너지를 포함하고 있는 것이다. 액체인 물을 같은 온도의 수증기로 바꾸는 데 필요한 열에너지를 기화열이라고 한다. 이 열을 잠열 latent heat이라고도 한다. 대기 중에 수증기가 어느 정도 이상 쌓이면 덩어리를 만들게 되고, 그게 자전의 영향으로 인해서 돌기 시작한다.

태풍이 적도 부근에서는 잘 만들어지지 않는데, 이는 적도 부근에서는 큰 회전력이 만들어지지 않기 때문이다. 지구가 자전축을 중심으로 하루를 주기로 회전하는데 회전 반경이 위도에 따라 달라지고, 따라서 회전 속도가 위도에 따라 다르다. 적도 부근으로 갈수록 빨리 돌고 반대로 고위도 지역으로 갈수록 느려지는 것이다. 태풍을 돌게 만드는 회전력은 이 속도 차이에 의해 만들어진다. 적도 부근에는 수증기는 많으나 회전력이 작은 게 문제이다. 회전력이 커야 주변의 수증기를 모아 그 덩어리를 더 커지게 한다. 마치 솜사탕이 커지는 것과 같다. 결과적으로 적도 부근 ±5° 정도의 위도에서 태풍이 만들어진다.

이렇게 만들어진 태풍은 일단 압력 차에 의해서 저위도에서 고위도지방으로 서서히 움직이게 된다. 여름철에는 뜨거운 적도 지방이 압력이 높고, 덜 뜨거운 중위도 지역이 압력이 낮다. 그래서 태풍이 중위도 지역으로 이동하는 것이다. 태풍이 가지고 있던 에너지, 즉 수증기를 비로 뿌려가며 추가의 동력을 만들기도 한다. 한창 여름일 때 만들어지는 태풍은 굉장히 힘이 세서 자전의 영향을 크게 받지 않고 직선으로 쭉 올라간다. 그러나 가을이 가까워져 오면 태풍의 위력은 점점

그림 1-8. 인공위성에서 바라본 태풍의 모습

출처: NASA

감소하고 따라서 그 경로가 점차 오른쪽으로 휘어지게 된다.

태풍이 육지에 상륙하면 마찰로 인해 에너지의 손실이 크게 발생한다. 태풍은 정체되고(속도가 느려지고) 가진 에너지를 다 써버리고 소멸하는 경우가 많다. 에너지를 다 써버린다는 얘기는 수증기가 전부 물로 바뀐다는 것을 의미한다. 즉, 태풍이 육지에 상륙하게 되면 가지고 있던 수증기를 물로 바꿔서 육지에 비를 뿌린다. 이때 기화열은 주변 대기로 전달되는데 이런 과정을 통해 고위도 지역의 기온이 올라간다. 태풍이 지나간 뒤에 따듯해졌다고 느끼는 것이 이런 이유 때문이다. 태풍의 수명은 길어야 1, 2주 정도이며, 이 짧은 시간 안에 적도의 많은 에너지가 중위도 지역으로 이전된다. 짧은 시간 안에 이루어지므로, 그 과정이 더욱 극단적이기는 하다. 그래서 많은 재해가 발생하는 것이다.

지구온난화로 인한 슈퍼태풍의 발생 가능성은 지구의 평균온도 상승으로 인해 증발량이 증가한다는 것에 근거한다. 바다에서의 증발량 증가는 필연적으로 태풍의 발생빈도(발생 개수)도 늘리고 경우에 따라서는 더 큰 태풍의 발생도 가능하게 한다. 태풍이 동시에 여러 개 만들어지면 이들이 합쳐져 더욱 강력한 태풍이 만들어질 수도 있다. 이런 내용이 슈퍼태풍 발생의 배경이다. 높은 온도의 바닷물이 중위도 지역까지 유지되면 태풍은 그 세력을 잃지 않고 우리나라에까지 큰 영향을 미칠 수 있다. 슈퍼태풍이 아니더라도 중위도 지역의 피해는 더욱 커질 수 있다.

빙하기의 도래 가능성

지구의 기온이 적도에서 양 극지방까지 사람이 버틸 수 있는 정도로 유지되는 것은 적도 부근의 잉여 에너지를 고위도 지역까지 전달해 주는 다양한 시스템이 존재하기 때문이다. 일단 바람이 그 역할을 하고 있다. 또한, 이 바람의 영향으로 만들어지는 해류도 이런 역할을 한다(구체적으로는 표층 해류). 앞서 살펴 본 태풍도 중요한 역할을 한다. 여기에 추가할 것이 바로 심층해류deep current이다. 생소한 이름의 이 심층해류는 발견된 것도 그리 오래되지 않았으며, 그 역할을 이해한 것은 그보다 더 짧다.

심층해류가 발견된 것은 약 30-40년 정도 전의 일이다. 심층해류의 발견이 과거 바다에서 진행했던 핵실험 때문이라는 것도 아이러니하다. 핵실험이 처음에는 대기 중에서 시행됐고, 그 영향이 크다고 느끼고서는 주인 없는 바다(즉, 공해)로 옮겨서 시행되었다. 셀 수 없을 정도로 많은 핵실험이 공해상에서 이루어졌다. 방사능의 위험이 파악된 후에는 지하 핵실험으로 바뀌었다. 국토가 큰 나라는 못 쓰는 사막에서, 국도가 작은 나라는 주로 식민지에서 실험했다. 비키니 수영복 명칭의 유래인 비키니섬은 프랑스의 식민지로 역시 핵실험으로 유명해졌다. 비키니 수영복은 핵실험의 충격만큼이나 파격이라는 데에서 이름 붙여졌다.

방사능의 위험이 알려진 이후 미국은 과거 바다에서 한 핵실험의 영향이 현재 어떤지 상당히 궁금해 했다. 결국 굉장히 큰 관측 프로젝

트를 시작하는데, 간단히 말하면 전 세계의 바다를 바둑판처럼 구분한 후 각 지점마다 수심에 따른 방사능 농도, 수온 등을 포함한 여러 가지를 측정하게 된다. 그 결과를 분석하는 과정에서 이 심층해류라는 것이 발견된다. 그림으로 보면 간단하지만, 숫자로 된 그 많은 자료에서 이런 걸 발견하는 것은 보통 능력이 아니다. 우연히 발견한 것일 수도 있지만, 어찌 됐건 지구에 대한 이해를 한 단계 높이는 중요한 계기가 되었다. 빙하기와 간빙기가 주기적으로 반복되는 현상도 어느 정도 설명 가능하게 되었다.

심층해류는 바다 표면과 바닷속 깊은 곳을 순환하는 형태의, 적도와 양 극지방을 연결하는 긴 흐름이다. 속도도 굉장히 느려서 한 번 순환하는 데 몇 년씩 걸린다. 이를 컨베이어 벨트라고 부르기도 하는데 기본적으로 같은 형태이다. 더욱 신기한 것은 이 컨베이어 벨트를 움직이는 동력이 소금물의 농도라는 점이다. 예를 들어, 적도의 바닷물은 온도가 높아 많은 소금을 함유한 매우 짠 물이다. 이 짠물이 컨베이어를 타고 고위도의 극지방 가까이까지 올라간다. 거기서 가지고 있던 에너지를 주변에 방출하고 차가워진다. 그 결과로 고위도지방의 바닷물 온도가 상당히 많이 올라가고 주변 대기 온도도 덩달아 올라간다. 이제 차가워진 이 짠물은 주변 바닷물과 비교해 온도는 같지만, 소금의 농도는 훨씬 더 높은 상태가 된다. 상대적으로 더 무거워진 이 짠물은 바닷속으로 가라앉는다. 가라앉은 이 짠물은 바닥을 흘러 흘러 다시 적도 부근으로 온 후 온도를 회복한 뒤에 다시 수면 위로 떠오르게 된

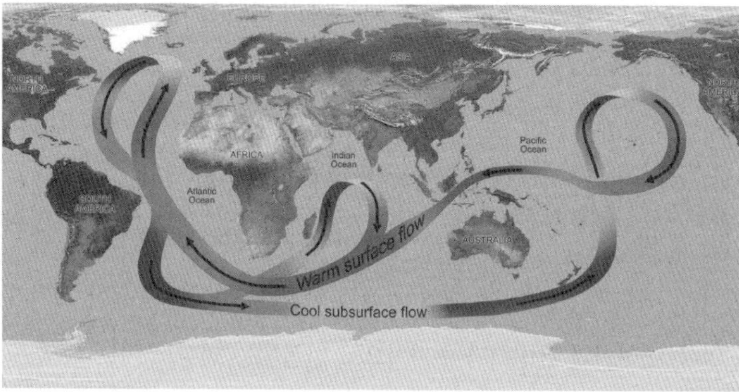

그림 1-9. 심층해류

출처: NASA

다. 이 컨베이어 벨트의 규모가 상당히 커서 에너지의 전달 규모도 상당히 크다, 특히 고위도 지역에 사람이 살 수 있는 이유는 온전히 이 심층해류 덕분이다.

이 심층해류가 왜 생기게 되었는지는 명확하지 않다. 그러나 이 심층해류가 끊어지게 되는 이유는 어느 정도 밝혀졌다. 빙하 때문이라는 것이다. 잘 알고 있는 것처럼 빙하는 눈이 얼음으로 변한 것이다. 즉, 맹물이다. 극지방 인근의 빙하가 어떤 이유에서 급격히 녹아 방출되고, 특히 공교롭게도 심층해류가 가라앉는 지역으로 방출되면 심층해류의 농도가 급격히 희석되어 가라앉지 못하고 끊어질 수 있다는 것이다. 이 컨베이어 벨트가 끊어지면 순간적으로 극지방 기온은 급격히 낮아지고, 반대로 적도 부근은 급격히 온도가 올라가게 된다. 이 상황이 영화

〈투모로우〉의 시작 부분이다. 적도 부근의 과도한 잉여 에너지를 해소하기 위해 거대한 태풍이 발생할 수밖에 없고, 또한 지구 전체의 에너지 불균형은 지구 대기 시스템을 심하게 흔들게 된다. 결과적으로 과거에 경험해보지 못한 거대한 폭풍, 해일, 우박 등을 만들어내게 된다. 이게 빙하기로 들어가는 과정이다(John, 1994).

심층해류가 끊어지면 고위도지방의 기온이 순식간에 떨어져 주변이 모두 얼어버리게 된다. 그 위에 눈이 쌓이게 된다. 눈과 얼음은 빛의 반사 능력이 커서 지구로 오는 태양에너지를 상당 부분 외계로 반사시킨다. 결과적으로 지구가 받는 에너지 총량 자체가 줄어 빙하기로 더욱 빨리 빠져들게 한다. 고위도지방에서 저위도지방으로 빙하지역이 크게 확대되게 된다. 다행히 적도 부근에는 여전히 많은 에너지를 받기 때문에 현재와 유사한 수준으로 기온을 유지할 것으로 보인다. 최종적으로 지구의 받는 에너지와 방출하는 에너지가 균형을 이루게 되면 이 혼란이 멈추고 지구는 긴 빙하기를 시작하게 된다. 영화에서는 대략 1주일 정도의 기간 안에 간빙기에서 빙하기로 전환된다고 나오지만, 이렇게 빠를지는 아무도 모른다. 실제 이렇게 빠르다면 현재 열대기후 또는 아열대기후 지역을 제외하고는 모든 지역에서 사람의 생존은 어려울 것이다.

이 컨베이어 벨트가 끊어지고 다시 이어지면서 빙하기와 간빙기가 반복되고 있다고 추측한다. 현재는 상당히 너덜너덜한 상태라고 한다. 그러나 과거에는 어떤 이유로 극지방의 빙하가 녹아서 이 컨베이어 벨트를 끊어 놓았는지 잘 모른다. 특히 과거 자료를 보면 약 10만 년을 주기(빙하기 8–9만 년, 간빙기 1–2만 년)로 반복되고 있는데 이러한 규칙성이 어디서 오는 지도 잘 모른다. 태양의 영향일 것이라고 추측하는 정도이다.

빙하기가 언제 시작될지도 모르고, 이 변화가 급격할지 완만할지도 모른다. 아무것도 모른다. 아마 주요 선진국은 이 컨베이어 벨트를 관측하고 있을 것이고, 따라서 언제쯤에 빙하기가 올지를 미리 알고 있을 가능성도 있다. 만일 그렇다면 그 나라는 특히 다음 3가지를 준비하고 있을 것이다. 첫째는 에너지, 둘째는 식량, 셋째는 물이다. 에너지 공급만 정상적으로 된다면 식량과 물 문제를 해결할 수 있다. 그러면 생존 가능하다. 지구온난화의 끝은 불지옥이 아니다. 바로 빙하기이다. 지구온난화가 가속화되면 빙하기의 도래를 재촉하게 된다. 우리가 지구온난화를 두려워하는 이유이다.

지구 시스템의 불안정으로 인한 재해 증가

지구의 기후 시스템이 안정되어 있다면 홍수나 가뭄은 유사한 규모로, 유사한 주기로 반복될 것이다. 시스템의 변동성이 정상적으로 유지된다는 가정하에서 그런 것이다. 예를 들어, 연 강수량은 대략 1,300mm 정도가 될 것이고, 봄 가뭄은 3–5년에 한 번 정도 발생할 것이고, 장마는 6월 말에 시작되어 대략 한 달간 지속될 것이다. 태풍은 8월 중순 이후부터 9월 중순 사이에 약 3개 정도가 한반도에 영향을 미칠 것이다.

그러나 이러한 정상성이 무너진다면 상황은 달라진다. 더 많은 태풍이 한반도에 영향을 미칠 수 있고, 또는 아예 영향을 미치지 않을 수도 있다. 마른장마가 일상화될 수도 있고, 1,000mm 이하로 연 강수량이 떨어질 수도 있다. 이렇게 되면 홍수, 가뭄의 위험은 더욱 커지게 되고, 우리의 생존에 꼭 필요한 수자원의 확보도 어려워지게 된다.

이러한 문제를 사람에 빗대어 설명하면 쉽게 이해할 수 있다. 예를 들어, 임의로 어떤 학생을 상상해 보자. 이 학생이 오늘 과거와 같은 모습을 보인다면 '정상'이라고 말한다. 오늘 특별히 행동거지가 다르면 '오늘 이 친구는 비정상이야'라고 말하게 된다. 정상/비정상은 이처럼 시간적 측면에서의 평가이다. 추가로, 이 친구가 어떤 외부의 요인에 의해 비정상성이 높아져 있다고 가정해 보자. 이런 상황을 우리는 '열 받았다'라고 말한다. 이렇게 되면 이 친구는 어디로 튈지 모르게 된다. 지구의 기후 시스템에서 보면 이런 상태가 바로 홍수나 가뭄이 과거와 다르게 나타나는 것을 의미한다. 홍수와 가뭄의 발생이 더욱 빈번해지고 또한 그 강도intensity 또는 severity도 더욱 세지고 있는 것이 바로 지구온난화의 증거이다.

1.5 지구 평균온도 구하기

적분을 이용한 원의 면적 구하기

우리가 인생을 살아가면서 이용하게 되는 수학 지식은 아주 다양하다.

간단히 생각해 보면 초등학교 때 외운 '구구단'은 정말 중요하다. 덧셈, 뺄셈에 이어 곱셈, 나눗셈을 가능하게 해 주기 때문이다. 구구단을 외우고 있지 않다면 우리 인생이 얼마나 힘들 것인지 쉽게 이해할 수 있다. 할 수 있는 게 별로 없어진다. 중학교와 고등학교 수학 시간에는 좀 더 어려운 수학지식을 배우게 되는데…. 문제는 이런 수학 지식이 우리 인생에 얼마나 중요한 역할을 하는지를 잘 모르는 사람이 많다는 점이다. 이 지식을 배울 당시 그것을 실제 문제에 이용하기는 사실 어렵다. 결국, 그것이 어디에 효과적으로 사용되는지를 깨닫지 못해 '인생을 살아갈 때 덧셈, 뺄셈, 곱셈, 나눗셈의 사칙연산 이외에는 필요한 수학은 없다!'라고 믿는 사람들도 많이 생긴다. 이것은 물론 사실이 아니다. 미국 공영방송에서는 '수학이 여러분의 미래를 결정한다.'고 광고한다. 영화 〈점퍼Jumper〉(2008)에 보면 주인공이 고향 마을에 가서 옛 여자 친구를 만나는 장면이 나오는데, 행색이 좋은 주인공을 보고 서빙을 하던 옛 여자 친구가 직업이 뭐냐고 묻는다. 은행에 다닌다고 하니, 웃기지 말라고 한다. 수학 못했던 것 다 안다고….

중·고등학교에서 배우는 수학의 여러 가지 주제 중에 적분과 미분이 있다. 적분은 말 그대로 더하는 것이고 미분은 말 그대로 나누는 것이다. 적분은 주어진 곡선 아래의 면적을 구할 때 사용했었고, 미분은 주어진 곡선의 기울기를 구할 때 사용했었다. 적분은 어떤 속도로 움직이는 물체가 이동한 총 거리를 계산하는 데 사용했었고, 미분은 주어진 함수의 최댓값 또는 최솟값을 구하는 데 사용했었다. 적분은 우리의 평균 수명을 계산하는 데에도 사용되고, 미분은 언제 사망할 확률이 제일 큰지를 계산할 때 사용한다. 적분은 우리가 투자한 돈의 기대수익을 계산할 때 사용하고, 미분은 어디에 또는 언제 투자할지를 결정할 때 사용한다. 이런 걸 감으로 판단하는 사람도 있는데, 계산하는 사람을 이길 수는 없다.

면적을 구할 때 적분이 이용된다는 것은 잘 알고 있는 사실이다. 도심이나 무게중심을 계산할 때도 적분이 이용된다. 그러나 적분이 가장 많이 이용되는 학문이 통계학이다. 그래서 통계학을 적분의 학문이라고도 한다. 평균, 분산, 왜곡도 등을 계산하는 과정에 적분이 깊숙이 들어있다. 어떤 사건이 발생할 확률도 적분을 이용하여 계산한다. 우리가 계산하게 될 지구의 평균온도 계산에도 이러한 적분이 이용된다. 여기서는 적분을 이용하여 구(공)표면의 면적, 그리고 지구가 받는 태양에너지를 계산하는 과정을 살펴보기로 한다.

참고로, 적분과 미분은 덧셈, 뺄셈, 곱셈, 나눗셈을 많이 반복해서도 수행할 수 있다. 한 번에 할 수 있는 계산을 수백, 수천 번의 계산으로 나누어 수행한다는 것은 사실 효율적이지 못하다. 이런 것을 아주 잘 하는 도구가 있는데 그게 바로 컴퓨터이다. 그러나 컴퓨터에 일을 시키려면 주어진 문제를 컴퓨터가 알 수 있게 바꾸어 주어야 한다(이런 것은 수치해석numerical analysis이라는 수학 과목에서 배운다).

간단한 예로 다음과 같이 반경이 R인 원의 면적을 적분의 개념을 이용해 계산해 보자. 원의 면적이 πR^2이라는 것은 다 아는 사실이다.

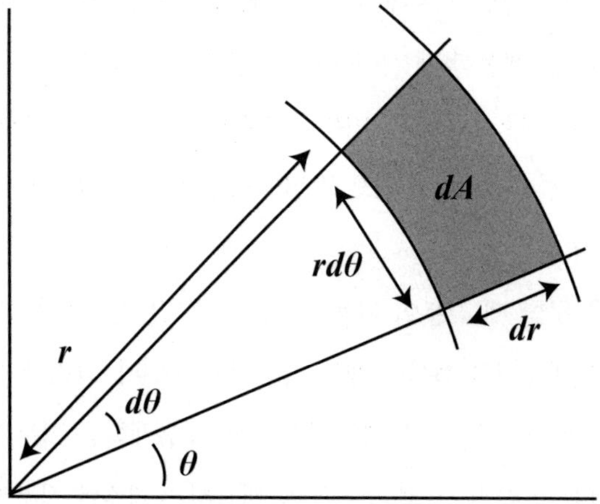

그림 1-10. 원의 면적 구하기 – 간단한 방법

문제는 이 공식을 어떻게 유도하는가이다. 여러분들은 고등학교 때 적분의 개념을 이용하여 주어진 그래프 아래의 면적을 구했던 것을 기억할 것이다. 기본적으로 잘게 나눈 후 더하는 방법을 쓴다. 원도 마찬가지다. 원의 경우에는 특별히 다음과 같은 두 가지 경우가 대표적이다.

먼저, 간단한 경우부터 살펴보자. 일단 원을 다음과 같이 같은 면적의 1/4원으로 나누면, 이 1/4원은 각도 θ가 0에서 90도($\pi/2$) 반지름은 0에서 R까지로 정의된다. 이 1/4원은 다음과 같이 미세한 면적의 합으로 가정할 수 있다(그림 1-10 참고). 이 미세면적을 계산하려면 먼저 원호의 길이를 계산하고, 다음으로 여기에 폭을 곱해 주어야 한다. 원호의 길이는 각도 $d\theta$와 거리 r의 곱으로 표현된다. 즉, 원호의 길이

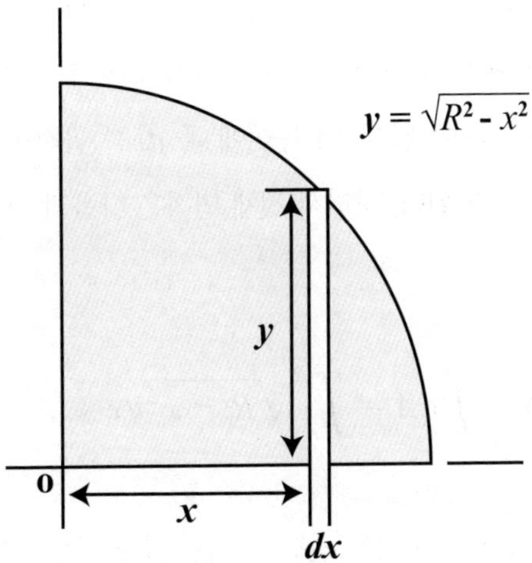

그림 1-11. 원의 면적 구하기 - 어려운 방법

는 $rd\theta$가 된다. 이 원호에 폭 dr을 곱해주면 이 작은 면적은 간단히 $dA = rdrd\theta$로 나타낼 수 있다. 이제 전체 면적은 이 dA를 각도 θ는 0에서 $\pi/2$까지, 반지름 0에서 R까지 적분함으로서 얻을 수 있다. 즉,

$$A = \int\int dA = \int_0^{\pi/2}\int_0^R rdrd\theta \qquad (1.1)$$

이 적분의 결과는 당연히 $\pi R^2/4$이다. 따라서 전체 원의 면적은 이 값의 4배인 πR^2이 된다.

두 번째 방법은 첫 번째 방법보다는 간단해 보이지만 실제로는 더 어려운 방법이다. 그림 1-11에서와 같이 역시 1/4원에 다음과 같이

미세면적을 정의한다. 먼저, X-축의 좌표임의 지점을 x로 나타내고 폭은 dx로 표현해 보자. x점에서 원호까지의 높이는 피타고라스 정리에 의해 $\sqrt{R^2-x^2}$이 된다. 이 높이에 폭 dx를 곱하면 미세면적은 $dA=\sqrt{R^2-x^2}\,dx$가 된다. 따라서 전체 면적은 다음과 같이 간단하게 표현된다.

$$A=\int dA=\int_0^R \sqrt{R^2-x^2}\,dx \qquad (1.2)$$

그러나 식 (1.2)는 형태는 간단하지만, 실제 적분하기는 매우 어렵다. *Mathematical Handbook*에서 위 식의 결과를 찾아보면 다음과 같다.

$$\int_0^a \sqrt{a^2-x^2}\,dx=\left[\frac{x\sqrt{a^2-x^2}}{2}+\frac{a^2}{2}sin^{-1}\frac{x}{a}\right]_0^a \qquad (1.3)$$

이 결과를 이용하면 다음 계산을 할 수 있다.

$$\int_0^R \sqrt{R^2-x^2}\,dx=\left[\frac{\pi x^2}{4}\right]_0^R=\frac{1}{4}\pi R^2 \qquad (1.4)$$

최종 결과는 물론 $\pi R^2/4$이다. 따라서 전체 원의 면적은 이 값의 4배인 πR^2이 된다.

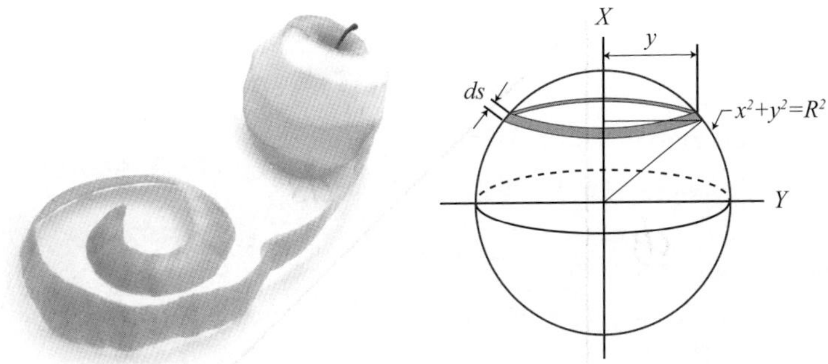

그림 1-12. 사과 껍질의 모양과 구 표면의 비교

구의 표면적 구하기

구의 표면적은 원의 면적을 구하는 것과 유사해 보이기는 하지만 많이 다르다. 다음 그림 1-12처럼 구의 표면적은 마치 사과껍질과 같다. 사과 껍질은 평평한 면이 아니고 곡면이다. 이를 매우 잘게 자르면 경사진 면으로 근사할 수 있다. 구의 표면적을 구할 때 이 점이 중요하고, 이를 어떻게 반영하느냐가 관건이 된다.

먼저, 위 그림 1-12에서 잘게 자른 구 표면 원형 띠의 면적은 원의 둘레 $2\pi y$에 폭 ds를 곱해서 나타내 줄 수 있다. 즉,

$$dA = 2\pi y ds \tag{1.5}$$

위 식은 ds로 표현되어 있어 바로 사용하기 어렵다. 일단 ds는 dx와 dy

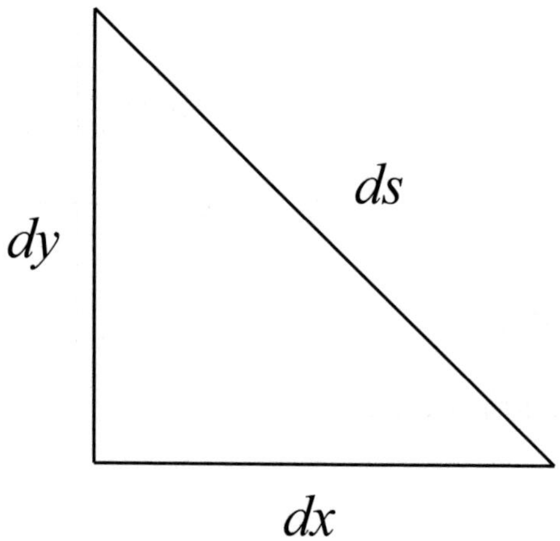

그림 1-13. *dx*, *dy*, *ds*의 관계는 $dx^2 + dy^2 = ds^2$

로 바꾸어 표현해 보자. 구의 표면은 3차원 공간에서 정의되는 형태이므로 원보다는 한 차원 높게 반지름 R, 수평축 X, 수직축 Y를 통해서 정의할 수 있다. 위 그림 1-12에 나타난 원형 띠 위의 임의의 점 (x, y)를 생각해 보자. 이 원형 띠는 경사져 있으므로 그 폭 ds는 아래 그림과 같이 dx와 dy로 나타낼 수 있다. 즉, 피타고라스 정리에 의해 $dx^2 + dy^2 = ds^2$이 된다.(그림 1-13 참고)

이제 ds는 다음과 같이 dx와 dy로 표현된다.

$$ds = \sqrt{dx^2 + dy^2} = \sqrt{1 + \frac{dy^2}{dx^2}}\, dx \qquad (1.6)$$

추가로 dy와 dx의 관계를 넣어 주면 위 식은 ds와 dx의 관계로 좀 더 간단히 표현될 수 있다. 이때 이용되는 것이 원의 방정식이다. 즉, $x^2 + y^2 = R^2$. 먼저, 이 식을 y에 대해서 정리한 후 x에 대한 1차 미분을 구하면,

$$\frac{dy}{dx} = \frac{d}{dx}\{(R^2 - x^2)^{1/2}\} = \frac{1}{2}(R^2 - x^2)^{-1/2} \cdot (-2x) = \frac{-x}{\sqrt{R^2 - x^2}} \quad (1.7)$$

위 결과를 식 (1.6)에 대입하면 ds는 다음과 같이 정리된다. 즉,

$$ds = \sqrt{1 + \frac{x^2}{R^2 - x^2}}\, dx \quad (1.8)$$

마지막으로 구의 표면적 $S = \int_{-R}^{R} 2\pi y ds$ 식에 $y = \sqrt{R^2 - x^2}$와 $ds = \sqrt{1 + \frac{x^2}{R^2 - x^2}}\, dx$를 대입하면

$$\begin{aligned} S &= \int_{-R}^{R} 2\pi y ds \\ &= \int_{-R}^{R} 2\pi \sqrt{R^2 - x^2} \times \sqrt{1 + \frac{x^2}{R^2 - x^2}}\, dx \\ &= 4\pi \int_{0}^{R} \sqrt{(R^2 - x^2) \times (R^2 - x^2 + x^2)/(R^2 - x^2)}\, dx \\ &= 4\pi \int_{0}^{R} R dx \\ &= 4\pi R^2 \end{aligned} \quad (1.9)$$

즉, 구의 표면적은 $4\pi R^2$ 로 유도된다.

이제 구의 표면적이 어떻게 유도되었는지 이해할 수 있게 되었다. 쉽다면 쉽고, 어렵다면 어려운 문제이지만, 위 유도 과정은 미분이라는 개념을 이용하지 않으면 불가능하다. 가장 초보적인 수준의 미분이지만 알고 있느냐와 모르느냐는 완전히 다른 차원이다. 고등학교 수준의 적분을 할 수 있고, 미분의 개념을 가지고 있고, 마지막으로 사과 껍질의 모양이 평면이 아니고 곡면이라는 것을 고려하면 구의 표면적을 구해낼 수 있다.

지구가 받는 총 에너지 구하기

태양에너지는 복사의 형태로 지구에 전달된다. 태양은 지구에서 매우 멀리 떨어져 있고, 또한 태양은 지구보다 훨씬 더 크기 때문에 지구에 도달하는 태양에너지의 방향은 지구 어디에서나 같다. 즉, 적도에서는 태양이 수직으로 강렬하게 내리쬐고 양 극지방에서는 태양이 멀리 지평선 너머에 희미하게 보일 뿐이다. 이 사실이 지구가 받는 태양에너지를 계산하는데 가장 중요한 점이다. 결과적으로 적도 부근에서는 많은 양의 에너지를 받고 양 극지방에서는 태양에너지를 거의 받지 못한다. 그래서 적도 부근은 매우 뜨겁고 양 극지방은 매우 춥다.

태양에서 멀리 떨어진 지구의 위치에서 단위면적당 받는 태양에너지를 태양상수 α라고 부른다. 이 값은 약 1,380W/m^2 정도이다. 1W(Watt)는 1J/s로 정의되는데, 매 1초(second, 약어로는 sec 또는 s)마다

그림 1-14. 마이크 타이슨의 펀치 장면

출처: Alan Dawson, "Mike Tyson once offered a zookeeper $10,000 to open a cage so he could 'smash' a silverback gorilla in the face", ***Insider***, 2020년 4월 14일, Photo by Douglas C. Pizac., ***AP Photo***. https://www.insider.com/mike-tyson-once-offered-a-zookeeper-10000-to-fight-gorilla-2020-4

1J(Joule)의 에너지가 공급된다는 의미이다. 1J은 1N(Newton)의 힘으로 1m를 이동시키는 데 들어가는 에너지(또는 일)이고, 마지막으로 1N은 1kg의 질량에 $1m/s^2$의 가속도가 걸렸을 때 만들어지는 힘이다. 권투를 예로 들어보면, 질량 1kg의 주먹을 $1m/s^2$로 가속하여 상대방을 가격하면 상대방은 1N의 힘을 느끼게 되고, 이로 인해 뒤로 1m 밀렸다면 총 1J의 에너지가 상대방에 가해진 것이다. 이 일(에너지)을 매초 반복할 수

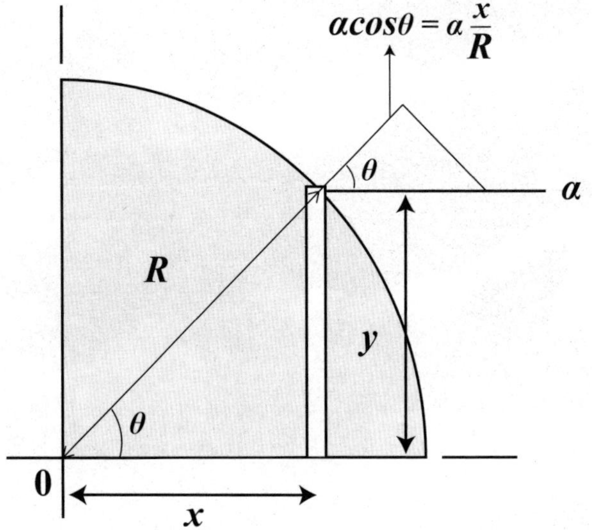

그림 1-15. 지구 표면에서 받는 태양에너지

있다면 이 선수는 1W의 성능(일률)을 가진 것이다. 참고로 '핵주먹' 마이크 타이슨의 주먹은 5,600N 정도의 힘을 가진 것으로 알려져 있다.

태양상수가 약 1,380W/m^2이지만 이 값은 적도에서 태양에너지를 직각으로 받을 때의 값이다. 양 극지방에서는 지면과 태양과의 각도가 0°로 태양에너지를 거의 받지 못한다. 즉 지구 표면이 받는 태양에너지는 지면에 대한 입사각을 고려하여 $\cos\theta$ 만큼 보정해 주어야 한다. 또 다른 고려 사항은 태양에너지는 지구의 한쪽 면, 즉 지구의 반쪽 면에서만 받는다는 점이다. 이 두 가지를 고려하면 지구가 받는 태양에너지를 계산할 수 있다(그림 1-15 참고).

먼저, 다음 그림에서 단위 면적 dA가 받는 태양에너지는 다음과 같이 표현할 수 있다.

$$dE = dA \times \alpha \cos\theta \tag{1.10}$$

앞의 식 (1.5)에서와 같이 $dA = 2\pi y ds$이며, $\cos\theta = \frac{x}{R}$ 이므로,

$$dE = (2\pi y ds)(\alpha \frac{x}{R}) \tag{1.11}$$

위 식에 앞서 유도한 $y = \sqrt{R^2 - x^2}$ 및 $ds = \sqrt{1 + \frac{x^2}{R^2 - x^2}}\,dx$를 대입한 후 정리하면,

$$dE = \left(2\pi \sqrt{R^2 - x^2} \sqrt{1 + \frac{x^2}{R^2 - x^2}}\,dx\right)(\alpha \frac{x}{R}) = 2\pi\alpha x dx \tag{1.12}$$

결과적으로 지구가 받는 태양에너지는 다음과 같이 계산된다.

$$E = \int_0^R dE = \int_0^R 2\pi\alpha x dx = \alpha \times \pi R^2 \tag{1.13}$$

즉, 지구가 받는 태양에너지는 지구의 투영 면적에 태양상수를 곱한 값이 된다. 그 양은 1.76×10^{17}W 정도로, 현재 인류가 사용하고 있는 에너지(1.86×10^{14}W)의 약 9천 5백 배 정도에 해당한다.

지구에서 외계로 방출되는 에너지와 지구의 평균온도

태양이 주는 에너지는 지구를 덥히는 데 사용된다. 만일 지구가 외계로 에너지를 방출하지 않으면 지구에는 에너지가 쌓여 불지옥이 되고 말 것이다. 그러나 지구의 평균온도는 크게 변하지 않고 잘 유지되고 있는데, 이는 지구가 받은 에너지만큼을 외계로 방출하고 있기 때문이다. 여기서는 지구가 방출하는 총 에너지를 구해보도록 하자. 지구에서 외계로 에너지를 방출하는 형태도 복사이다. 복사에너지를 계산하는 데 적용되는 이론이 플랑크의 흑체black body 복사 이론이고, 이를 공식으로 표현한 것이 슈테판-볼츠만 공식이다. 이 공식은 온도가 T인 물체의 표면을 통해 단위면적당 얼마만큼의 에너지가 빠져나가는 지를 계산할 수 있게 해 준다. 즙,

$$E = \sigma T^4 \qquad (1.14)$$

위 식에서 온도 T는 절대온도를 나타낸다. σ는 슈테판-볼츠만 상수로, $\sigma = 5.67 \times 10^{-8}\ [W/m^2K^4]$ 이다. 지구로부터 외계로 나가는 복사에너지의 총량은 위 식에 지구의 표면적을 곱해 계산한다. 즉, $(4\pi R^2) \times (\sigma T^4)$ 이다.

이제, 지구가 받는 에너지 총량과 지구가 방출하는 에너지 총량이 정확히 일치한다는 조건을 가지고 지구의 평균온도 T를 결정할 수 있다. 즉,

$$\alpha\pi R^2 = (4\pi R^2)\times(\sigma T^4) \quad (1.15)$$

위 식에 두 개의 상수 α, σ에 해당하는 값을 넣고 T를 계산하면 다음과 같다.

$$T = \sqrt[4]{\alpha/4\sigma} \approx \sqrt[4]{\frac{1370}{4\times 5.67\times 10^{-8}}} \approx 287^{\circ}K \approx 5℃ \quad (1.16)$$

이렇게 계산된 5℃는 사실 현재의 지구 평균온도와 유사한 값이다. 처음에는 이와 같은 간단한 계산에 문제가 없는 것으로 생각하기도 했었다.

그러나 위 계산에는 결정적으로 반사도albedo에 대한 고려가 없다는 문제가 있다. 반사도는 눈, 얼음, 물 등에서 햇빛이 반사된다는 것을 의미한다. 겨울철 스키장에서나 여름철 해변에서 눈부심이 큰 것은 반사도 때문이다. 실제 지표는 그 종류에 따라 다양한 반사도를 갖는다. 숲은 상대적으로 작고, 눈, 얼음은 크다. 지구 평균적으로는 약 0.3 정도의 반사도를 갖는다. 이 말은 지구가 받는 태양에너지의 30%는 그대로 외계로 반사된다는 것을 의미한다. 이를 반영하여 에너지의 평형을 고려하면 다음과 같다.

$$\alpha(\pi R^2)\times(1-\gamma) = (4\pi R^2)\times\sigma T^4 \quad (1.17)$$

위 식에서 γ는 반사도를 나타내며 0.3의 값을 갖는다. 이 식을 다시 풀면 지구 평균온도는 −18℃ 정도로 계산된다. 그러나 이 값은 실제로 너무 작은 값으로 지구 전체를 얼음으로 덮을 수 있는 값이다. 빙하기에도 지구 평균온도가 이렇게 떨어지지는 않는다. 결국, 지구에는 이렇게 낮은 온도를 현재와 같은 온도로 올려주는 무언가가 있는 것이다. 이것이 다름 아닌 온실효과이다.

온실효과를 고려하려면 위 식을 다시 한번 수정해 주어야 한다. 온실효과는 말 그대로 들어오는 에너지는 통과시키지만 반대로 나가는 에너지는 막아주는 것이다. 나가지 못하게 막아준다는 것은 추가로 그만큼 에너지를 더 받는 것과 같다. 따라서 다음과 같은 식으로 온실효과를 고려할 수 있다.

$$\alpha(\pi R^2)\times(1-\gamma)\times(1+\beta)=(4\pi R^2)\times\sigma T^4 \tag{1.18}$$

이 식에 $\gamma=0.3$를 반영하고, $T=5$℃라는 결과를 얻으려면 $\beta\approx 0.41$이 된다. 즉, 지구 대기가 가지고 있는 온실효과는 약 40%인 것이다. 이 값은 지구 반사도보다는 약간 더 큰 값이다.

지구온난화의 영향

만약 우리가 온실가스를 추가로 배출한다면 온실효과가 더욱 커질 수밖에 없다. 앞에서 산업혁명 이후 지금까지 인류가 추가로 배출한 이산화탄소의 양이 약 30% 정도라고 언급하였다. 그 결과로 지구 평균온도는 약 0.5–0.8℃ 정도 상승한 것으로 나타난다. 미래 이산화탄소가 추

표 1-2. IPCC의 기후변화 시나리오(IPCC 5차 평가보고서, 2014)

시나리오	특징	목표 이산화탄소 농도(ppm)
RCP 2.6	인간 활동에 의한 영향을 지구 스스로가 회복 가능한 경우(실현불가)	420*
RCP 4.5	온실가스 저감 정책이 상당히 실행되는 경우	540
RCP 6.0	온실가스 저감 정책이 어느 정도 실현되는 경우	670
RCP 8.5	현재 추세(저감 없이)로 온실가스가 배출되는 경우	940

*2019년 기준으로 이산화탄소 농도는 약 411ppm이며 매년 2ppm 이상 증가할 것으로 예상

가로 100% 배출된다면 지구 평균온도는 대략 1.5–2.5℃ 정도 상승할 것이라고 추측할 수 있다. 공교롭게도 이러한 선형적 추측은 실제 예측 결과와 상당히 일치하는 것이기도 하다.

온실기체의 증가는 당연히 위 식의 β값이 커지게 만든다. IPCC는 이 β값의 변화를 태양상수에 적용하여 변화시키는 방법을 사용하고 있다. 소위 'RCP'라는 것인데 이는 Representative Concentration Pathways의 앞 글자를 따서 만든 것이다. 총 4가지의 시나리오를 고려하고 있는데 이들의 종류 및 특징은 다음 표 1–2와 같다. 예를 들어 RCP 2.6은 지구가 받는 단위 면적당 태양에너지를 추가로 2.6W/m^2 만큼 늘려서 계산하는 식이다. 이 양은 실제 지구 표면에서 평균적으로 받는 양이어서 태양상수에 반영할 때는 약 4배 크게 해 주어야 한다.

표 1–2의 내용을 반영하여 식 (1.18)을 풀어보면 지구 평균온도는 RCP 2.6 시나리오에 대해서는 6.1℃로, RCP 4.5 시나리오에 대해서는 6.7℃로, RCP 6.0 시나리오에 대해서는 7.1℃로, 마지막으로 RCP 8.5

시나리오에 대해서는 7.9℃로 계산된다. 위에서 추측한 결과와 상당히 유사하다. 실제 가장 최근의 IPCC 예측도 이 결과와 유사하다.

앞서 살펴본 것과 같이 지난 50만 년 동안 빙하기가 5번 정도 있었고, 대략 9만 년 정도 지속되었다. 그 사이에 간빙기는 약 1만 년씩 지속되었다. 우리가 살고 있는 현재는 간빙기에 해당하고 이미 1만 년 이상 지속되었다. 지구의 과거에 비추어 보면 현재의 간빙기는 더 오래 지속되기는 어렵고 곧 빙하기가 올 것이다. 만일 지구온난화가 더 급속히 진행된다면 빙하기의 도래를 앞당기는 결과로 나타날 것이다.

과거 50만 년의 관측 기록을 보면 현재보다 지구 평균기온이 높았던 적도 5번 정도 있었고, 이 중 2번은 현재보다 5도 이상 높은 기온을 기록하였다. 과거 자료의 불확실성을 고려하더라도 현재 상황이 아주 예외적인 것은 아니라고 판단할 수 있다. 또한, 과거의 높은 기온이 사람의 영향으로 만들어진 것이 아니라는 데 주목할 필요가 있다. 확인되고 있지는 않지만, 지구 외부적인 또는 내부적인 무언가가 지구 평균온도를 높이거나 낮추고 있는 것이다. 현재 상황은 인류가 문제를 더 어렵게 만들고 있는 것으로 과거와 차이가 있기는 하다.

2장 홍수재해

플러드Flood (2007)

감독 토니 미첼
출연 로버트 칼라일(롭 모리슨 역), 톰 커트니(레너드 모리슨 역), 제살린 길식(샘 모리슨) 등

줄거리

스코틀랜드 지방에서 대홍수를 유발한 폭풍우가 런던으로 진행한다. 영국 기상청은 네덜란드로 진행하리라 예측했지만 예상은 빗나갔다. 폭풍우는 인구가 밀집된 런던을 강타해 많은 인적, 물적 피해를 입혔다. 해양공학자 롭은 해일로 인해 어마어마한 바닷물이 런던으로 들어오고 있다는 소식을 듣는다. 앞으로 닥칠 재해를 막기 위해 롭과 그의 아버지 레너드는 템스 장벽에 머물며 이를 해결한다.

그림 2-1. 영화 〈플러드〉 포스터

2.1 홍수란?

홍수flood란 무엇인가? 우리는 홍수가 어떤 상황을 의미하는지 쉽게 상상해 볼 수 있다. 강의 제방이 넘쳐 인근 농경지나 마을이 물에 잠긴 모습을 상상할 수 있다. 또는 도로에 물이 쌓여 차들이 물보라를 만들며 지나가는 모습을 상상할 수도 있다. 지하철로 폭포처럼 물이 들어가는 모습을 상상할 수도 있고, 집에 물이 차서 가구며 전자제품이 온통 못쓰게 되어 버린 모습을 생각할 수도 있다.(참고로, 홍수라는 단어는 사실 일제강점기 이후 사용된 용어로, 조선시대까지는 대수(大水)라는 용어를 사용했었다.)

이 모두가 홍수에 해당하는 것이 맞다. 그러나 홍수의 범위는 더 광범위하다. 해일로 해안가가 침수된 상황도 홍수이고, 커다란 수도관이 터져 주변이 물바다가 된 상황도 홍수이다. 댐이나 저수지가 붕괴되어 하류 지역이 침수되는 상황도 홍수이다. 화산이 폭발해서 산위의 빙하가 녹아 하류에 홍수가 발생할 수도 있다. 즉, 물에 잠기지 않을 것으로 판단되는 지역이 비정상적으로 물에 잠기게 되는 상황이 홍수이다(Schumann et al., 2018). 물에 잠겨 있을 것으로 예상되는 지역이 물에 잠기는 것은 홍수가 아니다. 비가 많이 와서 하천에 물이 많아지면 고수부지라고 하는 부분이 잠기게 된다. 우리가 이걸 보고 '홍수 났다'라고 하지는 않는다. 물에 잠길 만한 부분이 잠긴 것뿐이다. 홍수에 미리 대비하면 물에 잠기는 지역을 줄일 수 있다. 제방을 쌓는 것도 이런 활동의 하나이다. 이러면 상당히 많은 지역이 홍수에서 자유로울 것으로 생각되게 된다. 이런 지역이 다시 물에 잠기게 되면 역시 홍수이다.

홍수는 기후 특성과 지형 특성에 영향을 받는다. 기후 특성을 먼저 살펴보자. 우리의 상식으로 홍수는 비가 많이 오는 상황과 연결된다. 그것도 짧은 시간 동안에 많은 비가 오는 게 중요하다. 우리나라 여름철이 이런 특성을 보인다. 그러나 어떤 지역에서는 눈이 중요한 역할을 한다(Miller, 1990). 겨울철 높은 산에 쌓인 많은 눈은 봄에 온도가 올라가면 급격히 녹고 이것이 홍수의 원인이 되기도 한다(Doswell et al., 1996). 미국 캘리포니아와 네바다주의 경계를 이루는 시에라네바다산맥이 있는 데 겨울철에 최대 10m 정도의 눈이 쌓인다. 물론 겨울철에는 유명한 스키장이 된다. 그러나 봄이 오면 급격하게 녹아 하류 하천을 범람시킨다. 햇빛이 따듯한 나른한 봄날이면 강물이 스멀스멀 늘어나 제방을 넘어 주변 농경지를 침수시킨다.

가파른 산악 지역은 홍수에 매우 취약하다(이병주 외, 2016). 이는 기본적으로 땅에 떨어진 물이 매우 빠르게 하류로 모일 수 있기 때문이다. 우리나라에서도 계곡에서 캠핑하는 것을 금지하고 있는데(특히 국립공원), 다른 이유도 있지만, 홍수에 매우 취약하기 때문이다. 예를 들어, 지리산 뱀사골 계곡에서 야영한다고 가정해 보자. 갑자기 집중호우가 내리기 시작하면 홍수가 사람들을 덮치기까지 30분 정도 걸릴 것이다. 워낙 산세가 험해(경사가 급해) 빗물이 순식간에 모여 계곡으로 내려오기 때문이다. 1988년 지리산에서 발생한 홍수로 계곡에서 야영하던 78명이 희생되었다. 이때 게릴라성 호우라는 용어가 처음 생겼는데, 당시 집중호우의 발생은 전혀 예측 불가능한 수준이었다. 이 사고를 계기로 국립공원 내에서의 야영이 엄격하게 금지되었다. 지형 특성이 홍수에 큰 영향을 준다는 것은 당연하다.

참고로 우리나라와 일본의 기후 특성과 지형 특성을 비교해 보자. 우리는 두 나라 모두 비슷한 특성을 가지고 있을 거라 생각하지만 그렇기도 하고 그렇지 않기도 하다. 먼저 기후 특성을 보면 유사하게 아시아 몬순지역에 속해 있다. 장마, 태풍 등에 영향을 받는 것도 동일하다. 그러나 일본의 연평균 강수량은 1,700-1,800mm로 우리나라의 1,200-1,300mm에 비해 50% 정도 많다. 지형 특성은 더 차이가 크다. 우리는 우리나라의 전체 면적 중 산지가 70% 정도라고 배웠다. 일본은 이 비율이 90%이다. 우리나라(남한)에서 제일 높은 산은 제주도에 있는 한라산이다. 높이는 1,905m이다. 일본은 높이 3,000m 이상인 산이 21개이다. 가장 높은 산은 후지산으로 높이 3,776m이다. 우리가 평창 동계올림픽을 할 때 베이스캠프는 해발 약 700m 정도에 위치해 있었다. 여기서 약 1,500m 높이까지 올라간 후 스키를 타고 내려온다. 1998년에 개최된 나가노 동계올림픽의 베이스캠프는 해발 2,000m 정도에 위치해 있었고, 여기서 3,000m 정도까지 올라가서 내려왔다.

일본은 우리나라는 상대가 안 될 정도로 홍수재해에 취약한 구조를 가지고 있다. 이런 이유로 일본은 서양문물을 받아들일 때도 홍수 문제를 해결할 수 있는 기술 도입에 많은 관심을 두고 있었다. 이미 이백 년 전에 네덜란드의 공학자가 와서 일본의 하천을 현재 우리나라의 하천 모습처럼 바꾸기 시작했다. 우리나라는 1980년대에 와서야(올림픽을 앞두고) 하천의 모습을 선진국의 형태로 바꾼 것이다. 일본은 홍수에 워낙 취약해서 현재도 매년 10개 이상의 댐을 건설하고 있다. 물론 이 댐은 홍수를 제어하기 위한 것만은 아니다. 수자원을 확보하는 것도 중요한 이유이다. 홍수에 취약하다는 것은 아이러니하게도 물을 확보하고 이용하는 데에도 취약할 가능성이 높다는 의미가 된다. 한 단계 더 아이러니한 것은 이런 불리함을 극복하면서 기술 개발이 이루어진다는 것이다. 과거 우리나라의 관련 기술은 상당 부분 일본에 의존적이었다. 우리나라에서 사용하고 있는 홍수 예·경보 시스템(Flood warning system: 홍수가 언제 어디에 발생할 지를 미리 계산해서 알려주는 시스템)도 처음에는 모두 일본에서 수입된 것이었다.

홍수를 제대로 이해하려면 물의 순환부터 이해해야 한다. 이것을 다루는 학문이 수문학Hydrology이다. 수문학의 기초가 되는 이론적 배경은 여러분도 잘 알고 있는 보존법칙들이다. 질량 보존의 법칙, 에너지 보존의 법칙, 그리고 운동량 보존의 법칙이다(Singh, 1992). 그러나 이 보존법칙들은 움직이는 물을 해석할 수 있도록 변형되어야 한다. 예를 들어, 질량 보존의 법칙은 간단히 '더해 주거나 빼 주지 않는다면 총 질량은 변하지 않는다'이다. (이 질량 보존의 법칙은 프랑스의 화학자 '라부아지에'가 발견한 법칙이다. 불행하게도 그는 프랑스대혁명 때 단두대에서 처형되었다. 직업이 세리, 부업이 과학이었던 모양이다) 다시 말하면, '더해 주거나 빼 주면 총질량은 변한다.'라는 얘기이다. 좀 더 기술적으로 말하면 '총질량의 변화는 더해 준

양과 빼 준 양의 차이와 같다'가 된다. 이때 총질량의 변화는 총질량에 대한 1차 미분으로 나타낼 수 있고, 결과적으로 질량 보존의 법칙은 미분방정식 형태로 표현된다. 이 미분방정식을 풀면 총질량이 더해 주는 양과 빼 주는 양의 차이에 따라 어떻게 변하게 되는지를 계산할 수 있다. 이런 내용은 이 장 후반부에서 다룰 예정이다. 고등학교 1학년을 마친 정도의 지식으로 이해할 수 있는 재미있는 내용이 많다.

2.2 물의 순환

물의 순환과 수문학

순환은 돈다circulation는 의미이다. 우리 몸에서 피가 순환하는 것이 좋은 예이다. 물의 순환은 지구 전체 규모(전구 규모), 대륙 규모 또는 유역 규모로 살펴볼 수 있다. 예를 들어 전구 규모의 순환을 살펴보면, 먼저 적도 부근의 뜨거운 바다에서 물이 증발하여 수증기가 된다. 이 수증기는 어찌어찌 고위도 지역으로 이동하여 육지에 비를 내린다. 이 비는 지면을 흘러 흘러 다시 바다로 들어간다. 대략 1년 주기로 이런 일이 반복된다. 간단히 보면 이렇지만 사실 이 과정 속에 숨어 있는 너무나 복잡한 현상들이 무수히 많다. 태풍이나 장마도 이 과정 속에서 이해해야 하는 현상들이다. 바람이나 해류의 변화도 물론 관련이 깊다. 바다를 빼고 대륙 내에서의 물의 순환을 살펴볼 수도 있다. 대륙 규모에서 보면 대륙에 내리는 비의 상당부분은 대륙 내에서 증발된 수증기에 의한다는 결과가 나온다. 물론 나머지는 바다에서 공급되는 것이지만, 유역 규모는 이보다 작은 유역을 다룬다. 대부분의 수분 공급이 유역 외에서 이루어진다. 한강 유역, 낙동강 유역 등이 대표적인 예이다. 한강 유역에 떨어지는 빗방울은 한강을 통해 서해로 들어간다. 유역을 나눌 때 분수계dividend라는 개념이 도입된다.

지형도topographic map라는 것이 있다. 많은 등고선으로 표시된 지도로 어디가 높고 낮은지, 또는 어디가 급경사이고 완경사인지를 알 수 있게 해주는 지도이다. 이 지도를 좌표와 고도의 조합으로 만든 것이 수치지형도digital elevation model이다. 간단히 수평면에서의 위치는 (x, y) 좌표로 나타내고 여기에 높이를 z로 표시한 것이다. 따라서 지형도 위의 모든 점은 (x, y, z)로 표현된다. 이 숫자들의 모음이 수치지형도이다. 이 수치지형도를 쉽게 다룰 수 있는 시스템을 지리정보시스템GIS: Geographical Information System이라고 한다. GIS에서는 지형도 이외에도 농지, 산림 등 토지이용 정보, 토양 정보, 도로, 철도, 상하수도 등의 SOC 정보 등도 함께 분석할 수 있어 매우 유용하다. 유역의 특성을 분석할 때도 GIS를 많이 이용한다. 수치지형도를 GIS에 띄워 놓고 한강이 서해와 만나는 지점을 찍어 주면 한강 유역의 경계가 나타난다. 이 유역의 안쪽에 떨어지는 물은 모두 한강을 통해 서해로 배출된다.

참고로, GIS는 MS Excel과 비슷하게 숫자를 입력하여 원하는 분석을 하거나 그림을 그릴 수 있는 일종의 소프트웨어이다. GIS의 특별

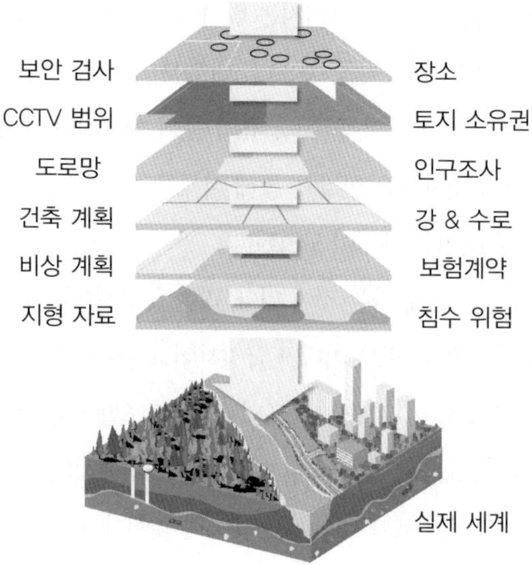

그림 2-2. GIS를 이용한 분석 예시

한 기능은 여러 가지 그림(또는 그림정보)을 중첩하여 새로운 그림을 그릴 수 있는 것이다(Carpenter et al., 1999). 예를 들어, 토지이용도(시가지, 산림, 논, 밭 등의 분포를 나타낸 지도)와 행정구역도를 중첩하면 서울시의 시가지 면적, 산림 면적, 논 면적, 밭 면적 등의 정보를 추출해 낼 수 있다.

유역 규모에서의 물의 순환은 특히 물의 이용과 관련하여 매우 중요하다. 유역 내 얼마만큼의 비가 내리는지, 이 중에서 증발, 증산과정을 통해 대기 중으로 다시 돌아가는 양은 얼마나 되는지, 땅에 떨어진 빗물 중에 땅속으로 들어가는(침투되는) 양은 얼마인지 또한 지면을 통해서 흘러나와 하천으로 모이는 양은 얼마인지 등등의 정보가 매우 중요하다.

유역 규모에서 다루는 물 문제 중 집중호우가 발생했을 때의 홍수 문제가 있다. 홍수는 짧은 시간 동안에 많은 비가 내릴 때 발생한다. 짧은 시간 동안 많은 비가 내리면(바로 집중호우) 침투되고도 남은 빗물(유효우량effective rainfall)이 많아지며, 이것이 지표면을 통해 빠르게 하천으로 모이게 되고 결국 하천이 범람해 주변 지역을 침수시키는 역할을 하게 된다(김병식·김영수, 2008). 유량(단위시간 동안에 흐르는 물의 양)이 많을수록 유속도 빨라져 홍수의 위험이 더 커지게 된다. 이 전체 과정은 한강 유역의 경우에는 12–24시간 안에 발생하고, 중랑천 유역 정도가 되면 약 4–5시간 안에, 청계천 유역 정도면 0.5(30분)–1시간 이내에, 4호선 사당역 정도를 중심으로 생각하면 10–30분 안에 발생한다. 청계천을 산책하고 있는데 갑자기 집중호우가 내리면 늦어도 30분 안에 탈출해야 한다.

전구적 물의 순환, 대륙 규모의 물의 순환, 유역 규모의 물의 순환, 홍수 문제, 이수(물 이용) 문제 등을 구체적으로 다루는 분야를 수문학이라고 한다(윤용남, 2007). 물이 이 하천을 따라 흘러가면서 어떤 방식으로 거동하는지를 따지는 학문은 따로 있는데 이런 학문은 수리학hydraulics라고 한다. 좀 더 정확히 말하면 수리학은 물을 대상으로 한 유체역학fluid mechanics이다. 어떤 경우에는 '–ics'를 붙이고 어떤 것은 '–logy'를 붙이는데, 그 차이는 법칙으로 정형화되어 있느냐 아니냐로 볼 수 있다. 우리가 배우고자 하는 홍수 추적flood routing에 관련된 내용은 수문학과 수리학이 합쳐져 있는 내용이다.

유역 규모에서의 물의 순환과 홍수

유역에서 물의 순환은 강수에서 시작한다. 참고로 강수는 강우를 포함하는 포괄적인 개념의 용어이다. 비(강우)를 포함하여 눈(강설), 이슬, 우박 등 모든 형태의 물을 총칭해서 강수라고 부른다. 여기서는 일단 강우(비)에 한정해서 물의 순환을 이해해 보도록 하자. 땅에 떨어지는 비는 기본적으로 우량계를 이용하여 측정한다. 우량계도 다양한 종류가 존재하는데 측우기도 우량계의 한 종류이다. 기기 안에 모인 물의 양을 깊이로 측정하는 도구이다. 그러나 가장 일반적으로 사용되는 우량계는 전도형 자기우량계이다(그림 2-3 참고). 이 우량계는 일종의 양팔저울 같이 생겼는데 0.5mm의 비가 내리면 반대쪽으로 기울어지면서 그 횟수가 기록되는 형태를 띠고 있다. 최근에는 레이더를 강우관측에 이용하고 있고, 인공위성에서도 강우를 관측하고 있다.(Bates et al., 1997) 전구적 수문순환에서 보면 지구 전체에 내리는 비의 양을 정확히 측정하는 게 목표이다. 현재는 매우 부정확한 편인데 이는 기본적으로 지구 표면의 2/3가 바다이기 때문이다(Herschy, 1999).

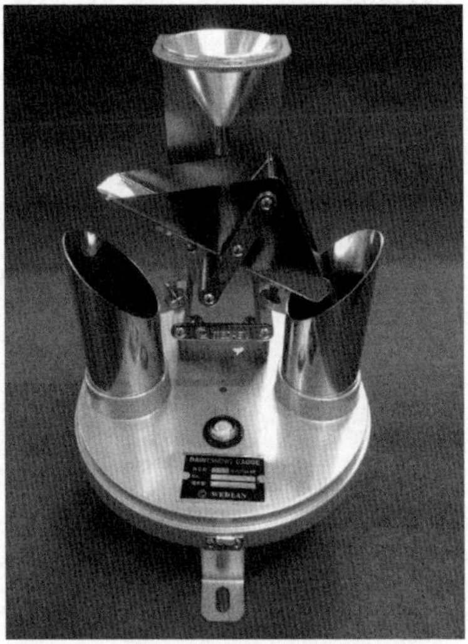

그림 2-3. 전도형 자기우량계의 모습

비가 내리기 시작하는 상황을 생각해 보자. 비가 내리기 시작할 때는 이슬비처럼 조금씩 내린다. 이렇게 비가 조금씩 내릴 때 나무 밑에 들어가면 비를 전혀 맞지 않는다. 나뭇잎들이 비를 막아주기 때문이다. 지면(지구 표면)에는 이런 나무를 포함해서 다양한 종류의 식생vegetation이 존재하고, 인간이 만든 다양한 크기의 건물들도 존재한다. 이런 것들이 1차적으로 비가 지면에 도달하는 것을 방해하는데, 이 과정을 차단interception이라고 한다. 만일 비가 오다가 바로 멈추면 나무 밑에는 아예 비가 떨어지지 않는다. 이처럼 내리는 비의 일정 부분(양)은 차단에 의해서 손실되고(이 양은 나중에 증발되어 대기로 돌아간다), 나머지만이 지면에 도달하게 된다.

이제 지면에 도달한 비는 마른 땅을 적시는 역할을 하게 된다. 비가 마른 땅을 적시는 과정은 지면 위의 비가 지면 속으로 들어가는 과정이다. 이를 침투infiltration라고 한다. 사실 침투는 지면 위와 지면 아래의 총에너지(위치에너지+압력에너지)의 차이로 인해 발생하는 과정이다. 지면 아래의 흙 사이에는 매우 작은 공간(즉, 공극void)이 복잡하게 연결되어 있다. 이 공극 속의 압력은 비가 오기 전에는 대기압과 같았는데, 비가 오면 지면 위에 빗방울이 덮히게 되고(이 빗방울의 크기는 공극보다 더 크다), 그 무게로 인해 지면 바로 위에는 추가의 압력이 만들어진다. 이제 지면 바로 위의 압력이 지면 바로 아래의 압력보다 커지게 되었는데, 이 압력 차이로 인해 액체인 물이 지면 아래로 쏙 빨려 들어간다. 이러한 과정이 침투이다. 일단 지면 아래로 빨려 들어간 물은 중력에 의해 더 아래로 이동하게 되는데 이를 침루percolation라고 부른다. 침루 과정을 통해 빗물이 지하수ground water에까지 도달하게 되며, 지하수위ground water level를 천천히 높이게 된다.

토양의 특성에 따라 침투될 수 있는 물의 양이 다르다. 공극 속에 이미 많은 물이 존재한다면 침투는 더욱 어려워지게 된다(Carpenter et al., 1999). 이를 속도의 개념을 써서 표현한 것이 침투능(침투시킬 수 있는 능력infiltration capacity)이다. 해변의 모래sand는 한 시간에 수십 cm 이상의 물을 침투시킬 수 있다. 그러나 테니스장의 점토clay는 한 시간에 기껏해야 몇 mm 정도가 침투된다. 우리나라에서 가장 흔한 운동장의 토양(화강풍화토)은 그 중간으로 한 시간에 수mm 정도를 침투시킨다. 그런데 집중호우가 내려 시간당 내리는 비의 양이 많으면 모두 다 침투시키기 어렵다. 침투되지 못하고 지면에 계속 쌓이는 물이 생기게 되는데, 운동장의 물웅덩이는 이래서 만들어진다. 이렇게 침투되지 못하고 남은 비를 유효우량effective rainfall이라고 부른다. 비가 조금 더 오면 이제 물이 운동장을 흘러 더 낮은 곳으로 이동하게 된다. 이를 지표면유출surface runoff라고 부른다. 산에서도 이런 일이 일어나고 들판에서도 이런 일이 일어난다. 도시에서도 물론이다. 이렇게 이동한 물은 가장 가까운 하천에 모이게 된다. 도시에서는 맨홀을 통해 우수관거 또는 하수관거로 들어오게 된다. 이때까지는 이동 속도가 매우 느리다. 그러나 일단 하천(또는 우수관거)에 모이면 흐름의 속도는 고속도로처럼 빨라진다. 전체적으로 보면 경사가 제일 급한 방향으로 경로가 만들어지는

데, 이는 물이 가지고 있는 에너지의 소모를 최소로 하는 방향으로 이동하기 때문이다. 하천으로 모인 물은 최종적으로 바다로 흘러 들어가게 된다.

우리가 통상 홍수라고 말하는 것은 지표면 유출에 의해서 만들어진 결과물이다. 물이 땅속으로 들어가는(침투되는) 속도는 굉장히 느리기 때문에 집중호우가 내릴 때(즉, 강우강도rainfall intensity가 클 때) 침투되고 남은 물이 쌓이고 쌓여서 결국 모여들어 홍수재해를 일으키게 된다. 홍수추적flood routing은 지면에 쌓인 물(유효유량)이 어떻게 하천에 모이고 또한 하천을 흘러 어떤 지점에 어떤 규모의 홍수를 언제 일으키게 되는지를 계산하는 일이다. 즉, 홍수추적은 유효우량과 홍수유출을 연결시켜주는 과정이라고 할 수 있다(이재수, 2008).

증발과 증산, 그리고 하천 건천화

추가로 증발과 증산에 대해 간단히 살펴보자. 증발은 물의 기화작용이고, 증산은 식물의 광합성과 관련이 있다. 기온이 높으면 물이 증발하여 대기 중으로 날아가는데, 빨래를 말리는 과정을 생각하면 쉽게 이해가 된다. 증발에는 기온뿐만 아니라 바람도 영향을 미치고, 대기 중의 수분량도 영향을 미친다. 온도가 높고 건조하고 바람이 있는 날에 빨래가 잘 마르게 된다. 증산은 식물의 광합성 또는 탄소동화작용의 결과물이다. 즉, 대기 중의 이산화탄소와 토양 속의 물이 태양에너지를 이용하여 합성되어 포도당이 만들어 진다. 이 포도당은 대부분 녹말의 형태로 변형되어 저장되나 가끔 포도당의 형태 그대로 저장되기도 한다. 포도당은 당sugar이므로 단맛이 난다. 겨울이 되면 햇볕이 약하여 더 이상 광합성은 어렵고 따라서 식물은 몸속에 저장한 녹말 또는 포도당을 분해하여 에너지를 얻는다. 이 에너지로 체온을 유지하게 되는데, 따라서 충분한 포도당 또는 녹말을 저장하지 못하며 식물도 겨울에 얼어 죽는다.

증발로 지상의 물이 대기 중으로 손실되는 양(즉, 증발량)과 식물의 광합성에 의해 땅속의 물이 대기 중으로 손실되는 양(즉, 증산량) 중 우리나라에서는 증산량이 더 크다. 유역단위에서(예를 들어 한강유역 전체에서) 이 둘을 구분하여 산정하는 것은 어려우므로 수문학 분야에서는 이 둘을 합쳐 증발산evapotranspiration이라고 부르고 한꺼번에 그 양을 추정한다. 증발산량은 생각보다 커서 우리나라에서는 전체 강수량 중 40–50%가 증발산 과정을 통해 대기 중으로 손실된다. 우리나라는 연간 약 1,300mm의 비가 오는데, 그중 최대 50%를 식물이 먹어 치운다는 얘기다. 집중호우가 발생하지 않으면 그 양은 더 커지게 된다.

총 강수량 중 50% 정도를 식물이 먹어 치웠다고 하면 나머지 50% 정도가 하천으로 모이게 된다. 그러나 하천으로 모인 물 중 50%는 홍수 때 바다로 빠져나가 손실된다. 최종적으로 우리가 사용할 수 있는 물의 양은 강수량 전체의 약 1/4 정도에 불과하다. 그중에 대략 반 정도를 댐으로 막아서 사용하고 나머지 반은 하천에 흐르는 물과 지하수를 직접 취수해서 사용한다. 하천에서는 대규모 취수가 어려워 서울과 같은 대도시나 대규모 공업단지에 물을 공급하는 역할은 주로 댐이 담당하고 있다.

산에 나무를 많이 심으면 홍수 예방도 되고 가뭄이 발생하면 오히려 물을 공급해 주는 역할을 한다는 말이 있다. 일부는 맞고 일부는 틀린 말이다. 일단 산에 나무가 하나도 없다고 가정해 보자. 이런 상태에서는 침투량도 적고 또한 증산량도 적어서 유효우량이 커질 수 있다. 산에 나무가 없으니 지표면 유출의 속도가 빠르고 결국 하천에 더 빨리 모이게 된다. 더 큰 홍수를 의미한다. 산에 나무가 많으면 지면의 토양이 식물에 의해 교란되어 침투량이 커진다. 식물에 의한 증산량도 커지게 된다. 즉, 유효우량은 상대적으로 작아지게 된다. 유효우량이 하천에 도달하는 시간도 길어져 홍수량의 크기가 작아지는 효과가 있다. 그러나 산에 나무가 더 많아지면 침투량은 약간 더 증가하지만, 증산량은 이 보다 더욱 커지게 되는 결과를 가져온다, 유효우량은 더욱 작아지고 홍수의 규모도 더욱 작아지게 된다. 그러나 침투량의 증가보다 증산량이 더욱 커져 가뭄 기간에 지하수를 통해 공급되는 물의 양은 오히려 감소하는 문제를 일으킨다.

우리나라도 이런 상태인 것으로 추측된다. 우리나라에서 벌어지고 있는 하천 건천화는 도시화의 영향과 과도한 식물들이 원인인 것으로 나타나고 있다. 이러한 문제는 세계 곳곳에서 목격되는데, 최근에는 중국에서도 이러한 문제가 심각하게 대두되었다. 즉, 중국 근대화의 영향(으로) 지방의 많은 농민이 도시노동자(농민공)로 변모하였고, 이들이 농사를 짓던 농지들이 상당 부분 방치되어 산림화되었다. 앞서 설명한 이유로 증산량의 증가는 하천유량을 감소시켜 현재 물 공급이 심각한 문제로 대두된 상태이다. 산에 있는 나무가 좋은 역할을 하는 것은 사실이지만 경우에 따라서는 사람과 물을 두고 싸움을 벌이는 경쟁자가 되기도 한다는 점을 명심할 필요가 있다. 만일 우리나라에서 산림 면적이 더 늘어나게 되면 우리가 사용할 수 있는 물의 양은 급격하게 줄어들게 된다. 현재 우리는 전체 강수량 중에 대략 28% 정도를 사용하고 있는데 이 양이 더 줄어들게 된다.

2.3 홍수의 종류와 대책

홍수의 종류

우리나라에서 홍수라고 하면 하천이 범람해서 발생하는 홍수를 말한다. 그러나 홍수의 종류는 다양해서 하천의 범람으로 발생하는 홍수는 여러 가지 홍수 중 하나에 불과하다. 홍수에는 하천홍수 외에도 돌발홍수, 도시홍수, 해안홍수 등 다양하다(한건연, 2013).

20여 년 전만 해도 우리나라에서는 한강, 낙동강 등이 범람하여 큰 홍수가 발생했었다. 대하천은 기본적으로 유역 면적이 크기 때문에 홍수가 발생하면 피해 규모가 상상을 초월한다. 한강이 범람할 정도의 홍수가 발생하면 최대 서울의 1/3 정도가 침수될 것이라는 예측이 있다. 한강 변에 위치한 아파트는 최소 3층 정도까지는 물에 잠길 정도라

표 2-2. 홍수의 종류와 특징

홍수의 종류	특징
하천홍수 River Flood	• 겨울과 봄의 강우 및 눈의 녹음 • 얼음이나 부유물이 하천 통로를 메울 때 • 태풍 또는 강우 전선으로부터 지속적인 강우에 의한 폭우
돌발홍수 Flash Flood	• 짧은 시간 동안 과도한 강우로 순식간에 제방을 월류하여 대피할 여유 없이 홍수 발생 • 좁은 계곡을 흐르는 하천이나 경사가 급한 지역에서 산사태를 동반하여 많은 피해를 줌 • 지형, 토양 조건, 토지 피복 등도 돌발홍수 발생에 영향을 미침 • 주로 뇌우를 동반한 강한 폭풍 및 폭우에 의해 발생
해안홍수 Coastal Flood	• 태풍과 같은 저기압이 물을 바다로부터 육지로 밀어붙여 해일을 발생시킴 • 해안가는 저지대로 대부분 침수 피해를 입음 • 대피로가 쉽게 유실되어 고립되기 쉽고 엄청난 피해를 줌
도시홍수 Urban Flood	• 물을 흡수할 수 있는 목초지와 숲이 도로와 주차장, 건물 등으로 전환된 경우 도시홍수 발생 가능성이 증가 • 도시화는 첨두 유출량을 자연상태보다 2-6배 정도 증가 시키고 발생 시간도 빠름 • 도로는 하천으로 바뀌고 저지대가 모두 침수되어 피해가 큼

그 피해 규모를 가늠하기조차 어렵다. 어떤 국가이든 간에 하천홍수는 대비해야 할 가장 중요한 재해의 하나이다. 국가 개발 단계에서 보면 선진국 문턱에 들어설 즈음에는 하천홍수 문제는 어느 정도 해결된다. 우리나라에서도 대하천이 범람해서 홍수가 발생했다는 뉴스를 찾아보기 어렵다(국립방재연구소, 2009).

돌발홍수는 말 그대로 돌발적으로 발생하는 홍수이다. 영어로 표현하면 순간홍수flash flood인데 순간적으로 발생했다 사라지는 홍수를 말한다(WMO, 1974; Geogakos, 1986). 마치 여름 소나기와 비슷하다. 몇 시간 동안 앞이 보이지도 않을 정도로 퍼부은 후 언제 그랬냐는 듯

그림 2-4. 하천홍수의 모습
출처: 오대성, 〈국지성 호우·홍수 대비…하천 설계기준 강화〉, 《KBS뉴스》, 2019년 1월 14일.
http://mn.kbs.co.kr/news/view.do?ncd=4114916

이 해가 쨍쨍 뜨는 경우와 유사하다. 강우 시작부터 홍수로 피해가 발생할 때까지 채 한 시간이 걸리지 않는다. 돌발홍수는 예측도 까다롭고 대비도 어렵다.

돌발홍수는 주로 여름철 산간 계곡에서 발생한다. 갑작스러운 집중호우는 금세 계곡을 가득 채우는 홍수를 만들어낸다. 계곡에서 캠핑하는 사람들은 신속하게 대피하지 않는다면 큰 위험에 빠진다. 여름철 홍수로 인한 인명피해는 이런 돌발홍수와 관련이 있다.

도시홍수는 도시라는 특성이 반영되어 특별히 구분된다. 최근 우리나라에서도 도시홍수가 빈번히 발생하고 있다. 도시홍수는 도시화

그림 2-5. 산지 돌발홍수의 모습
출처: 양훼영, 〈계곡의 돌발 홍수, 정확하게 예측한다〉, 《YTN뉴스》, 2015년 10월 28일. https://www.ytn.co.kr/_ln/0105_201510281416295992

의 정도에 크게 영향을 받는다. 도시는 표면이 콘크리트나 아스팔트로 덮혀 있다. 따라서 일단 비가 오면 자연에서와 달리 물이 땅속으로 들어갈 수 없다. 홍수가 될 물의 양이 늘어나는 것이다. 두 번째는 풀과 나무로 덮힌 지역보다 콘크리트로 덮인 지역에서 물은 훨씬 빠르게 이동한다. 홍수가 빠르고 크게 발생할 수 있는 조건이 된다. 결과적으로 같은 양의 비가 내려도 도시에서는 자연에서보다 더 큰 홍수가 발생한다. 사람들은 홍수에서 안전한 산 위보다는 홍수에 취약한 하천 주변에 더 밀집하여 생활한다. 홍수 피해가 커지는 이유이다. 계획도시가 아닌 경우 대부분의 도심이 홍수에 취약한 지역에 자연발생적으로 만들어진다. 왜냐하면 땅이 평평해서 개발 비용이 적게 들기 때문이다.

그림 2-6. 도시홍수(2010년 9월 광화문 침수)
출처: 이원배, 〈광화문광장 침수 '멋부리다 생긴 인재'〉, 《서울타임스》, 2012년 6월 1일.
http://www.seoultimes.net/news/articleView.html?idxno=18942

결국 도시는 홍수에 매우 취약한 구조를 가질 수밖에 없고, 홍수를 어느 정도 허용할 수밖에 없는 시스템이 되게 된다. 홍수가 국지적이고 한시적이라는 점도 이런 시스템을 갖게 하는 원인이다.

도시홍수의 또 다른 문제점은 도시홍수가 돌발홍수의 특징을 갖고 있다는 점이다. 도시 유역은 매우 작아서 강우에서 홍수까지 몇 분 또는 몇십 분밖에 걸리지 않는다(한국방재학회, 2017). 청계천도 집중호우가 시작되면 대피시간이 최대 30분을 넘지 않는다. 사당역, 강남역 등은 집중호우가 시작 후 10분 정도가 지나면 도로가 침수될 수밖에 없다. 따라서 도시홍수는 침수가 발생해도 인명피해를 발생시키지 않는

그림 2-7. 해안홍수로 주택이 침수된 모습
출처: K-Water, 〈홍수의 정의와 모형〉
http://www.water.or.kr/disaster/general/flood/info.do?seq=1480&p_group_seq=1474&menu_mode=1

것에 초점을 맞추어 대비한다. 그러려면 비가 언제 올지, 홍수가 언제 발생하는지를 예측해야 한다. 기상청은 전국을 대상으로 하므로 특정 지역에 특화된 정보를 제공하기는 어렵다. 이런 문제를 극복하고자 소형 레이더를 활용한다. 소형 레이더를 이용하여 주요 도시 또는 시설을 대상으로 더욱 정교한 맞춤형 관측을 수행한다. 미국, 일본, 유럽은 물론 우리나라에서도 소형 레이더를 이용한 예측을 시도하고 있다(Hall, 1984).

해안홍수는 해안 지역에 발생하는 홍수로 그 원인이 바다라는 점이 다른 홍수와는 다르다. 태풍, 지진 등으로 해일이 발생하거나 고조 상태에 하천홍수가 발생하면 해안이 침수될 가능성이 있다. 우리나라에서 해일과 해안홍수는 드문 재해지만 해안 저지대가 침수되는 사례는 많이 찾아볼 수 있다.

홍수의 대책

(1) 구조물적 대책과 비구조물적 대책

홍수에 대한 대책은 크게 구조물적 대책과 비구조물적 대책으로 나눈다(이동우, 2003). 단순하게 살펴보면 구조물적 대책은 하드웨어hardware의 개념이고 비구조물적 대책은 소프트웨어software의 개념이다. 구조물적 대책은 구조물의 형태로 존재하는 것이고 비구조물적 대책은 그렇지 않다.

구조물적 홍수 대책의 가장 대표적인 사례는 댐과 제방이다. 홍수를 감당하는 물의 양적 측면에서 살펴보면 제방의 역할이 크다. 그러나 결정적인 역할은 댐이 한다. 홍수의 첨두peak를 잘라내서 제방의 월류를 막는 결정적인 역할을 하기 때문이다. 도시에서의 우수관거, 빗물펌프장이나 저류지, 저류탱크도 구조물적 대책에 해당한다. 침투시설도 구조물적 대책이다. 구조물적 대책은 그 효과가 즉각적으로 나타난다. 그러나 문제는 모든 홍수를 구조물적 대책으로 완벽하게 방어할 수 없다는 점이다. 예를 들어 백만 년에 한번 발생할 수 있는 홍수를 대비하여 댐의 크기를 지금보다 백 배 크게 만들 수는 없다. 제방의 높이를 지금보다 수백 미터 높일 수도 없다.

이런 문제를 해결하는 방법이 비구조물적 대책이다(한국방재학회, 2017). 예를 들어 대도시 지역에 적용되는 홍수방어 기준은 대략 재현기간 30년이다. 간단하게 말하면 30년에 한번 발생할 수 있는 정도의 집중호우에 침수 문제가 발생하지 않도록 대비하겠다는 것이다. 그러나 그보다 더 큰 호우가 발생한다면 땅 위에 떨어진 비가 모두 배수되지 못하고 침수가 발생한다. 특히 저지대에 많은 물이 모여 피해를 일으키게 된다. 지하주택 또는 반지하 주택, 지하도나 지하철, 많은 지하공간이 위험에 노출되게 된다. 다른 대책이 없다면 지하 주택이나 반지하 주택은 순식간(10분이 채 지나기 전에)에 침수된다. 침수 전에 밖으로 빠져나오지 못하면 익사하게 된다. 지하철이나 지하 공간의 경우에는 계단을 통해 물이 유입되는데 계단의 경사를 고려하면 수심 30cm 이상이면 탈출이 어려운 것으로 나타난다. 지하 공간의 규모와 출입구의 수가 대체로 비례하므로 지하공간의 규모와 관계없이 계단을 통해 수심 30cm 이상으로 물이 계속 유입된다면 대략 30분 정도면 지하공간 전체가 침수된다. 대규모 참사를 피하기 어렵다.

이런 대규모 참사를 회피하는 방법이 홍수예경보flood warning이다. 미리 예측해서 경고해 주는 것이다(Zschau et al., 2013). 이 경고를 받은 사람은 미리 대피할 수 있다. 우리나라의 경우 대하천에서의 홍수에 대해서는 모두 이런 시스템이 갖추어져 있고 성공적으로 운영되고 있다. 예를 들어 한강 유역의 경우 집중호우가 내린다고 가정하자. 강우는 한강 유역에 분포되어 있는 우량계를 통해 측정되고, 이 자료는 무선통신으로 한강홍수통제소에 전달된다. 이 자료는 강우–유출 해석 모형의 입력으로 사용되고 그 결과로 한강 특정 지점(주요 지점 모두)의 수위가 어떻게 변하게 되는지를 계산해 준다. 수위가 일정 수준 이상이 되면 인근 지역에 주의보가 발령되고 그 보다 더 높은 위험 수위에 도달하면 경보가 발생된다. 주의보가 발령되면 대피 준비를 해야 하고 경보가 발령되면 대피하여야 한다(Keller et al., 2015).

그러나 중소 하천이나 도시 유역에서는 이러한 시스템이 아직 성공적으로 구축되고 있지 못한 문제가 있다. 이러한 차이는 근본적으로 홍수의 도달시간arrival time과 관련이 있다(배덕효·김진훈, 2007). 예를 들어 한강 유역의 경우 집중호우가 발생하면 대략 12시간 후에나 한강 하류에 영향을 미치게 된다. 즉, 자료를 모으고, 계산하고, 그 결과를 판단하여 주민들에게 전파할 수 있는 시간이 충분히 있는 것이다. 이 과정에는 최소 두 시간 정도의 시간이 필요하다. 그러나 도시 지역을 보면 집중호우가 발생한 후 침수가 발생할 때까지 최대 30분이 걸리지 않는다. 짧으면 10분 안에 문제가 발생한다(장대원·양동민, 2013). 이 시간은 지상에서 관측한 강우 자료를 수집해서 전달하기조차 짧은 수준이다. 결국 할 일이 없게 된다. 결국 비가 오기 전에 언제 비가 얼마나 올지를 미리 알아야 한다. 이런 문제를 해결하기 위해 초단기 강우예보very short time rainfall forecasting라는 것을 하게 된다.

초단기 강우예보는 최대 3시간까지의 강우예보를 목적으로 한다(기상연구소, 2006). 현재까지 관측된 강우 자료를 이용하여 강우의 이동 패턴이 유지된다는 조건하에 향후 3시간 동안 강우가 어떻게 움직일지를 계산하는 것이다. 강우의 패턴이 보통 3시간까지는 크게 변하지 않아 이 방법은 이론적으로 의미가 있다. 복잡한 수치모형numerical model이 이용되는데 입력 자료로는 주로 레이더 자료가 이용된다. 우량계는 너무 듬성듬성 위치하여 이런 수치모형의 입력자료로 사용하기 어렵다. 그러나 초단기 강우예보에는 아직 해결해야 할 문제가 많다. 현재 가장 큰 문제는 입력자료로 사용되는 레이더 자료의 품질이 낮다는 점이다. 입력자료의 품질이 낮으니 출력자료의 품질도 좋기는 어렵다(한국건설기술연구원, 2007). 두 번째는 계산과정에 여전히 많은 시간이 소요된다는 점이다. 이런 문제로 3시간 예측자료보다 품질이 좋은 2시간 예측자료를 사용하기 쉽지 않다. 이 문제는 우리나라뿐만 아니라 전 세계적인 문제이고 연구개발이 집중되는 분야이기도 하다(Sorensen, 2000).

강우예경보가 성공적이라도 도시가 침수되는 것을 방지하지는 못한다. 즉, 사람은 구하지만 재산상의 피해를 피할 수 없다는 의미이다(Lamond et al., 2011). 경우에 따라 경제적인 피해는 주민의 삶을 크게 파괴할 수 있다. 따라서 이러한 문제를 해결할 방법이 필요하다. 홍수보험이 가장 대표적인 방법이다. 아직 우리나라에 본격적으로 도입되지는 않았지만 주요 선진국에서는 자동차보험처럼 강제되고 있다(Handmer, 1987). 예를 들어 이사 가서 전입신고를 하려면 홍수보험 가입 증명서를 제출하는 식이다. 미국의 경우 큰 허리케인이 다가오고 있다면 시장이나 주지사가 대피명령을 내린다(Plate, 2002). 그러면 시민/주민들이 모두 지역을 빠져나가는 모습이 해외토픽으로 나온다. 그러나 이것은 시민의식이 높아서가 아니고 홍수보험 때문이다. 대피하지 않으면 발생하는 피해는 보상하지 않는다. 대피를 하면 심지어 영업 손실을 포함하여 모든 손실을 보험회사에서 보상해 준다. 대피를 하는 경우의 편익이 훨씬 크기 때문에 발생하는 당연한 결과인 것이다.

추가로, 교육훈련이 매우 중요하다. 재해에 대한 이해도 중요하지만 인명 피해를 줄이기 위해서는 체험형 훈련이 매우 중요한 것으로 알려져 있다. 대부분의 사람들은 위험 상황이 실제 발생하면 몸이 움직이지 않게 된다고 한다. 미국의 9.11 때에도 불타고 있는 건물에서도 대피하지 않고 책상에 앉아 움직이지 못하는 사람이 많았다고 한다. 자전거 타는 법을 한 번 배우면 평생 잊어버리지 않는 것처럼, 체험을 통해 익힌 대피훈련의 효과는 상당히 오랫동안 지속되는 것이다(Birkholz et al., 2014).

우리가 잘못 알고 있는 것이 있기도 하다. 우리는 위기 상황이 되면 누군가 리더의 지휘에 따라 질서를 지키며 대피해야 한다고 알고 있다. 이 경우는 그런 훈련이 잘 되어 있고, 리더도 그 장소에 있는 경우에 한정되는 상황이다. 그러나 실제는 그렇지 못한 경우가 많다. 예를 들어, 선생님이 없으면 학생은 전혀 움직이지 못한다. 다른 나라에서는 일종의 선구자가 되라고 훈련시키기도 한다. 누군가 용기를 내어 도망

가자라고 외치며 탈출하면 나머지 사람들도 모두 그를 따라 간다는 것이다(Siegrist and Gutscher, 2008).

우리나라는 이제야 교육훈련을 시범적으로 시행하는 낮은 수준에 머물고 있다. 선진국에서는 이러한 교육훈련이 굉장히 큰 시장으로 발전하였다. 이를 담당하는 기업이 있어, 훈련도 시키고 평가에도 참여한다. 외국에 가면 갑자기 화재경보기가 울리고 건물에 있는 모든 사람이 예외 없이 건물 밖으로 대피하는 것을 볼 수도 있을 것이다. 이 훈련은 불시에 시행되는데 평가결과가 매우 나쁘면 건물 사용이 일정기간 정지되는 벌칙을 받을 수도 있다. 훈련에 적극적으로 참여할 충분한 이유가 있는 것이다.

(2) 댐과 제방

댐은 홍수에 대응하는 가장 적극적인 수단의 하나이다. 수자원의 확보, 전력의 생산 등이 댐 건설의 목적으로 같이 주어졌을 때 "다목적 댐multi-purpose dam"이라 부르며, 한가지의 목적으로 댐이 건설되는 경우는 "단일목적 댐single-purpose dam"이라 부른다(Novák et al., 2007). 댐은 그 건설비가 크므로 가능하면 다목적 댐으로 하는 경우가 일반적이다, 생공용수 댐, 전력생산용 댐 등 단일목적 댐도 다양하게 존재한다(USBR, 1987). 소양강 댐, 충주댐 등은 다목적 댐의 대표적인 예이다. 한때 논란의 대상이었던 한탄강 댐은 홍수방어용 단일목적 댐이다.

홍수방어만을 목적으로 하는 경우 댐이 하는 역할은 간단히 "저류효과의 증대"라고 말할 수 있다. 저류효과storage effect란 저장시키는 능력을 말하는 것으로 홍수량을 일시적으로 댐에 저장하여 하류에서의 홍수량을 감소시키고, 수위가 낮아진 후 천천히 방류하여 가능한 피해를 줄이고자 하는 것이다. 따라서 댐의 규모는 이러한 역할을 고려하여 결정된다. 그러나 댐의 순기능만 있는 것은 아니다. 특히, 하천의 단절로 인해 환경적, 생태학적 문제를 일으키게 되는데, 근래에 들어 이러한 문제가 사회적으로 큰 이슈가 되고 있는 상황이다.

홍수의 발생으로 하천의 수위가 상승하면 상대적으로 표고가 낮은 저지대에 침수가 발생하게 된다. 그러나 저지대는 상대적으로 평탄지가 많고, 아울러 규칙적인 침수로 토양에 많은 영양물질이 포함되어 있어 농업활동에 유리하다. 따라서 이러한 지역을 홍수로부터 보호하려는 노력이 제방을 축조하는 이유가 된다.

제방의 축조는 작은 홍수에 대해 저지대를 침수로부터 보호하는 역할을 한다(Dixon et al., 2016). 따라서 상대적으로 안전성이 확보되었다고 느끼게 되어 저지대로의 이주가 시작된다. 그러나 이것은 문제의 시작일 뿐이다. 제방의 축조는 다음과 같은 문제를 가져온다. 첫째, 홍수 시 공급되는 토사를 배출할 장소를 제약하여 하상(하천의 바닥)을 상승시킨다. 따라서 홍수의 위험이 오래 지나지 않아 원래대로 커지고, 이에 대항하기 위해 제방을 더 높여야 하는 악순환이 시작된다. 둘째, 제방의 축조는 제방의 붕괴 시 더 큰 피해가 발생할 수 있음을 의미한다. 제방의 붕괴는 급작스러운 대규모 침수를 유발하므로, 충분한 대피 시

그림 2-8. 댐과 제방
(좌)소양강 댐의 방류 모습 (우)제방의 붕괴로 침수된 마을
출처: (좌) 〈소양강댐 방류〉, 《e영상역사관》(영상역사관〉국가기록사진), 2006년 7월 19일.
http://ehistory.go.kr/page/view/photo.jsp?photo_PhotoSrcGBN=PT&photo_PhotoID=38761&detl_photodtl=293174
(우) 이승훈, 〈[포토] 19호 태풍 하기비스가 지나간 일본...마을·요양원·철도 침수, 사망자 속출〉, 《민중의소리》, 2019년 10월 13일.
https://www.vop.co.kr/A00001440877.html

간을 확보하기 어렵다. 제방은 그 규모가 크기는 하지만 과거 적절한 설계를 바탕으로 만들어지지 못한 것이 사실이다. 따라서 어느 제방이 언제 무너질지 모르는 상황이며, 특히 농촌의 제방은 더욱 취약한 상황에 있다. 셋째, 제방의 축조는 홍수의 빠른 배제를 유도하므로 하류에는 상대적으로 더 큰 홍수 위험이 가해지게 된다. 자연 상태에서는 상류부터 하류에 이르기까지 곳곳이 침수되어 홍수의 부담을 나누어지게 되는데, 제방의 축조는 상류에서 지게 될 홍수의 부담을 모두 하류로 전달하는 것이 된다.

⑶ 홍수예경보시스템

홍수예경보시스템Flood Warning System은 가장 대표적인 비구조물적 대책이다. 홍수예경보시스템의 주 목적은 인명을 구하는 데 있다. 홍수의 발생을 미리 감지하여 위험지역에 있는 사람을 대피시키고자 하는 것이다(김현준, 1996). 이런 목적을 달성하려면 시스템의 성능이 일정 수준 이상이어야 한다. 예경보의 적중률이 대략 70% 이상이 되면 대부분의 사람이 예경보를 따른다고 알려져 있다. 그러나 그 이하가 되면 마치 '양치기 소년'과 같은 문제가 발생한다고 한다.

홍수예경보시스템은 수위, 우량자료를 실시간으로 자동 계측한 후 분석하여 하천에 발생할 홍수를 미리 예측하고 그 결과를 신속히 담당 공무원 및 위험지역에 있는 주민에게 알려주기 위해 구축되는 시스템이다(Hapuarachchi et al., 2011). 이 시스템은 크게 자료수집, 분석, 결과 전파의 세 부분으로 나뉜다. 먼저 자료수집은 주로 우량계를 이용한 강우 자료와 수위계를 이용한 하천 수위 자료의 수집을 의미한다. 수집된 자료는 모두 무선통신을 통해 실시간으로 전송되어 통제소control center로 모인다. 통제소에서는 이들 자료를 분석하여 언제, 어디에서 어떤 규모의 홍수가 발생할지를 계산한다. 홍수의 위험이 있다고 계산되면, 즉시 해당 지자체의 담당 공무원과 위험지역 내 주민들에게 전파된다. 과거 공무원이 직접 뛰어다니면서 알려주기도 했으나, 현재는 사이렌 경보를 이용하거나 스마트폰으로 직접 전파하기도 한다. 그러나 사람이 직접 전파하는 경우가 대피에 가장 효과적인 것으로 알려져 있다(국립방재연구소, 2010).

홍수예경보시스템은 저개발 국가에서는 구축하기 어렵다. 우리나

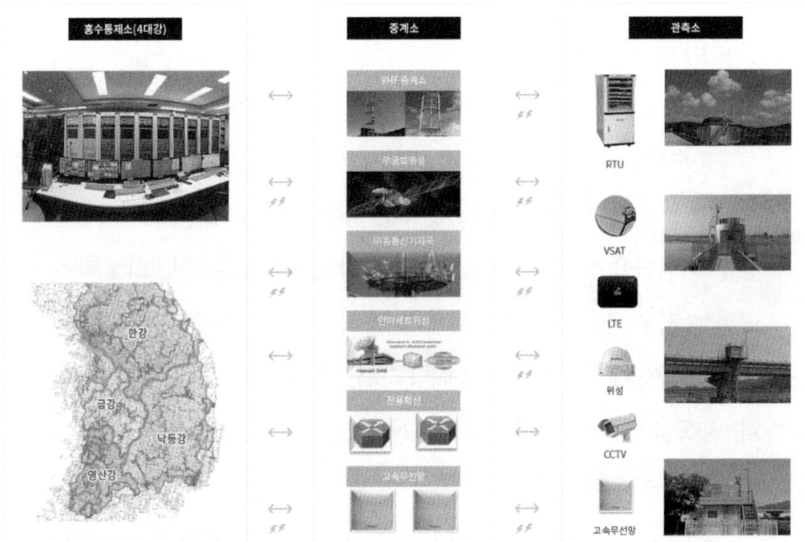

그림 2-9. 홍수예경보시스템의 구성
출처: 제아정보통신㈜, http://www.jea.co.kr/sub/business/flood.asp

라는 1970년대부터 일본의 도움을 받아 홍수예경보시스템을 구축하기 시작했다. 이후 낙동강, 금강, 영산강 등의 순으로 홍수예경보시스템을 구축하였다. 이후 국내의 기술 발전을 토대로 시스템의 독자적인 개선을 이루어 왔으며, 현재는 동남아 등 많은 나라에 홍수예경보시스템을 수출하는 단계까지 발전하였다.

(4) 홍수보험

비구조적인 홍수대책의 또 다른 예가 홍수보험flood insurance이다. 우리나라에서는 아직 본격적으로 시행되고 있지 않지만, 현재 도입을 위한 준비 중인 것으로 알려져 있다. 선진국의 경우는 이미 수십 년의 역사를 가지고 있는 대표적인 비구조적 홍수대책의 하나이다.

홍수보험은 간단히 홍수의 위험지역에 살고 있는 사람에게 그에 적당한 보험을 의무화 시키는 것이다. 물이 좋아 물가에 사는 사람은 홍수의 위험이 상대적으로 높다. 이 사람이 재산 또는 인명의 피해를 당하는 경우 국가가 책임질 수 없다. 따라서 미리 보험을 들게 하여 가능한 피해에 대비토록 하는 것이다. 가장 비슷한 경우가 자동차보험이다. 자동차를 사서 등록하려면 자동차보험을 반드시 들어야 한다. 예외가 있을 수 없다.

홍수보험을 강제하기 위해서는 홍수 시 위험한 정도(침수지역)를 미리 파악할 수 있어야 한다(임광섭 외, 2010). 아울러 그 피해의 정도를 정량적으로 파악할 수 있어야 한다(박대선 외, 2010). 우리나라의 경우도 이러한 내용의 사업이 여러 차례 시행된 바 있어 제도의 도입에 필요한 준비는 되어 있는 것으로 알려져 있다.

2.4 홍수추적

홍수추적이란?

홍수추적이란 홍수가 언제 어디서 발생할지를 계산하는 과정이다. 예를 들어 경기도, 강원도에 많은 비가 내렸다고 가정하자. 이 비로 인해 한강에는 얼마만큼의 물이 흘러 내려올지, 구체적으로 언제 어느 곳에서 범람이 발생할지를 계산하는 과정이다. 특별히 한강철교 옆 제방에 관심이 있다면 언제 이 제방이 넘쳐 홍수가 발생할지를 계산하는 것도 홍수추적이다.

강물이 많아지면 수위가 상승하는데, 이 수위는 말 그대로 수면의 위치로 수심과는 약간 다른 개념이다. 수위는 특정 기준점(예를 들어, 해수면)을 기준으로 한 수면의 높이이고, 반대로 수면을 기준으로 해서 하천 바닥까지 잰 깊이가 수심이다. 일상적으로는 수위나 수심이나 비슷하게 통용된다. 그러나 수위는 '어떤 특정 하천단면에서는 어디서나 동일하다'라는 특징이 있다. 그래서 비가 오면 수위가 올라간다고 말하게 된다. 어디나 똑같이 올라가고 내려간다. 그러나 수심은 하천 중앙부에서는 깊고 하천 변에서는 얕다. 어디냐에 따라 공간적으로 달라지는 개념이다. 수위가 상승하면 마침내 제방을 넘게 되고 주변 지역에 홍수가 발생한다(Bedient et al., 1992). 홍수가 발생하더라도 꼭 수심이 깊으리라는 보장은 없다. 홍수가 발생했지만 수심은 내 무릎 정도일 수 있다(Maidment, 1993).

하천에서의 수위(또는 수심)는 양적인 개념인 유량(또는 홍수량)이 하천의 특정 단면을 통과할 때 형성되는 것이다. 유량은 단위 시간당 유체(여기서는 물)의 양으로 정의되는데, 예를 들어, 1초에 이 하천단면을 통과하는 물의 양(질량, 부피, 또는 무게로 표시)과 같은 것이다. 실제 홍수추적에서는 이 물의 양, 즉 유량을 계산한다. 수위는 이 유량이 특정 단면을 통과하는 경우에 추가로 계산해서 결정한다. 단면이 넓으면 수위는 낮게(수심이 얕게) 계산되고, 또 좁으면 높게 계산된다. 하천의 경사가 급하면 수위가 낮아지고(수심이 얕아지고) 반대로 완만하면 수위는 높게 계산된다(Leopold, 1994).

하천의 유량변화는 유역에 내린 강수량에 좌우된다. 당연히 비가 많으면 유량이 커지고 비가 적으면 유량이 작아진다. 그러나 이런 결과는 그야말로 개괄적인 것이고, 실제는 훨씬 복잡한 인자들이 고려된다. 일단 비가 어떻게 내리느냐, 즉 패턴도 매우 중요하다. 조금씩 오느냐 집중적으로 오느냐가 중요하다. 비가 올 때 토양이 마른 상태인지 젖은 상태인지도 중요하다. 유역이 크냐 작으냐는 당연히 중요하고, 유역의 경사가 급하냐 완만하냐도 중요하다. 유역이 어떤 모양으로 생겼느냐도 중요하고, 유역 내에 하천이 어떤 형태로 발달되어 있느냐도 중요하다. 유역에 숲이 많은지 농경지가 많은지도 중요하고, 도시 면적이 어느 정도인지도 중요하다. 숲에 나무가 활엽수인지 침엽수인지도 중요하고, 나무가 빽빽하게 심어졌는지 아니면 듬성듬성 있는지도 중요하다. 초원에 무슨 풀이 자라고 있는지도 중요하다. 그곳의 흙이 어떤 특성을 가지고 있는지도 매우 중요하다. 이런 것들을 종합적으로 고려하여 하늘에서 떨어진 비가 얼마만큼 땅속으로 들어가고, 남은 물이 어떤 속도로 어떤 경로로 흘러 주변 하천에 모이고, 이 하천들이 어떤 속도로 흘러 강에 모이고, 최종적으로 어떤 속도로 바다로 빠져나가는지의 전 과정을 계산하는 것이 홍수추적이다.

사실 홍수추적은 단순하지 않아서 대부분의 국가는 이를 전담하는 기관을 따로 두고 있다(Nemec et al., 2013). 우리나라도 홍수통제소 flood control center라는 기관을 한강, 낙동강, 금강, 영산강 등에 설치하여 홍수예경보 업무를 전담하도록 하고 있다. 이들 기관에서는 홍수추적에 필요한 강우 관측(기상청과는 독립적으로 수행), 수위 관측도 수행하고 있으며, 이들 자료를 실시간으로 획득하기 위한 무선통신시설도 독립적으로 운영하고 있다. 추가로 홍수통제소에서는 하천수의 이용과 관련된 인허가 업무도 담당한다. 예를 들어 새로 만들어지는 공장에 물이 필요하면 홍수통제소의 허가를 받은 후에야 공급받을 수 있다. 수도만 연결한다고 해서 물이 나오는 것이 아니다. 특히 공업용수는 생활용수와 구별되어 따로 관리된다.

홍수예경보는 홍수가 발생할 경우 인명피해를 최소화하기 위한 대책이다. 침수로 인한 홍수피해를 막는 목적은 아니다. 한강 같은 경우는 유역의 크기가 커서 최소 6시간 전에 서울이 있는 한강 하류에 어떤 상황이 발생하게 될지를 파악할 수 있다. 유역이 커서 홍수가 만들어지기까지 시간이 상당히 오래 걸리고, 따라서 자료를 받아서 계산하고 확인하는 데 충분한 시간을 확보할 수 있기 때문이다. 그런데 좀 작은 하천들, 예를 들어 서울 인근의 중랑천, 탄천 같은 경우에는 기껏해야 한두 시간 전에야 이러한 상황을 파악할 수 있다. 계산에 필요한 시간은 동일하지만 홍수가 만들어지는 데에는 시간이 얼마 안 걸리기 때문이다. 한두 시간 안에 인근의 주민을 전부 대피시키는 것이 현실적으로 어려워 피해가 발생하는 것이다. 도시 내에서는 문제가 더욱 심각해 이러한 상황을 사전에 파악하는 것은 매우 어렵다.

홍수추적의 이론적 배경

(1) 3대 보존법칙

홍수추적 방법을 설명하기 위해서는 먼저 3대 보존법칙에 해당하는 질량 보존의 법칙, 에너지 보존 법칙, 그리고 운동량 보존 법칙을 설명해야 한다. 또한 저량과 유량의 개념도 필요하다. 그러나 이러한 내용은 뒤에서 자세히 다룰 것이므로, 여기서는 간단히 설명하기로 한다.

먼저 저량과 유량의 개념부터 파악해 보도록 하자. 저량storage은 저류량이라고도 하는데 간단히 저장된 양을 의미한다. 이에 반해 유량flow은 시시각각으로 변하는 양으로, 주어진 시간(또는 한 단위의 시간)동안 얼마 만큼의 양이 출입하는지를 나타낸다. 유량은 유입량과 유출량으로 나누기도 한다. 최근에는 유량이라고 하지 않고 그냥 영어를 그대로 읽어서 '플로우'라고 사용하기도 한다. '플로우'라는 단어가 친근한 학생이 꽤 있을 것이다. 유량에 대해 잘 알고 있다는 의미이다.

저축과 관련된 예를 들어보면, 내 통장의 잔고가 저량이고, 입금 또는 출금은 유량에 해당한다. 이러한 유량의 변화는 저량의 변화를 유발하는데, 입금이 많으면 잔고가 늘고, 출금이 많으면 잔고는 줄게 된다. 이렇게 유량에 따른 저량의 변화를 나타낸 것이 질량 보존의 법칙이다. 질량 보존의 법칙은 프랑스의 화학자인 라부아지에Antoine-Laurent de Lavoisier, 1743-94에 의해 발견된 법칙으로 '더해 주거나 빼 주지 않으면 총 질량은 보존된다'라고 정의된다. 이 질량 보존법칙은 최종적으로 미분방정식의 형태로 변형시켜 이용된다. 여러분도 뒤에서 이 내용을 간단히 배울 예정이다.

에너지 보존 법칙은 총 에너지에 관한 것이다. 질량 보존의 법칙과 마찬가지로 간단히 말하면 '더해 주거나 빼 주지 않으면 총 에너지는 변하지 않는다'이다. 이렇게 간단한 법칙이지만 에너지 보존 법칙은 에너지의 형태가 여러 가지라는 데서 중요하다. 고등학교 물리 시간에 배운 총 에너지는 위치 에너지와 운동 에너지의 합으로 나타났지만, 우리가 살고 있는 실제 세계에서는 여기에 압력 에너지가 추가된다. 많은 경우에 있어 압력 에너지는 위치 에너지보다 중요한 역할을 한다. 바람을 만드는 것도 압력이고, 비행기를 하늘로 띄우는 것도 압력이다. 결과적으로 총 에너지는 위치 에너지, 운동 에너지, 압력 에너지로 구분된다. 참고로 이 세 가지 에너지를 영어로 표현하면 좀 더 현실적으로 다가오는데, 위치 에너지는 'potential energy,' 운동 에너지는 'kinetic(또는 kinematic) energy,' 마지막으로 압력 에너지는 'pressure energy'이다. 우스갯소리로, 어떤 누군가가 여러분에게 이렇게 말한다면 — "너는 potential이 커, 너는 pressure도 잘 참아내지, 따라서 너는 네가 원하는 걸 꼭 성취할 수 있을 거야." — 이 사람이 에너지 보존 법칙을 잘 이해하고 있다는 것을 알 수 있다. 여러분은 이 성취 과정이 바로 '위치 에너지와 압력 에너지의 합을 운동 에너지로 전환시키는 과정'이라는 것을 잘 알고 있을 것이다.

마지막으로 운동량 보존 법칙은 '더해 주거나 빼 주지 않으면 총 운동량은 보존된다'로 정의된다. 운동량은 영어로 모멘텀momentum이라고 하는데, 운동량이라는 우리말 용어보다 모멘텀이라는 외국어 용어가 의미를 더 잘 전달해 준다는 것도 역시 아이러니이다. 여러분은 모멘텀(운동량)이 중요하다는 것을 잘 알고 있다. '내가 한번 필feel 받으면 잘 할 수 있다!'라고 하는 말은 '현재 내게는 모멘텀이 없어 잘하기 어려워!'라는 표현이기도 하다. 이 모멘텀이 운동량 보존 법칙과 관련된 것을 모르는 사람은 많지만, 그 의미는 잘 알고 있다는 것이 신기할 따름이다. 물론 당구를 좋아하는 학생들은 예외이다. 운동량 보존 법칙이 중요한 이유는 운동량의 변화가 바로 힘이기 때문이다. 즉 운동량을 미분하면 힘이 되는데, 이 관계식은 힘이 발휘되는 유체의 운동을 설명할 때 이용되게 된다. 이 내용도 뒤에서 좀 더 살펴보기로 하자.

⑵ 수리학적 홍수추적과 수문학적 홍수추적

한강에 비가 많이 내렸다고 하자. 비가 많이 내리면 홍수가 발생할 가능성이 높아진다. 그래서 우리는 언제 어디서 홍수가 발생하고 그 크기는 얼마인지 계산할 수 있어야 한다. 강우를 관측하고 이걸 통제실에 보내 계산하는 시스템과 계산 결과를 실제로 해당 주민 공무원에 전파해주는 시스템 등을 전부 합쳐서 홍수예경보시스템이라고 한다. 계산하는 일련 과정은 홍수추적flood routing이라 한다. 결국 이 계산 과정은 미분방정식 형태로 되어있는 질량 보존의 법칙, 에너지 보존 법칙,

운동량 보존 법칙을 연립해서 푸는 것이다.

홍수추적 방법은 크게 수리학적 홍수추적과 수문학적 홍수추적으로 구분한다(McWhorter et al., 1997). 먼저, 수리학적hydraulic이란 물의 역학적 원리를 다루는 수리학hydraulics에 기초하여 홍수추적을 수행한다는 의미이다. 즉, 앞서 언급한 질량 보존의 법칙, 에너지 보존 법칙, 운동량 보존 법칙 등을 이용하여 홍수추적을 수행하는 경우를 말한다(우효섭, 2001).

에너지 보존 법칙의 적용은 이론적으로 간단하다. 그러나 현실에서는 마찰 등의 원인으로 에너지 손실이 상당히 발생하는데 이 양을 정확하게 계산하기 어렵다는 문제가 있다. 예를 들어, 산 정상부에 떨어진 빗방울은 그 높이만큼의 위치 에너지를 갖는데, 아래로 굴러 내려오면서 점차 속도 에너지로 변하게 된다. 이 과정에 에너지 손실이 없다면 계산이 간단한데, 문제는 지면의 거친 정도, 즉, 풀과 나무 등 식생 조건 등에 따라 상당한 양의 에너지 손실이 발생한다는 점이다. 물론 빗방울이 단지 몇 개이고 어떤 경로로 굴러 내려오는지를 알면 에너지 손실량을 계산할 수 있다. 문제는 유역이 아무리 작더라도 무한 개의 빗방울이 있어 그 경로를 모두 알기 어렵고 또한 각 경로가 어떤 조건으로 되어있는지를 알기 어렵다는 데 있다. 즉, 미분방정식을 푸는데 필요한 경계조건boundary condition이 불충분해진다. 현실적으로 유역의 모든 정보를 알기 어렵고(또는 그것을 알아내는 데 돈이 너무 많이 들고), 또한 미분방정식을 푸는데 걸리는 시간(계산 시간 또는 전산 시간)이 너무 오래 걸린다는 문제도 있다. 운동량 보존 법칙을 적용한 경우도 비슷한 이유로 현실성이 떨어진다. 결국 문제를 단순화시키기 위해 가정이라는 것을 하게 되는데, 그러면 그 해(解)가 부정확해지는 문제가 생긴다.

수문학적 홍수추적은 특정한 가정을 동원하여 문제를 간단하게 만든 경우에 해당한다. 즉, 질량 보존의 법칙은 사용하지만 에너지 보존 법칙이나 운동량 보존 법칙은 사용하지 않는다. 대신 저류방정식storage equation이라는 것을 사용한다. 이렇게 하면 유역의 특성을 전체적으로만 알면 되고, 또한 계산 시간을 백분의 일, 천분의 일로 줄일 수 있다. 물론 정확도는 어느 정도 낮아지게 된다. 시간도 벌고, 필요한 정보의 양도 줄이기 위해 정확도를 어느 정도 희생하는 것이다. 전 세계적으로 수문학적 홍수추적이 일반적으로 사용되는 이유이다(윤태훈, 2011).

(3) 선형시스템 가정

예측은 그럴듯하게 해야 한다. 보통 예측할 때 예측모형이라는 것을 사용한다. 어떤 모형을 사용할지는 모르지만, 예측모형을 사용한다는 것은 그 시스템을 선형으로 가정한다는 것과 같다. 시스템 자체를 비선형이라고 가정한다면 예측이 어렵거나 불가능해지기 때문이다. 물론 시스템의 특성을 최대한 정확하게 파악하여 대상 시스템을 선형으로 가정하는 것이 그럴듯한지 아닌지를 판단하는 것이 매우 중요하다.

선형시스템의 특징은 간단하다. 시스템에 서로 다른 두 입력자료의 선형결합을 입력해 보면 된다. 예를 들어, x_1을 입력으로 넣어주면,

y_1이 출력으로 나오고, x_2를 넣어주면 y_2가 출력으로 나온다고 가정하자. 이 때 입력 x_1, x_2의 선형결합 즉, $c_1x_1+c_2x_2$을 입력으로 넣어주면, 이 입력과 동일한 형태의 출력이 나오는 시스템, 즉, 결과가 $c_1y_1+c_2y_2$로 나오게 되는 것을 선형시스템이라고 한다. 선형시스템이라는 의미는 일차함수와 같이 선형적인 특성을 갖는다는 것이다(Brutsaert, 2005).

실제로 시스템이 어떤 특성을 가지고 있는지는 시스템마다 천차만별이다. 우리가 다루게 될 홍수추적에서는 수문곡선의 형태로 시스템의 특성이 나타나게 된다. 즉, 그래프로 나타난다. 어떤 시스템은 일종의 논리식의 형태로 시스템의 특성이 주어질 수도 있고, 아주 복잡한 함수형태로 주어질 수도 있다. 마치 문답표처럼 주어질 수도 있고, 결정 트리decision tree처럼 주어질 수도 있다. 어찌 되었건 이러한 특성을 보이는 것을 선형시스템이라고 한다. 우리가 연속방정식과 저류방정식을 적용해서 홍수추적을 수행하게 되면 시스템이 이러한 선형시스템의 특성을 보이게 된다. 그러면 예측이 아주 쉬워진다.

(4) 단위 유량도(단위도, Unit Hydrograph)

홍수추적에서 입력으로 '1'을 넣으면 그 출력은 어떻게 나타날까? 홍수추적 문제에이 있어, 입력으로 유효우량 1을 넣었을 때 수문곡선(직접유출)이 어떻게 나타나느냐가 시스템의 특성이다. 이 수문곡선을 단위유량도(또는 간단히 단위도)라고 부른다. 이 시스템의 특징, 즉 단위도를 정확히 알면 어떤 비가 와도 홍수가 어떻게 발생하는지 쉽게 파악할 수

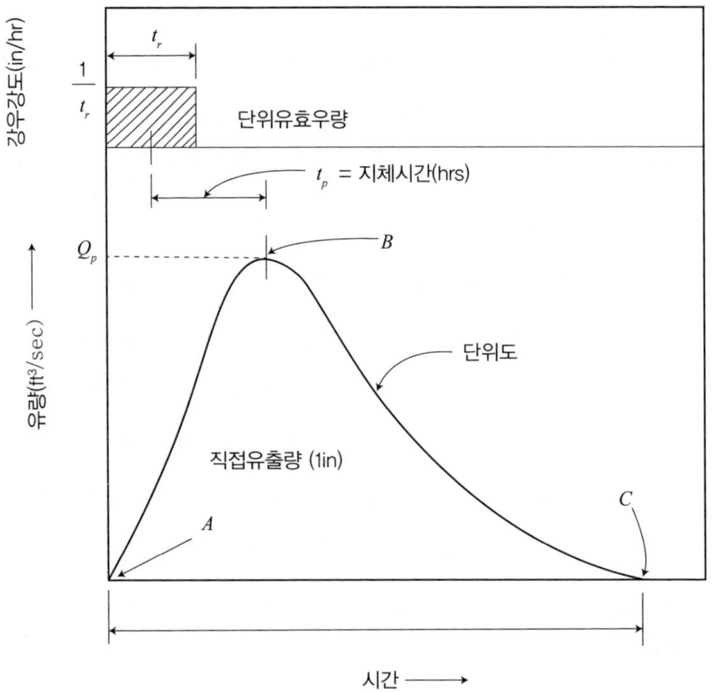

그림 2-10. 단위도의 형태

있다. 물론 이 방법은 실제로는 완벽하지 않다. 그 이유는 기본적으로 홍수추적은 선형을 가정하지만, 실제 홍수발생은 비선형이기 때문이다. 집중호우가 내리면 내릴수록 첨두가 커지고 첨두의 발생 시간도 빨라진다. 비가 적게 내리면 그 반대이다. 이러한 홍수 특성을 하나로 정량화하는 것에는 문제가 있지만, 여전히 꽤 쓸 만한 방법이기는 하다 (Chow et al., 1988).

선형시스템 y=ax에서 a는 시스템의 특징을 나타낸다. 홍수추적에서는 이 a에 해당하는 것이 그래프(단위도)로 나타난다. 이 곡선을 정확히 아느냐 모르느냐는 홍수추적에서 굉장히 중요하다. 댐, 제방을 설계할 때에도 이 정보가 중요하다. 이게 불확실하면 나머지 설계과정이 모두 불확실해진다. 우리나라에서도 댐을 설계하거나 제방을 설계할 때면 단위도를 새로 계산하고 이를 국가에서 검증받도록 되어있다. 검증된 단위도만이 설계에 사용될 수 있다. 이 단위도의 개념은 그림 2-10과 같다.

2.5 홍수와 유체역학

유체역학의 기본개념

(1) 유체와 압력

유체fluid는 기체gas와 액체liquid를 총칭하는 용어이다. 기체는 분자와 분자 사이의 거리가 상당히 먼 경우이고 액체는 가까운 경우일 뿐이다. 액체에 열을 가하면 분자운동이 활발해지고 서로 부딪히고 튕겨 분자 사이가 멀어지게 된다. 그러면 기체로 변한다(White, 1979). 기체와 액체의 차이는 사실 이런 설명보다는 훨씬 크지만, 유체라는 용어로 함께 언급된다는 정도만 기억하자. 추가로, 유체와 고체가 다른 점은 정형화된 모양을 갖느냐에 있다. 이것도 수많은 차이의 극히 일부분일 뿐이기는 하지만.

왜 유체가 중요한지는 우리 자신만 봐도 쉽게 알 수 있다. 잘 느끼지 못해서 그렇지 사실 우리는 물속에서 태어난 물고기와 크게 다르지 않다. 물고기는 비중이 1인 물속에서 태어났고, 우리는 비중이 매우 작은 공기 속에서 태어났을 뿐이다. 물고기가 물의 무게를 느끼지 않고 물속의 산소를 마시며 사는 것처럼, 우리도 공기의 무게를 느끼지 못하며 공기 속의 산소를 마시며 산다. 우리가 태어날 때부터 머리에 이고 있는 공기의 무게는 물 깊이로 10m에 상당하는 크기이다. 그런데도 우리는 추가로 물 기둥 1m도 더 들지 못한다. 우리는 마치 중력이 가장 큰 힘인 것으로 착각하며 살고 있지만 사실은 압력도 그에 못지않게 큰 역할을 한다.

우리가 사는 지면의 대기 압력은 대략 물 높이로 10m 정도, 수은의 높이로는 76cm에 상응하는 무게이다. 밀리바mbar, mb라는 단위를 사용하면 약 1,024mb 정도 된다. 이 값은 토리첼리Evangelista Torricelli, 1608-47라는 이탈리아 과학자가 처음 측정하였다. 유체역학을 공대에서는 2학년 때 배우는데, 이 토리첼리의 실험이 중간고사 문제로 자주 나온다.

여러분은 태풍의 중심기압에 대해 들어 봤을 것이다. 태풍이 우리나라에 접근하면 뉴스에서는 기상캐스터의 설명이 반복된다. 예를 들어, "이 태풍은 중심기압은 900mb로 A급 태풍에 해당 됩니다"라는 설명이다. 중심기압이 900mb라면 실제 엄청난 태풍인데, 단순하게 평가하면 단지 물 1m의 위력을 가지고 있을 뿐이다. 하늘 위를 날고 있는 비행기 안에서 총기 사고가 나면 사람이 빨려 나갈 수도 있는데 이것도

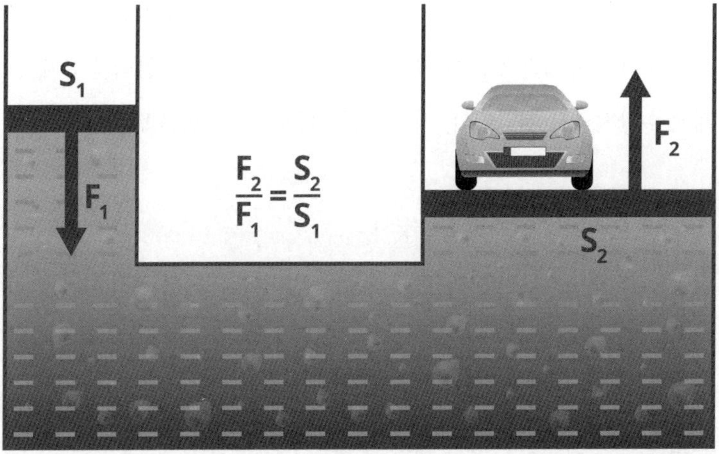

그림 2-11. 파스칼의 원리를 이용한 큰 힘 만들기

압력 차이에서 발생한다. 0과 1기압 사이의 기압차이 때문에 발생하는 일이다. 나중에 예시로 보이겠지만 여름철 계곡을 흐르는 물의 깊이가 무릎 이상이라면 건너지 않는 게 좋다. 빠르게 흐르는 물이 만드는 압력은 버티기도 힘들고, 넘어지면 다시 일어나기 힘들다.

사람들은 이 압력을 너무나 잘 이용하고 있다. 가장 흔하게 볼 수 있는 것이 유체기계들이다. 유체의 압력을 이용하여 큰 힘을 만들어 내는 기계들이다. 건설 현장에서 쓰이는 불도저, 굴착기 등이 모두 여기에 해당하고, 철을 가공하는 프레스도 여기에 해당한다. 자동차를 멈추는 역할을 하는 브레이크도 압력을 이용한다. 이들 기계에 공통적으로 적용되는 원리가 파스칼의 원리이다. 여러분이 잘 알고 있는 평생을 너무나도 규칙적으로 산 파스칼이 발견한 원리이다. 압력은 유체 전체에 순간적으로 전달된다. 이 원리를 이용하여 큰 힘을 만든다.

(2) 질량 보존의 법칙과 연속방정식

질량 보존의 법칙은 그야말로 법칙 중의 법칙이다. 여러 가지 보존 법칙이 있지만 예외 없이 적용되는 것은 질량 보존의 법칙 하나다. 생각보다 훨씬 많은 곳에 쓰이고 있다. 여러분이 전공하는 학문에도 질량 보존의 법칙이 적용되고 있을 테니 잘 찾아보기 바란다.

질량 보존의 법칙은 프랑스의 화학자인 라부아지에Antoine-Laurent de Lavoisier, 1743-94에 의해 발견된 법칙이다. 라부아지에는 화학자였으므로 질량 보존의 법칙도 화학적인 실험을 통해 증명하였다. 실험은 사실 간단하다. 밀폐된 시험관 안에 어떤 물질(고체)을 넣고 가열하여 전부 연소시킨다. 물질은 사라졌지만 시험관의 무게를 재어보니 그대로였다. 결과적으로 '더해 주거나 빼 주지 않으면 총 질량은 보존된다.' 이것이 질량 보존의 법칙의 전부이다. 거꾸로 말하면 더해 주거나 빼 주면 총 질량은 당연히 변하게 된다(Munson et al., 1990).

질량 보존의 법칙이기는 하지만 꼭 질량일 필요는 없다. 질량을 밀도로 나누면 부피가 되는 것이고, 여기에 단위중량(비중량)을 곱하면 무게가 된다. 질량 대신 사람의 수를 적용할 수도 있고, 돈을 적용할 수도 있다. 우리나라의 인구 문제, 고령화 문제는 다 질량 보존의 법칙과 관련이 있다. 우리나라가 잘살고 못사는 문제도 일차적으로 질량 보존의 법칙으로 설명한다. 예를 들어, 다음과 같은 식이다. "올해 우리나라는 수출 증가세에 힘입어 무역수지 흑자가 역대 최대에 이를 전망입니다."

여러분은 방정식equation이 무엇인지 알고 있다. 2차 방정식의 해를 구하는 근의 공식은 중학교 때 배웠다. 평생 잊어버리지 않을 정도로 외우고 또 외웠다. 그만큼 중요한 것인데…. 물론 이 근의 공식을 평생에 몇 번이나 사용하게 될지는 전적으로 여러분에게 달렸다. 많이 사용하면서 인생을 살라고 권하고 싶다. 이과 출신 학생들은 고등학교 때쯤 이 근의 공식을 유도해 보기도 했을 것이다. 좋은 훈련이다. 고등학교 때에는 2차 방정식, 3차방정식보다 난이도 높은 것도 배우는데, 미분differentiation과 적분integration이 그것이다. 미분은 잘게 나눈다는 뜻이고, 적분은 합쳐준다는 의미이다. 기울기를 구할 때 미분의 개념을 적용하고, 면적을 구할 때는 적분의 개념을 이용한다.

대학에 오면 방정식을 꾸밀 때 미분이나 적분의 개념도 포함시키기 시작한다. 이러면 미분방정식 또는 적분방정식이 나타난다. 보통 공과대학이나 이과대학 1학년, 2학년 때에 미분방정식 푸는 방법을 집중적으로 배운다. 이 학생들은 자기 전공을 버리지 않는 한 평생 미분방정식을 접하면서 살게 된다. 참고로, 앞 문단에서 언급한 기울기는 1차 함수 $y=ax$의 a에 해당하는 값인데, 이는 바로 식 y의 x에 대한 변화량이다. x가 단위(하나)만큼 변할 때 y는 얼마만큼 변하느냐를 의미한다. a는 y를 x에 대해 일차 미분하여 얻는다.

여기서 다시, 질량 보존의 법칙에 적용된 정의를 다음과 같이 표현해 보기로 하자. '저량의 시간적 변화(량)는 유량의 합과 같다.' 저량을 S로 표현하고 시간은 t로 표현하면, 아주 작은 시간간격 $t_2 - t_1$사이의 저류량 변화는 $S_2 - S_1$라고 표현할 수 있다. 이제 저량의 시간적 변화는 간단히 $(S_2 - S_1)/(t_2 - t_1) = \Delta S/\Delta t$ 가 된다. 시간 간격이 무한히 작은 경우를 가정하고 다음과 같이 미분기호를 도입할 수 있다. 즉, $\lim_{\Delta t \to 0}(\Delta S/\Delta t) = dS/dt$.

다음으로 유량은 유입량과 유출량으로 구분하고 이를 각각 I와 O로 표현하자. 이제 마지막으로 저량의 시간적 변화(량)는 유량의 합과 같다는 표현은 다음과 같게 된다.

$$\frac{dS}{dt} = I - O \tag{2.1}$$

바로 이 식이 바로 질량 보존의 법칙을 미분방정식으로 표현한 것이다. 위 식에서 S, I, O는 모두 시간 t의 함수이다. 공대생은 이 식을 푸는 방법은 보통 대학교 2학년 1학기 3월이 지나가기 전에 배우게 된다. 특별히 시간에 대한 저류량의 변화가 없는 경우에(즉, 0인 경우에), $I = O$가 되고 이를 연속방정식Continuity Equation이라고 부른다(이종석, 2004).

이 식을 풀면 여러 가지 문제의 답을 구할 수 있다. 예를 들어, 내 계좌에 백만 원이 들어 있다고 가정하자. 매일 만 원씩 쓰면 총 며칠 동안 쓸 수 있을까? 쉬운 문제이다. 위 식에서 유입량 I=0, 유출량 O=1,

따라서 $dS/dt = -1$. 이 식을 풀면(일부 과정은 생략하고), $S(t) - S(t=0) = t - 0$. $S(t=0) = 100$이고, 시간이 t일 때 $S(t) = 0$ 이어야 하므로 답은 $t=100$이 된다. 즉, 백 일 뒤에 잔고는 0원이 된다. 그러나 이 문제를 조금 꼬아서 '매일 잔고의 10%씩 빼서 쓴다면 며칠 안에 쓸 수 있을까?'라고 물으면 위와 같이 간단히 구해지지는 않는다(물론 2학년 1학기를 마친 학생에게는 간단할 것이다). '현재 대한민국의 인구가 오천만 명입니다. 만일 사망률은 그대로인데 출생률이 1%씩 줄면 몇 년 뒤에 우리나라가 없어질까요?' 이 문제도 유사한 문제이다. 역시 비슷한 문제이기는 한데 공대에서는 이런 문제를 푼다. '커다란 물탱크 바닥에 직경 10cm의 구멍이 생겼다. 이 물탱크의 물이 다 빠지는 데 걸리는 시간은 얼마인가?' 또는, '현재 우리나라의 댐 저수량은 총 백억 톤이다. 긴급 수요 조절에 들어간다면 얼마나 오랫동안 버틸 수 있는가?'

연속방정식을 관pipe에 흐르는 유체에 적용해 보자. 대상으로 하는 두 개의 단면을 각각 ①, ②로 표시하고, 여기에서의 관 단면적은 각각 A_1, A_2, 유속을 각각 v_1, v_2라고 하자. 추가로, 관에 흐르는 유체의 밀도가 변하지 않는다고 가정하면(즉, $\rho_1 = \rho_2$), 연속방정식은 최종적으로 다음과 같이 간단하게 표현할 수 있다.

$$A_1 v_1 = A_2 v_2 \tag{2.2}$$

간단한 예제로, 다음 쪽의 그림 2-12와 같이 두 개의 단면이 다른 관이 연결되어 있는 경우를 생각해 보자. 이 관을 통과하는 유체가 비

압축성이라면(이 가정은 유체의 밀도를 상수로 취급하기 위해 필요함), 단면 ②에서의 유속은 연속방정식을 적용하여 간단히 구할 수 있다. 결과적으로 단면 ②에서의 유속은 단면 ①에서의 유속에 1/9를 곱한 것과 같다(유철상 외, 2014).

이런 종류의 예제는 우리 일상생활에서도 쉽게 찾아볼 수 있다. 즉, 더운 여름철에 창을 열면 시원한 바람이 들어오는 이유도 연속방정식으로 설명 가능하고, 건물과 건물 사이에 바람이 세지는 것도 연속방정식으로 설명할 수 있다.

(3) 에너지 보존 법칙과 베르누이 방정식

에너지 보존 법칙을 방정식 형태로 처음 유도한 사람은 오일러Leonhard Euler, 1707-83이다. 오일러는 뉴턴의 제2법칙을 이용하여 다음과 같은 미분방정식 형태의 에너지 보존의 법칙을 유도하였다(Crowe et al., 2001; Cengel et al., 2006).

$$dp + \rho V dV + \gamma dz = 0 \tag{2.3}$$

위 식에서 p는 압력, ρ는 밀도, V는 속도, γ는 단위중량, z는 높이를 의미한다.

이 식의 의미는 간단하다. 즉, '압력 에너지의 변화량, 속도 에너지의 변화량, 그리고 위치 에너지의 변화량을 모두 더하면 0이다'가 된다. 이 식이 오일러 방정식이다. 그런데 이 식을 약간 변형하여 좀 더 보기

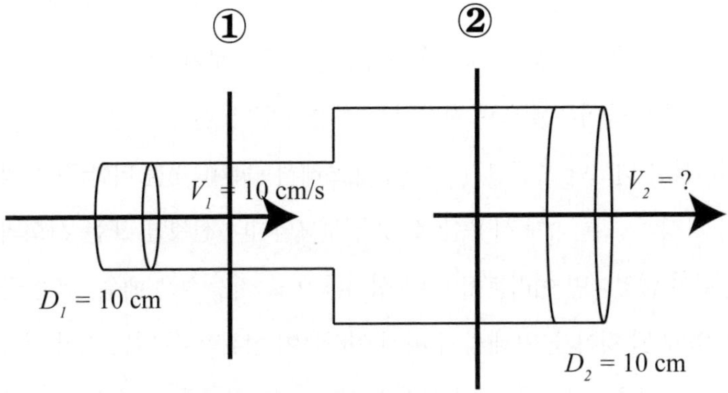

그림 2-12. 단면이 다른 두 개의 관이 연결되어 있는 경우

쉽고 이해하기 좋은 식을 베르누이Daniel Bernoulli, 1700-82라는 사람이 유도하게 된다.

$$\frac{p}{\gamma}+\frac{V^2}{2g}+z=\text{일정} \tag{2.4}$$

사실 위 식은 앞의 식 (2.6)을 유체의 단위 중량으로 나눈 후 적분한 것에 불과하다. 이렇게 하여 각 에너지를 높이(길이)의 단위가 되도록 하였다. 이 간단한 식이 유체역학 교과서에 훨씬 더 많이 나온다. 이 식을 베르누이 방정식이라고 부른다.

에너지 보존 법칙을 가지고 설명할 수 있는 첫 번째는 여러분에 관한 것이다. 일단 여러분을 대학교 1학년 신입생이라고 가정하고 이야기하고자 한다. 여러분은 중고등학교 내내 참고 인내하며 공부에 매진한 끝에 대학에 들어왔다. 그런데 대학생들은 스스로가 잘나서(포텐셜이 커서) 대학에 들어온 것으로 착각하는 경향이 있다. 물론 사실이 아니다. 여러분은 타고난 포텐셜(위치 에너지)에 프레셔(압력 에너지)를 더한 것을 성취 과정(운동 에너지)에 사용한 것이다. 부모님이나 선생님, 또는 사회의 압력이 없었다면 여러분이 이런 성취를 이룰 가능성은 매우 작다. 금방 알게 될 것이다. '프레셔'가 빠진 여러분이 성취할 수 있는 것이 얼마나 작은지를…. 1학년 1학기 성적표가 말해 줄 것이다. 그러나 3학년쯤 되면 취업 걱정으로 엄청난 프레셔를 다시 받게 되는데, 도서관을 가 보면 금방 보일 것이다. 여러분 선배들이 얼마나 공부를 열심히 하는지….

베르누이 방정식이 어떻게 이용되는지를 그림 2-12의 예제를 가지고 살펴보도록 하자. 이 예제는 앞서 연속방정식을 적용한 것이다. 여기서 알고자 하는 것은 단면 ①과 단면 ② 중에서 어디의 압력이 더 높으냐 하는 것이다. 에너지 보존의 법칙을 잘 이해하지 못하는 학생에게 이 문제를 물어보면 대체로 단면 ①에서 압력이 높다는 대답을 한다. 과연 그런가?

먼저 단면 ①과 단면 ②에 대해 베르누이 방정식을 적용해 보자. 구간의 길이가 짧으므로 이 구간에서 에너지 손실은 없다고 가정하자.

$$\frac{p_1}{\gamma}+\frac{V_1^2}{2g}+z_1=\frac{p_2}{\gamma}+\frac{V_2^2}{2g}+z_2 \tag{2.5}$$

위 식에서 관이 평행하게 위치한다는 것을 고려하면, 즉 위치 에너지가 같다는 것을 고려하면 베르누이 방정식은 다음과 같이 간단하게 표현된다.

$$\frac{p_1}{\gamma}+\frac{V_1^2}{2g}=\frac{p_2}{\gamma}+\frac{V_2^2}{2g} \qquad (2.6)$$

이제, 유속을 고려해 보자. 단면 ①에서의 유속은 단면 ②에서의 유속보다 매우(9배) 크다. 따라서 속도 에너지는 속도의 제곱에 비례하므로 81배나 크게 된다. 상당히 큰 차이이다. 마지막으로 위 식 (2.6)을 가지고 총 에너지가 보전되어야 한다는 것을 고려해 보자. 간단히, 단면 ②에서는 압력 에너지가 매우 커야 한다는 것을 판단할 수 있다. 그것도 엄청나게 커야 한다. 만일 관이 동일한 재질에 동일한 두께로 만들어진 것이라면 관의 파괴는 단면 ②에서 일어날 가능성이 크다. 그림만 보고 언뜻 생각한 결과와 반대이다.

베르누이 방정식이 적용되어 설명할 수 있는 재미있는 사례는 매우 많다. 다음 그림 2-13(좌)는 비행기가 어떻게 하늘로 날아가게 되는지를 설명해주는 것이다. 비행기의 날개를 보면 날개의 윗부분은 불룩 튀어나온 형태이고 아랫부분은 평평한 형태이다. 여기서 핵심은 공기가 날개 윗부분을 지나갈 때와 아랫부분을 지나갈 때 거리가 달라진다는 점이다. 윗부분의 거리가 좀 더 길다. 따라서 위쪽으로 지나가는 공기의 속도는 아랫부분보다 빨라야 한다. (빨라야 하는 이유는 질량 보존의 법칙

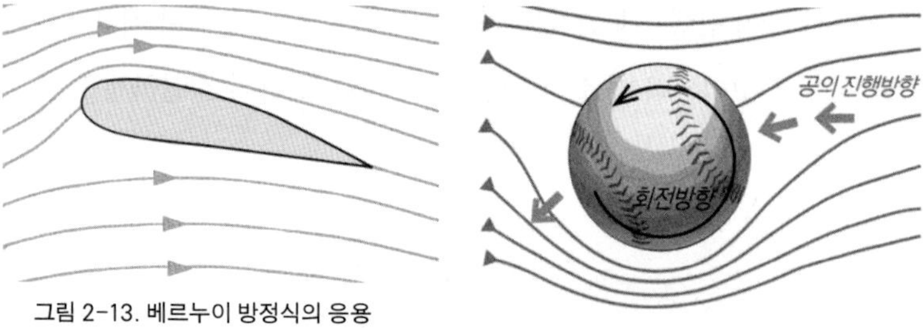

그림 2-13. 베르누이 방정식의 응용
(좌) 비행기가 뜨는 원리　(우) 커브볼의 원리

에 의해 유입량과 유출량이 같아야 하기 때문이다. 아니면 경로 어딘가에 공기가 쌓여 있어야 한다.) 따라서 날개 윗부분의 속도 에너지는 아랫부분의 속도 에너지보다 크다. 그 차이가 날개 윗부분과 아랫부분의 위치 에너지보다 크면(실제로 위치에너지의 차이는 미미하다) 베르누이 방정식에 근거하여 압력 에너지는 날개 아랫부분에서 더 커지게 된다. 비행기가 매우 빠르게 움직이면 속도 에너지의 차이는 더 커지게 되고, 따라서 압력의 차이도 더욱 커지게 된다. 압력의 차이가 비행기를 들어 올릴 정도로 커지면 비행기는 날아가게 된다(이재수, 2007).

베르누이 방정식을 이용하여 설명할 수 있는 또 다른 사례로 커브볼을 들 수 있다. 말 그대로 휘어져 들어가는 공인데 그 원리는 매우 간단하다. 그림 2-13(우)는 야구공 주변의 공기 움직임을 위에서 바라본 그림이다. 이 그림은 공을 반시계방향으로 회전시킨 경우를 보여 주고 있다. 오른손 투수의 경우는 이렇게 회전을 주기 쉽지만, 반대로 회전을 주는 것은 어렵다. 몸에 더 많은 무리가 간다. 이 경우를 역회전을 준다고 한다. 왼손 투수는 반대이다.

이렇게 공을 던지면 공의 진행 방향의 오른쪽은 공 쪽으로 오는 공기의 흐름으로 방해를 받는다. 결과적으로 공기의 속도를 줄이게 된다. 반대로 공의 왼쪽에서는 공쪽으로 오는 공기의 속도가 더욱 커진다. 이제 나머지는 베르누이 방정식을 적용하여 정리하면 된다. 공 오른쪽 왼쪽은 위치 에너지가 같고(위 그림은 위에서 본 것이라는 것을 기억하고), 속도 에너지는 진행 방향 왼쪽이 크고, 따라서 압력 에너지는 진행 방향 오른쪽이 커진다. 결과적으로 공은 압력이 큰 진행방향 오른쪽에서 왼쪽으로 휘어져 들어간다. 이론은 이렇게 간단하지만 투수는 공의 회전수와 속도, 그리고 방향까지를 원하는 대로 조절할 수 있어야 한다. 선발투수라면 이렇게 100개 정도를 던져야 한다. 얼마나 많은 연습이 필요할지는 충분히 상상된다.

마지막으로, 비가 온 뒤 계곡을 건너는 것이 얼마나 위험한지를 설명해 보고자 한다. 일반적으로 계곡에 무릎 이상의 깊이로 물이 흐르면 건너지 말라고 한다. 왜 그런지를 다음 예제를 가지고 살펴보자. 그림 2-14는 성인 남자가 계곡 한가운데 두 다리를 모으고 서 있는 상황을 예로 든 것이다. 폭 30cm, 깊이 50cm는 물속의 두 다리가 차지하는 단면의 규모이다. 계곡물의 유속은 5m/sec로 가정하였는데, 이 경우에는 물이 하천 바닥의 흙을 띄울 수 있는 수준이어서 보통 흙탕물이 된다(Graf, 1984; Vanoni, 2006).

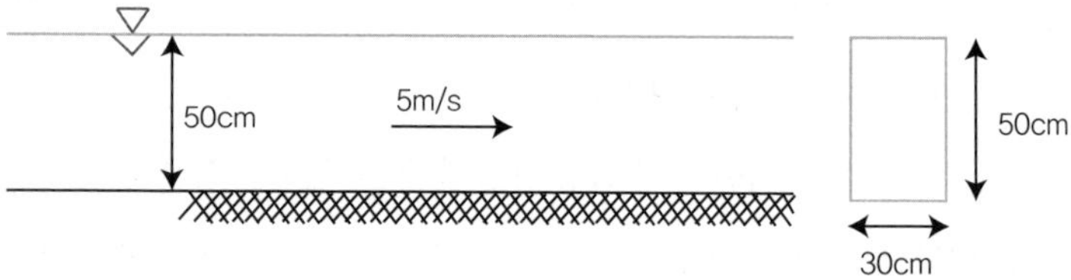

그림 2-14. 계곡을 건너는 사람에게 작용하는 압력

다리에 걸리는 총 힘은 두 가지로 나누어 계산할 수 있다. 하나는 정수압에 의한 것이고 또 하나는 동수압에 의한 것이다. 정수압은 흐르지 않는 물이 발휘하는 압력이고, 동수압은 흐르는 물이 발휘하는 압력이다. 또한 압력은 단위 면적당 힘으로 정의되므로 힘을 계산할 때는 면적을 꼭 넣어 주어야 한다. 먼저 정수압에 의해 발휘되는 힘은 간단히 계산된다. 간단히 도심까지의 깊이(이 경우는 0.25m)에 단면적(0.3m×0.5m)을 곱한 후, 여기에 물의 단위중량(1,000kg/m^3)을 곱해주면 된다. 그 결과는 37.5kg이 된다. 여기서 kg은 힘의 단위로 쓰인 것인데, 중력가속도를 곱해준 값이라고 생각하면 된다. 몸무게를 말할 때도 kg의 단위를 사용하는데 역시 힘의 단위이다. 무게는 질량에 중력가속도를 곱한 것으로 힘을 나타낸다. 이런 형식의 단위를 공학단위라고 하는데, 매번 중력가속도를 곱해주는 것이 번거로워 빼는 대신 힘이라는 것을 묵시적으로 인정하는 것이다. 우리의 일상생활에는 알게 모르게 이러한 공학단위가 많이 사용된다.

다음으로 동수압에 의해 발휘되는 힘을 계산해 보자. 이 때 동수압은 베르누이 방정식을 적용하여 계산한다. 이 계산의 핵심은 운동 에너지가 모두 압력 에너지로 변환된다는 데 있다. 수도꼭지를 완전히 열고 나오는 물에 손을 대면 우리가 느끼는 것은 압력이다. 이 압력에 물이 닿는 면적을 곱하면 힘이 된다. 이와 같은 원리로 계곡을 흐르는 물은 우리 다리에 힘을 가하게 된다. 즉, 속도 에너지는 $V^2/2g$ 가 모두 p/γ로 변환되므로, 압력 p는 다음과 같이 계산된다.

$$p = \gamma\left(\frac{V^2}{2g}\right) = 1000 \times \left(\frac{5^2}{2 \times 9.8}\right) = 1,275.5 \ (kg/m^2) \qquad (2.7)$$

즉, 동수압은 1,275.5kg/m^2이다. 동수압에 의해 만들어지는 힘은 압력에 면적을 곱해 계산하므로 191kg이 된다. 이 힘에 정수압에 의한 힘을 더하면 최종적으로 다리에 걸리는 힘은 191+37.5=228.5kg이 된다. 참고로, 몸무게 60kg인 사람 4명(총 240kg)을 업고 있는 상황을 생각해 보라. 물의 힘을 과소평가한다면 큰일을 당할 가능성이 커진다.

(4) 운동량 보존 법칙과 힘

야구, 골프, 볼링, 당구와 같은 스포츠를 좋아하는 학생들은 운동량 보존 법칙을 잘 알고 있을 것이다. 당구를 할 때 흔히 듣는 말 하나는, 쿠션이나 뱅크샷을 칠 때는 어깨에 힘을 빼고 쭉 밀어주라는 것이다. 여기에 중요한 사실이 숨어있다. 어깨에 힘을 빼고 쭉 밀어주라는 의미는 어깨에 힘을 빼야 큐의 속도를 증가시킬 수 있다는 의미이다. 큐를 당구공까지 이동시키는 거리는 같으므로 속도를 증가시킨다는 것은 결국 시간을 줄이는 것이 되고, 이는 가속도를 크게 한다는 것과 같다. 결국 당구공을 때리는 힘은 큐의 질량에 가속도의 곱으로 결정된다. 다음으로 큐를 쭉 밀어주라는 의미는 큐를 당구공에 오래 붙여두라는 이야기와 같다. 왜 이렇게 할까? 이는 큐를 당구공에 붙여 놓은 시간을 최대로 늘리기 위해서이다. 질량과 속도의 곱이 운동량이지만 힘과 시간의 곱도 역시 운동량이다. 당구공에 운동량을 최대로 전달하면 당구공은 큰 속도를 갖게 되고 따라서 아주 멀리 가게 된다. 운동량 보전법칙이 중요한 이유는 이처럼 운동량의 시간적 변화가 바로 힘이기 때문이다. 운동량을 시간에 대해 미분하면 바로 힘이 된다.

운동량은 간단히 질량과 속도의 곱으로 정의된다. 즉,

$$M = m \times v \tag{2.8}$$

위 식에서 M은 운동량, m은 질량, 그리고 v는 속도를 나타낸다. 운동량 보존 법칙은 간단히 충돌 전후로 운동량의 보존 된다는 것으로 다음과 같이 나타낼 수 있다.

$$m_1 \times v_1 = m_2 \times v_2 \tag{2.9}$$

이 식은 또 다른 측면을 가지고 있는데 바로 힘과의 관계이다. 운동량의 변화량, 즉, 운동량의 시간적 변화는 바로 힘이 된다.

$$\frac{dM}{dt} = \frac{d}{dt}(m \times v) = m \times \frac{dv}{dt} = m \times a = F \qquad (2.10)$$

위 식을 유체에 적용할 수 있게 바꾸어 주면 다음과 같다.

$$F = \rho Q(v_2 - v_1) \qquad (2.11)$$

여기서 F는 힘, Q는 유량, ρ는 유체의 밀도를 나타낸다.

이 식은 굉장히 다양한 응용 분야를 갖는다. 댐에서의 수력발전량을 계산할 때도 필요하고, 샤워기, 스프링클러, 심지어는 변기의 설계에도 사용된다. 최근 치아세정기 또는 아쿠아젯이라는 이름의 물치솔이 사용되고 있는데 그 원리도 이것이다. 물대포와 동일하다. 예를 들어, 속도 v로 유량 Q를 뿜어내는 구강세정기를 살펴보자. 뿜어져 나온 물이 치아에 맞으며 물이 옆으로 다 튀게 된다. 즉, 그 순간 물의 진행방향 속도는 0이라고 가정할 수 있다. 따라서 이 상황에서의 운동량의 변화는 바로 ρQv가 되고, 이것이 바로 이 물이 만들어내는 힘의 크기와 같게 된다. 이만큼의 힘은 치아에 묻어 있는 이물질을 제거하는 데 사용된다. 힘의 크기는 물의 양(즉, 유량)과 속도에 비례하므로 이를 조절하여 원하는 크기의 힘을 만들어 낼 수 있다.

참고로, 우리가 알고 있는 다양한 스포츠는 크게 큰 힘을 요구하는 것과 큰 운동량을 요구하는 것으로 나눌 수 있다. 어느 것이냐에 따라 운동 방법도 다르다. 앞서 언급한 야구, 골프 등은 운동량의 전달을

그림 2-15. 야구와 권투의 차이
(좌) 야구 선수의 스윙
(우) 권투 선수의 펀치

최대로 하는 것이 중요하다. 그래서 밀어서 치라고 한다. 반대로 권투의 경우에는 큰 힘을 만들어 내는 것이 중요하다. 이럴 때는 끊어서 치라고 한다. 운동량의 크기가 같을 때 접촉하는 시간을 적게 하면 할수록 힘을 크게 만들 수 있다.

3장 가뭄과 물 부족

프레이 포 레인 Pray For Rain (2017)

감독 알렉스 라나리벨로
출연 애너벨 스티븐슨(에마 가드너 역), 니컬러스 곤살레스(니코 레이노소 역), 제인 세이모어(올리비아 가드너 역) 등

줄거리

뉴욕에서 패션 기자로 일을 하던 에마는 갑작스러운 아버지의 부고 소식에 고향인 캘리포니아 센트럴 밸리로 가게 된다. 장례식을 치른 후 아버지의 방을 둘러보던 중 익명의 사람으로부터 받은 협박장을 발견한다. 에마는 아버지의 죽음에 의문을 갖게 되고 고향의 심각한 가뭄도 이와 관련되어 있다고 생각한다. 오랜 가뭄으로 농장은 메말랐고 심지어 이웃끼리 물을 훔치는 일도 일어난다. 또한 농부들은 땅을 팔라는 갱단의 협박을 못 이겨 땅을 팔고 떠나기도 한다. 에마는 댐에 물이 충분하지만, 환경 단체의 반대로 끌어 쓸 수 없는 상황이라는 것을 알게 된다. 댐의 물로 물고기가 멸종 위기에 처할 수 있다는 환경 단체의 주장이 고향을 메말라가게 한 것이다. 에마는 한 대기업이 땅을 사기 위해 유령회사를 만들고 환경단체를 후원했다는 사실도 알아내게 된다.

그림 3-1. 영화 〈프레이 포 레인〉 포스터

3.1 가뭄Drought이란?

우리나라에서도 거의 매년 봄이 되면 가뭄 소식이 빠지지 않는다. 좀 더 정확히 살펴보면 대략 2–3년에 한 번쯤은 약한weak 가뭄이 오고, 5–10년에 한 번쯤은 심한severe 가뭄이 오며, 대략 30년에 한 번쯤은 국가 비상상황을 언급할 정도의 상당히 심한very severe 가뭄이 온다(김계자 외, 2015). 일반인이 이러한 상황을 쉽게 판단하기는 어렵지만, 우스갯소리로 다음과 같이 판단하기도 한다. 즉, 9시 뉴스에 농림수산부 장관이 나오면 약한 가뭄이고, 국무총리가 나오면 심한 가뭄이고, 마지막으로 대통령이 나온다면 상당히 심한 가뭄이다.

그림 3-2. '가뭄비상' 논으로 출동한 소방차

출처: 조윤영, 〈44t 쏟아부어도 목타는 저수지… 낚시 좌대만 '덩그러니'〉, 《경인일보》, 2017년 6월 13일. http://www.kyeongin.com/main/view.php?key=20170612010003645

우리나라에서는 홍수재해가 가뭄재해보다 더욱 익숙한 편이다. 이러한 이유는 우리나라에서의 가뭄재해가 대부분 농업 분야에 한정되기 때문이다. 일상생활에 영향을 끼치는 가뭄은 상대적으로 적은데, 이는 우리나라의 물 공급 시스템이 잘 갖추어져 있어서이다. 특히, 사람과 공장에 필요한 물은 충분히 공급되고 있다. 과거에 건설한 많은 댐 덕분이고, 이 물을 공급하는 광역 상수도의 혜택이기도 하다. 광역 상수도가 미치지 못하는 곳은 지방 상수도가 역할을 담당하고 있고, 지방 상수도도 어려운 곳은 마을 상수도가 물 공급을 담당한다(이동우, 2006). 마을 상수도가 가장 작은 규모라서 가뭄에 가장 취약하다. 광역 상수도는 웬만한 가뭄에는 전혀 문제가 되지 않는다. 가뭄이 발생하면 광역 상수도의 혜택을 보지 못하는 산간지역, 도서지역 주민들이 먼저 피해를 받는 것도 이 때문이다. 대도시의 주민들은 그래서 가뭄에 둔감한 편이다. 가뭄에 대한 뉴스가 나와도 다른 나라 이야기인 것처럼 들리는 이유도 이 때문이다.

그러나 우리나라에서조차 홍수에 의한 경제적 피해액보다 가뭄에 의한 경제적 피해액이 더 크다는 점은 아이러니이다. 예로부터 홍수는 쉽게 극복했지만 가뭄은 그렇지 못했다. 오죽하면 매년 반복되는 나일강의 홍수는 신의 축복이라고 불리고, 그 반대의 가뭄은 신의 저주라고 불리겠는가? 심한 가뭄은 한 나라를 망하게 하고, 전쟁을 일으키고, 또 역사를 바꾼다(버나드, 2020). 유럽이 중세시대를 마감하게 된 계기도 유럽 전반을 휩쓴 최대 100년간의 대가뭄이었으며, 동아시아 격동의 시대인 1900년대에는 약 30년간의 가뭄이 기저에 깔려있다(우승엽, 2016). 당시 우리나라의 강수량은 500–700mm 정도로 최근의 반 정도에 불과한 수준이었다. 노벨문학상을 받은 펄 벅Pearl (Sydenstricker) Buck, 1892-1973의 《대지The Good Earth》라는 소설을 보면, 가뭄에 자식을 잡아먹는다는 내용이 나온다. 이 소설은 1900년대 중국이 배경이다.

가뭄재해의 정의와 종류

가뭄에 대한 관심은 당연히 농업에서 시작되었다. 따라서 가뭄의 정의도 농업과 밀접하게 관련되어 있다(Wilhite and Glantz, 1985). 애초 가뭄의 정의는 '식물성장이 정상적으로 이루어지지 않는 건조한 상태'이다. 그런데 식물성장은 토양 속의 물(즉, 토양수분)이 어느 정도이냐와 직접적인 관련이 있다(Farooq et al., 2009). 우리나라에서는 최근 3개월 정도의 강수량이 토양 속의 수분 정도와 큰 연관이 있는 것으로 알려져 있다. 강수량이 가뭄과 직접 관련이 있는 것은 당연하다. 그러나 우리가 느끼는 가뭄과 실제 가뭄은 그 분야에 따라 큰 차이가 있다. 분야에 따라 가뭄의 정의도 크게 다르다(이동우, 2003).

가뭄을 정의하기에 앞서 가뭄이 상대적이라는 것을 강조하고 싶다. 이는 물론 홍수의 경우에도 동일하다. 그 기준은 늘 기후특성이다. 예를 들어 우리나라의 연평균 강수량은 대략 1,300mm정도인데, 이보다 비가 많이 오면 홍수와 관련되고 적으면 가뭄과 관련되는 식이다.

표 3-1. 가뭄의 종류 및 정의

가뭄의 종류	정의
기상학적 가뭄	• 정상 상태 또는 평균적인 개념과 비교하여 건조한 정도와 건조한 상태의 지속기간을 바탕으로 정의 • 미국: 48시간 안에 강우가 2.5mm보다 적은 경우 • 영국: 일 강우가 2.5mm보다 적은 날이 연속적으로 15일 이상인 경우 • 리비아: 연 강우량이 180mm 이하인 경우 • 인도: 실제 계절강우량이 평균 편차의 2배보다 부족한 경우 • 발리: 비가 없는 날이 6일 이상 계속될 경우 • 우리나라: 대략 한 달 동안의 강수량이 평균보다 적은 수준일 경우
농업 가뭄	• 토양 속의 수분이 말라버려 논과 밭의 작물들이 시들기 시작하는 경우 • 최근 3개월의 강수량이 평균보다 적은 경우
수문학적 가뭄	• 댐이나 저수지, 하천 등의 수량이 평균보다 적은 경우 • 최근 9-12개월의 강수량이 평균보다 적은 경우

이렇게 기후특성이 기준이 되는 이유는 그 지역에 사는 사람, 식물, 동물 모두가 그 기후특성에 적응되어 있기 때문이다. 예를 들어, 우리나라를 대표하는 과일은 사과이다. 사과라는 과일이 우리나라에서 키우기 적절하기 때문이다. 우리나라에서 평균적인 수준으로 비가 내리고, 바람이 불고, 해가 비추면 사과는 풍년이다. 어느 하나라도 평균에서 크게 벗어나면 흉년이 된다. 좀 더 더운 지역에서는 파인애플을 키우고, 사막 근처에서는 아예 키울 것이 없다.

우리의 일상생활과 가장 관련이 큰 가뭄은 기상학적 가뭄meteorological drought이다(Palmer, 1965). 기상학적 가뭄은 나라마다 그 정의가 크게 다르다. 예를 들어 미국에서는 48시간 안에 강우가 2.5mm보다 적은 경우 가뭄(기상학적)이라고 정의한다. 또한, 영국에서

그림 3-3. 기상학적 가뭄, 건조한 도시

는 일 강우가 2.5mm보다 적은 날이 연속적으로 15일 이상인 경우 가뭄이라 한다. 우리나라에서는 대략 한 달 동안 강수량을 기준으로 기상학적 가뭄을 정의한다. 평균적인 수준으로 비가 내렸다면 정상, 적으면 가뭄이라고 부른다. 기상학적 가뭄 상태에서는 대기가 건조해지므로 우리 피부도 건조해진다. 심하면 불편함을 느끼게 되고 피부질환이 생길 수도 있다. 봄, 가을이라면 마른 풀이 더욱 건조해져서 산불도 나기 쉽다(Keetch and Byram, 1968). 도시에서는 먼지가 나기 쉬워 대기질이 하락할 수도 있다. 그러나 그뿐이다. 논과 밭의 식물들은 여전히 잘 자

그림 3-4. 쩍 갈라진 논의 모습(농업가뭄)

라고 있고, 우리도 매일 샤워하는 데 문제가 없다.

비가 3개월 정도 오지 않으면 토양 속의 수분이 말라버리게 된다. 이제 논과 밭의 작물들이 시들기 시작한다. 이게 농업 가뭄agricultural drought이다(Fisher and Maurer, 1978). 가격으로 따지면 얼마 안 될 수도 있으나 우리가 먹고 살아야 하는 식량 생산에 문제가 생기게 된다(Glantz, 1987). 우리가 먹는 밥 한 공기를 쌀 가격으로만 따지면 100원이 채 되지 않는다. 우리나라 국민 5천만 명이 한 끼를 먹는 데 50억 정도의 비용이 든다. 하루에 두 끼만 먹는다고 보면 100억, 1년에는 3조 6,500억 원 정도가 든다. 좀 할인하면 3조 원 정도가 우리의 밥값이다. 삼성전자의 1년 연구비가 2015년 기준으로 대략 10조 원 정도이다. 그러나 먹을 게 없으면 생존은 불가능하다. 식량안보라는 개념은 그래서 중요하다. 우리가 먹을 것, 특히 생존에 필요한 것은 우리가 책임질 수 있어야 한다. 단순히 경제적으로만 따질 수 없는 이유이다(이상현, 2015).

요즘 마른장마라는 이야기를 많이 한다. 장마는 장마인데 비가 별로 오지 않는 상황을 언급한 때 마른장마라고 한다. 과거 장마는 일정한 패턴이었다. 대략 6월 중순에 시작해서 7월 중순까지 약 한 달간 지루하게 지속하는 우기를 장마라고 한다. 장마전선이 정체되어 비를 내리는 긴 기간이다. 장마전선은 물론 태평양의 더운 세력과 시베리아의 차가운 세력이 힘겨루기를 해서 만들어진다. 여름이 더욱 깊어지면 더운 세력이 더 세져 차가운 세력을 북쪽으로 밀어버리게 되는데, 이러면 우리나라의 장마는 끝이 난다. 장마전선의 영향이 남쪽에서 북쪽으로 올라오는 이유도 이 때문이다. 마른장마가 오면 우리나라에 내리는 비의 양이 당연히 적게 되고, 댐에 모을 수 있는 물의 양도 적을 수밖에 없다. 이제 기대할 수 있는 것은 태풍밖에 없다.

우리나라에는 평균적으로 3개의 태풍이 영향을 미친다. 평균적으로 그렇다. 이 태풍은 바람과 비를 몰고 온다. 우리는 그 비를 댐에 모아 가을, 겨울, 그리고 이듬해 봄에 알뜰히 사용한다. 경우에 따라 비가 너무 많아 홍수재해를 일으키기도 한다. 그러나 그 피해는 잘 모아 놓은 물이 가져다주는 이익에 비하면 작다. 바람이 문제가 되기도 한다. 특히 가을철 잘 익은 과일들에 피해가 크다, 쌀농사에도 큰 피해를 준다. 그러나 태풍의 바람에는 농산물의 가격을 안정시키는 효과가 있다. 약 30% 정도는 떨어트려 줘야 과일 가격이 적정하게 유지되고 농민들

그림 3-5. 수문학적 가뭄, 댐 저수지가 말라버린 모습(캘리포니아 폴섬강Folsom Lake의 댐. 2014)

출처: https://www.nbcnews.com/storyline/california-drought/after-california-reservoir-drops-17-percent-capacity-n38806

의 수익이 최대가 된다. 쌀농사도 그렇다. 태풍이 없다면, 과일이고 쌀이고 풍년이 들 것이다. 그러면 과일값이며 쌀값이며 모두 가격이 곤두박질친다. 과일을 따지도 않은 채 버리고, 논을 갈아 엎어버리는 일이 발생하게 된다. 이는 기본적으로 우리가 평균적인 특성이 적응되었기 때문이다. 1년에 3번 정도, 딱 평균적인 수준으로 오는 태풍은 재해가 아니라 축복이다.

수문학적 가뭄hydrological drought은 우리가 일상생활, 산업활동에 사용하는 물과 직접적으로 관련이 있다(Mishra et al., 2010). 앞서 언급한 것처럼 우리나라는 여름철에 비를 모아 나머지 9개월 동안 사용하는 시스템을 가지고 있다. 따라서 이번 달에 오는 비는 현재 우리가 먹고 마시는 물에 큰 영향을 주지 않는다. 최소 과거 9개월에서 12개월 동안 온 비의 양이 중요하다. 만일 마른장마가 오고 공교롭게도 태풍도 없었다면 우리나라는 큰 위험에 빠진다. 내년을 물 없이 버텨야 하기 때문이다, 이런 일이 대략 30년에 한 번씩 오는데 이런 상황을 버틸 수 있는 곳은 우리나라에서 한강 유역이 유일하다. 과거 한강에 많은 댐을 만들어 놓은 덕분이다. 그래 봐야 30년인데, 만일 100년에 한 번 발생할 정도의 가뭄이 온다면 아마도 나라가 망할 것이다. 우습게도 한강은 300년에 한 번 올 정도의 홍수에도 버틸 수 있는 대책이 마련되어 있다. 가뭄은 그의 1/10도 안 되는데 이는 특히 정치인들이 가뭄을 우습게 생각하기 때문이다. 정치인들은 임기가 있어 그 임기를 벗어나서 발생하는 일에는 관심이 없다.

홍수와 비교한 가뭄의 특징

홍수와 가뭄은 비의 양과 직접적으로 관련이 있다. 비가 많아서 발생하는 것이 홍수, 적어서 발생하는 것이 가뭄이다. 공교롭게도 이 둘은 그 특성이 너무 달라 한쪽은 너무 크게 한쪽은 너무 작게 취급되는 문제가 발생한다(이재수, 2010).

먼저, 홍수는 순간적이다. 짧은 기간 동안 발생하며 시작과 끝이 명확하다. 공간적으로도 국지적일 가능성이 크다. 그리 크지 않은 서울 안에서도 어디에는 홍수가 발생하고 어디에는 해가 쨍쨍할 수 있다. 이

표 3-2. 홍수와 가뭄의 비교

재해	특징
홍수	• 순간적으로 발생한다. • 시작과 끝이 명확하다. • 한정된 공간에서 발생할 가능성이 크다. • 발생빈도가 높다. • 피해가 즉각적이고 강렬하며 시각적이다.
가뭄	• 장기적으로 발생한다. • 시작과 끝이 명확하지 않다. • 공간적으로 넓은 지역에 포괄하여 발생한다. • 발생빈도가 낮다. • 심각한 갈등을 유발한다.

에 반해 가뭄은 장기적이다. 수년이 아니라 수 세기에 걸쳐 지속되기도 한다. 따라서 가뭄은 그 시작과 끝을 알기도 어렵다(Byun and Wilhite, 1999). 공간적으로도 넓은 지역에 포괄하여 발생한다. 심한 경우에는 대륙 전체를 가뭄에 몰아넣기도 한다. 아프리카에서 발생하는 가뭄을 보면 쉽게 이해가 간다(Mortimore, 1989).

홍수는 자주 발생한다. 우리나라에서 봐도 홍수는 매년 여름에 발생한다. 같은 곳은 아니지만 어디선가 꼭 발생한다. 그래서 홍수는 익숙하고 잘 안다. 그 충격도 즉각적으로 나타난다. 시각적으로도 쉽게 확인할 수 있는 피해가 나타난다. 기억에서 쉽게 사라지지 않는다. 피해가 시각적이고 강렬한 만큼 그 대책도 즉각적으로 시행된다. 대략 몇 달 안에 홍수 전의 상태로 돌려놓을 수 있다. 이에 반해 가뭄은 가끔 발생한다. 몇 년에 한 번 또는 몇십 년에 한번 발생한다. 그래서 가뭄은 쉽게 잊힌다. 가뭄이 한창 심할 때 대책을 논의하다가도 집중호우로 가뭄이 해소되면 그냥 잊어버린다. 앞으로 수년 수십 년 뒤에 발생할 일을 대비할 정치인은 없다. 만일 있다면, 예외이다. 이런 이유로 홍수에 대한 대비는 나날이 강화되나 가뭄에 대한 대비는 늘 그대로이다.

홍수의 피해는 즉각적이고, 강렬하고 또한 시각적이다. 이런 상황이 발생하면 사람들은 단결하는 특성이 있다. 서로 참고 협력하여 난관을 극복한다. 아마도 고난이 길지 않으리라는 것이 감안되었을 것이고, 또한 서로 도와 그 고난을 빨리 끝낼 수 있다는 기대도 작용했을 것이다. 그러나 가뭄은 그 반대이다. 가뭄은 심각한 갈등을 유발한다(Botterill and Fisher, 2003). 예를 들어, 우리나라에서는 봄 가뭄이 자주 발생하는데, 봄 가뭄은 특히 쌀농사에 치명적인 영향을 준다. 과거 관개시설이 잘 확충되지 않았을 때는 도랑에 찔찔 흐르는 물이 구할 수 있는 물의 전부였다. 도랑의 상류, 하류에 있는 논은 늘 갈등의 대상이었으며, 심한 경우에는 이 물싸움으로 사람이 죽는 일도 벌어지곤 했다. 물을 차지하지 못하면 농사를 망치고, 그러면 가족은 굶어 죽을 수밖에 없었기 때문이다.

이런 일은 국가 간에도 발생한다. 중동의 경우가 대표적이다. 요르단강과 관련한 주변 국가 간의 분쟁도 유명한 사례이다. 3차 세계 대전은 국가 간 물싸움에서 시작될 것이라는 이야기도 있다. 우리나라에서도 남북한 간의 공유하천 문제가 있다. 북한강과 임진강이 모두 남북에 걸쳐 흐르고 있다. 평화의 댐도 북한의 임남댐(금강산댐) 개발 및 수공water attack 가능성에 대비해 지어진 댐이다.

결국 가뭄은 치명적인 결과를 초래한다. 작게는 사람이 죽고, 크게는 전쟁이 발생하고 국가가 망한다(Smith, 2013). 앞서 지구온난화의 영향을 여러 가지 측면에서 살펴보았는데, 사실 가장 중요한 것은 가뭄이다(Trenberth et al., 2014). 어떤 나라에 가뭄이 들어 식량 생산에 차질이 생기면, 다른 국가에서 도움을 받을 수 있어야 한다(Wilhite, 2000). 수입이든 원조든 먹고 살 수 있어야 한다. 만일 그렇지 못하면 선택은 둘 중의 하나이다. 굶어 죽거나 전쟁을 일으켜 빼앗거나. 힘이 약한 나라는 전자를, 힘이 강한 나라는 후자를 선택한다.

3.2 국내외 주요 가뭄 사례

외국의 가뭄 피해 사례

먼저 중국의 경우를 살펴보자. 중국은 국토의 면적이 넓기는 하지만 기본적으로 강수량이 적은 국가이다. 중국의 남부 지방에는 강수가 많지만 대부분의 나머지 지역은 건조하다고 평가할 수 있다. 중국은 과거에도 가뭄으로 인한 피해가 많았으며, 따라서 이런 가뭄 피해를 극복하기 위해, 특히, 다양한 형태의 물 이동water transfer 사업이 많이 이루어져 있는 국가이기도 하다. 이런 물 이동 사업은 최근에도 많이 이루어지고 있다. 중국에서 수자원이 가장 풍부한 곳이 티베트이다. 티베트는 히말라야 인근으로, 히말라야의 빙하가 녹아서 만들어 진 굉장히 큰 강들이 있는 지역이다. 이 강물은 주로 인도양으로 빠져나가는

그림 3-6. 캘리포니아 애퀴덕트California Aqueduct의 모습
출처: Ikluft, "Aerial photo of the California Aqueduct at the Interstate 205 crossing, just east of Interstate 580 junction."
https://en.wikipedia.org/wiki/File:Kluft-Photo-Aerial-I205-California-Aqueduct-Img_0038.jpg

데, 중국은 이 물을 북경이나 상해로 이동시키고자 하는 것이다. 티베트에서 북경까지 물을 이동시키려면 약 2,000km 길이의 수로가 필요하다. 이 수로는 최근에 완공되었다. 미국에서는 캘리포니아 샌프란시스코에서 LA까지 약 1,000km의 수로를 건설하였다. 물론 건조 지역인 LA와 샌디에이고에 물을 공급하기 위해서이다. 과거 후버댐에서 물을 공급했으나, 도시가 확대되면서 후버댐만으로는 이들 도시의 물 수요를 맞출 수 없었다. 1,000km의 길이는 서울-부산 거리의 두 배에 해당한다.

그림 3-7. 후버댐의 웅장한 모습
출처: Hoover dam at lake mead Free Photo Water photo created by welcomia – www.freepik.com

중국에서는 기원전 206년부터 기원후 1949년까지 약 2,150년간 1,050회의 가뭄이 발생했다. 이는 약 2년마다 한 번씩 가뭄이 발생한 것이다. 심지어 1959년 12월부터 1960년 6월까지 약 150–180일간 비가 내리지 않았다. 이때 약 5억 무(1무는 200평)의 면적이 피해를 보았다. 또한, 1985년부터 그다음 해까지의 강수량이 평년의 30–70%로 밀 생산이 큰 피해를 보기도 했다. 2012년 6월에는 60년 만에 최악의 가뭄이 발생했다. 산둥 중남부, 장쑤 북부, 안후이 북부, 허난 북부, 샨시 동남부 지역의 강우량이 평년의 30–80%로 머물렀고 6월의 기온까지 높

그림 3-8. 2014년 캘리포니아 가뭄으로 말라버린 호수
출처: 김종우, 〈캘리포니아 가뭄, 최근 1천200년 간 가장 극심〉, 《연합뉴스》, 2014년 12월 6일.
https://www.yna.co.kr/view/AKR20141206017800075

아지면서 가뭄이 심해졌다. 이 가뭄으로 428만 명과 가축 485만 마리가 식수난을 겪었다. 농경지 7천 761만 무가 가뭄으로 피해를 받아 1조 7천억 원이라는 경제손실을 안겼다.

미국의 남부 지역인 캘리포니아, 네바다, 애리조나, 뉴멕시코는 사막 지역이거나 그에 따르는 건조지역이다(Stein, 1994). 사실 이들 지역에 인구 증가는 에어컨이 발명된 이후로 알려져 있다. 그전에는 사람이 대규모로 정착하기에는 부적절한 지역이었다. 미국의 대도시 중 하나인 LA는 사람이 살기에는 매우 쾌적한 기온이었으나 역시 강수량이 적어 많은 사람이 살던 곳은 아니다(Cook et al., 2004). 비가 오지 않는다는 것이 오히려 장점이 되어 영화 산업, 군수 산업이 유치되었고, 도시가 확장되게 되었다. 물 공급은 인구 증가에 맞추어 이루어졌다. 만일, 캘리포니아가 하나의 국가였으면 당시 물 공급이 큰 문제여서 영화 산업이나 군수산업이 발전하기 어려웠을 것이다. 캘리포니아에 공급된 물은 록키산맥에서 발원한 콜로라도강에 세운 후버댐에서 이루어진다. 후버댐은 애리조나와 네바다의 경계에 만들어진 당시 세계 최대의 댐이다.

미국 캘리포니아는 2014년 여름에 최악의 가뭄을 겪었다. 이때 캘리포니아주 면적의 80%가 극심한 가뭄상태였으며, 피해액만 무려 7조 3,300억 원에 달했다. 캘리포니아는 잔디밭 급수 횟수 줄이기 등 용수 절약 정책을 시행했으며, 심지어 물을 낭비한 주민에게 벌금으로 하루 최대 500달러를 부과하는 조례안이 통과되기도 하였다.

표 3-3. 1970년대 이후 세계 주요 가뭄

발생 시기	국명	내용
1973. 3.	일본	• 전년을 통한 가뭄 계속으로 특히 동경은 2000년 만의 기록적인 가뭄이 계속되었으며 3월의 강수량도 10mm 정도 • 관동지역과 서부지방의 강수량은 예년의 3-30% 정도
1973. 4.	인도	• 서부지역 100년 만에 처음으로 3-7년간 무강수를 기록 • 구호대상자는 약 2,000만 명
1973. 6.	서아프리카 6개국	• 6개국 아프리카 서부의 세네갈, 말리, 모리타니, 오토볼타, 니제르, 차드에 60년 만의 가뭄으로 대흉작 • 기아선상에 있었던 자가 약 570만 명
1981. 4.	아프리카	• 아프리카 동부의 지부티, 소말리아, 에티오피아, 수단에 가뭄으로 호수가 마르고 바닥이 갈라짐 • 2만 명이 아사 직전에 이르렀음

우리나라의 가뭄 사례

우리나라에 봄 가뭄이 심한 것은 이미 국사 시간에 배운 내용이다(윤순옥·황상일, 2010). 과거부터 김제 벽골제, 제천 의림지 등 저수지가 만들어진 이유는 봄 가뭄을 극복하기 위한 선조들의 지혜였다(윤순옥·황상일, 2009). 일제강점기에도 우리나라를 식량 기지로 활용하기 위해 많은 저수지들이 만들어졌고, 해방 이후에도 80년대까지 농업용 저수지는 꾸준히 건설되어왔다. 우리나라의 주식인 쌀의 자급자족은 이러한 노력의 결과로 만들어진 것이다.

가뭄에 대한 과학적인 접근은 사실 측우기에서 시작된다. 측우기가 단순히 강우량을 측정하기 위해 만들어진 것은 아니다. 좀 더 정확

그림 3-9. 김제 벽골제

히는 세금 부과의 형평성을 높이기 위한 방편으로 강수 자료를 이용하고자 했던 것이 그 목적이다. 조선시대에 토양의 비옥함을 고려하여 전분육등법, 풍작인지 흉작인지를 고려하여 연분구등법이 시행됐었고, 강수량은 이를 판단하기 위한 자료로 쓰이길 기대했었던 것 같다. 그러나 실제 그렇게 사용됐는지는 확인되지 않는다. 참고로 이 측우기는, 실제 세종대왕이 만들었는지, 세종대왕의 아들인 문종이 만들었는지, 아니면 장영실이 만들었는지 확실하지는 않지만, 우리가 전 세계에 자랑할 수 있는 엄청난 발명품 중의 하나이다. 이후 일제강점기에 근대 관측이 시작되기까지 측우기 관측은 전국적으로 이루어졌다(김현준, 2001).

그림 3-10. 측우기

우리나라의 근대 강수량 관측은 1910년 이후부터 이루어 졌으나, 1953년부터 제대로 된 기록이 나타난다. 한국전쟁 이후 미국의 영향으로 전국적인 근대 관측망이 만들어지고, 이 기록이 현재까지 체계적으로 관리되고 있기 때문이다. 이런 이유로 우리나라의 가뭄도 그 전 사

표 3-4. 우리나라의 주요 가뭄 사례

발생 시기	내용
1967-68	• 1967-68년에 영호남 지역에서 발생한 가뭄이 역대 최악의 가뭄 • 47만 헥타르에 달하는 지역이 피해를 봄 • 피해액이 약 1조 3000억 원에 달함
1994-95	• 1994년의 강수량은 중부 이북 지방과 남부 해안 지방을 제외하고는 1,000mm에 미치지 못함 • 경북의 의성 475mm, 영천 511mm, 안동 513mm, 대구 537mm 등 경북지역도 강수량이 700mm 정도 • 1995년의 강수량은 1994년보다 다소 증가하였지만, 2년에 걸친 강수량의 부족 현상으로 인한 연속된 가뭄이었기 때문에 농업 분야에 있어서 물 부족은 오히려 더욱 심화됨 • 1995년 1월 1일부터 5월 31일까지 전국 평균 강수량은 279.6mm로 평년 강수량 350.4mm의 79% 수준 • 경남 지역은 연이은 가뭄에 저수지가 메말라 군인들까지 동원되어 주민들을 지원하였음
2000-01	• 2001년 6월, 양구 월운, 철원 금연, 횡성 율동 저수지는 저수율이 10% 미만을 기록 • 소양강댐의 경우 수위가 159m(발전제한수위 150m)로 낮아지며 저수율도 33.3%에 불과 • 당시 비상급수를 받는 지역이 춘천시 남산면 강촌1리를 비롯, 횡성-영월-화천-양구 등 5개 시-군 36개 지역 2,800여 가구로 늘어나 1만 8백여 명의 주민이 운반 급수에 의존 • 2001년 서울, 경기 지역의 봄 가뭄 여파로 3월에 내려진 건조주의보가 5월 7일까지 56일간 계속됨 • 충남과 충북도 각각 평균보다 22일이 늘어난 87일간 건조주의보가 발효돼 사상 최고치를 기록 • 경북의 경우 2001년 건조주의보 발효일수가 100일을 기록 • 2000년, 2001년 각각 산불건수 729회 및 785회로 모두 사상 최고치를 갱신
2014-15	• 2014년 전국 연간강수량은 1,042.6mm로 50개년(1966-2015) 중 13번째로 적은 해였고, 2015년은 900.2mm로 2번째로 적은 해였음 • 2014년과 2015년 한강 유역의 연간강수량은 각각 750.4mm와 865.7mm이었으며, 1966년 이후 최솟값을 기록 • 금강 유역은 2015년에 805mm이었고, 2번째로 적은 해였음 • 2014년과 2015년 한강 유역의 연간 유출량은 각각 80.7억 m^3과 70.5억 m^3이었으며, 67년 이후 가장 적은 수준 • 2015년 금강 유역 유출량은 32.3억 m^3으로 역대 최저 수준

례는 기록이 제한적이라 별로 언급되지 않는다. 1950년대 이후 우리나라에서 발생한 주요 가뭄은 1967-68년 가뭄, 1994-95년 가뭄, 2014-

15년 가뭄 등을 들 수 있다. 1967–68년 가뭄은 남부 지방의 농업을 초토화시켰으며, 1994–95년 가뭄은 중부 지방을 중심으로 큰 피해를 남겼다. 2014–15년 가뭄도 중부지방에 특히 심했으며, 1주일만 더 비가 오지 않았어도 수도권에 단수가 시행될 뻔한 심각한 상황이었다. 참고로, 가뭄이 오면 물 공급을 줄이는데, 첫 번째는 하천의 기능 유지를 위한 환경용수를 줄이고(이러면 수질이 악화되고 폐사하는 물고기가 많이 늘어난다), 다음으로 농업용수를 줄인다(식량생산을 일정 부분 포기하는 상황). 이래도 물 공급에 문제가 있으면 다음으로 공업용수를 줄인다. 마지막으로 우리가 사용하는 생활용수를 줄이게 된다. 단수가 시행된다는 것은 이미 다른 분야의 피해는 감수하고 있다는 것을 의미한다. 우리나라에서 이런 상황은 대략 30년에 1회 정도 발생한다(김연주 외, 2013).

1967–68년도의 가뭄은 벌써 50여 년 전의 가뭄이다. 남부 지방의

그림 3-11. 우리나라의 주요 가뭄 상황을 기록한 사진들

1967–68년 가뭄

출처: (우) 주희춘, "[광복70주년기획시리즈] 우리 강진은 이렇게 살았다 〈24〉 가뭄의 습격", 《강진일보》, 2015년 9월 21일.

1994-95년 가뭄

출처: (좌) 김상훈,송진흡, "1994 vs 2018 '최악 폭염' 대처법 비교해보니…", 《동아일보》, 2018년 8월 3일.
(우) 상동

2000-01년 가뭄

출처: (좌) 연합, "[현장 포토] 극심한 가뭄 탓에…소양강댐 최저수위 육박", 《SBS뉴스》, 2015년 3월 25일.

농업을 초토화할 정도로 위력이 컸던 가뭄이다. 과거 우리나라의 가뭄 대책은 바로 이 가뭄을 극복할 수 있는 수준으로 결정되었다. 그러나 이 가뭄은 중부지방에는 상대적으로 약한 수준이어서, 이후 발생한 중부지방에 집중적인 피해를 받은 가뭄을 추가하여 이를 극복하는

그림 3-11. 우리나라의 주요 가뭄 상황을 기록한 사진들(계속)

2014-15년 가뭄

수준으로 결정된다. 우리나라의 물 공급계획도 이를 기준으로 작성한다. 이 정도가 바로 30년에 1회 발생하는 수준이다. 그림 3-11을 보면, 1967-68년에는 이런 복장으로 일을 했었는데, 이것이 채 50년도 안 된 과거의 모습이라는 것을 기억할 필요가 있다. 나무로 만든 양동이도 사용하고 있다(김연주 외, 2014).

1994-95년도 자료를 보면 그 사이 많은 발전이 있었음을 확인할 수 있다. 이 가뭄은 중부 지역에 심각한 피해를 안겼는데, 이때도 수도권이 단수 직전까지 갔었다. 2014-15년 가뭄도 상당히 심각했는데, 이때 강수량이 평년의 50-70% 정도까지 떨어졌었다. 특히, 금강 유역의 보령댐이 완전히 말라 보령시에 단수가 시행되었다. 비상조치로 금강의 백제보에서 보령댐으로 임시 도수터널이 만들어졌는데, 가뭄 극복에 큰 힘이 되었다. 공교롭게도 이 도수터널은 그 다음 해에도 그 이후에도 계속 사용되었다(김호정 외, 2016).

3.3 우리나라의 수자원

우리나라가 수자원 빈국이니 아니니 하는 논란이 있다. 그러나 사실 우리나라는 이 둘의 경계 선상에 놓여 있다. 연 강수량 자체는 세계 평균을 약간 상회하지만, 국토의 면적이 작고 또한 인구가 많아 1인당 가용 수자원은 적을 수밖에 없다. 우리나라의 경우 강수가 여름철에 집중호우로 내리는 특성이 있어, 내리는 비를 쉽게 가두어 놓지 못하는 단점이 있기도 하다. 이를 해결할 방안은 댐 건설이 거의 유일한데, 우리나라에서 공급되는 물의 절반 정도가 댐에 의존한다. 농업용수나 환경용수를 뺀 생활용수, 공업용수만 보면 거의 전부가 댐에서 공급되는 물이다.

하늘에서 내린 비가 어떤 식으로 이용되고 또 손실되는지 분석하는 것을 물수지 분석water balance analysis이라고 한다. 이 물수지 분석은 어떤 나라의 가용 수자원available water resources을 판단할 때 매우 중요하다. 가용 수자원이란 사람들이 자연에서 빼서 쓸 수 있는 물의 양이다. 실제는 해당 지역 또는 국가 전체의 환경, 생태계 등이 그대로 유지된다는 전제하에 빼서 쓸 수 있는 물의 양이다. 따라서 가용 수자원은 기후조건뿐만 아니라 지형, 토양, 식생, 도시화 등 다양한 요인에 영향을 받는다. 최근에는 여기에 수질을 고려하여 가용한 깨끗한 수자원의 개념을 쓰고 있다. 우리나라 몇몇 지자체에서는 물은 많은데 깨끗한 물이 없다는 이유로 멀리 떨어진 댐에서 물을 직접 공급하는 계획을 추진하고 있다.

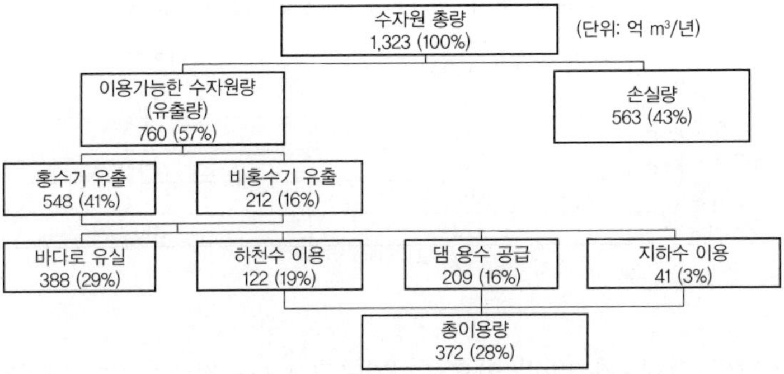

그림 3-12. 우리나라 수자원의 이용현황(수자원장기종합계획, 2016)
출처: 국토교통부, 《수자원장기종합계획(2001~2020) 제3차 수정계획》, 2016, 19쪽.

우리나라에서의 물수지 분석은 '국가수자원장기종합계획'이라는 책자에서 확인할 수 있다. 지구상에 있는 선진국 및 상당수의 개발도상국은 이러한 분석을 일정 기간에 한 번씩 수행한다. 우리나라의 경우 국가수자원장기종합계획은 대략 10년에 1회 작성하는데, 특별한 일이 있으면 그 중간에 다시 분석하기도 한다. 여기에서는 2016년에 발간된 '수자원장기종합계획'에 나와 있는 우리나라의 수자원 현황에 대해 살펴보기로 한다.

기본적으로 우리나라의 물수지는 강수에서 시작한다. 우리나라의 연 강수량은 대략 1,300mm 정도로 나타난다. 일반인들은 잘 모르지만 이렇게 내린 강수 중에 상당 부분을 증산transpiration의 목적으로 식물들이 먹어 치운다. 여기에 증발evaporation까지 합쳐 증발산evapotranspiration이라고 부르는데, 대부분은 증산이다. 이 증발산량은 강수

표 3-5. 우리나라의 수자원 용도별 사용량과 비율(수자원장기종합계획, 2016)

용도	사용량 (억 m^3/년)	비율(%)
농업용수	152	41
하천유지용수	121	33
생활유지용수	76	20
공업용수	23	6
총 이용량	372	100

총량의 43%를 차지한다. 양으로 따지면 563억 m^3 정도가 된다. 나머지 57%가 하천으로 모여 흐르게 된다.

우리나라에서 하천으로 물이 많이 흐르는 경우는 홍수가 났을 때이다. 누런색을 띠는 물이 하천을 따라 바다로 흘러간다. 우리나라에 댐이 없었으면 대부분 이렇게 손실되고 말았을 것이다. 댐은 이렇게 바다로 흘러가는 물의 약 28%를 가둔다. 강수총량을 기준으로 보면 약 16% 정도이다. 우리나라 하천 모든 구간마다 댐이 만들어진 것은 아니며 따라서 댐이 없는 곳에서는 하천에 흐르는 물을 직접 취수하여 사용하게 된다. 이렇게 이용되는 물의 양이 강수총량을 기준으로 약 9% 정도 된다. 즉, 우리가 이용 가능한 수자원량은 강수량 중의 약 57%가 량이다. 이 중에 절반은 바다로 유실되고 있고 나머지 절반이 우리가 이용하는 수자원량이다.

전체 강수량의 28%가 우리가 이용하는 부분이다. 이 중 절반 정도(41%)가 농업에 사용된다(농업용수). 주로 쌀을 생산하기 위해 사용된다. 20% 정도가 우리가 일상생활에 사용하는 부분이다(생활용수). 6% 정도가 산업용으로 사용된다(공업용수). 나머지(33%)는 하천의 동식물을 위해, 하천의 수질 유지를 위해, 또한 하천을 하천답게 보이게 하기 위해 사용된다(환경용수). 결국 우리가 일상생활에 사용하는 물의 양은 전체 강수량 중에 약 5.6%밖에는 되지 않는다. 물 문제에 있어 우리의 역할이 그리 크지는 않다. 우리가 하는 물 절약이 전체에 미치는 영향도 마찬가지로 작다.

3.4 가뭄지수

가뭄지수란

홍수와 마찬가지로 가뭄도 상대적이다. 상대적이란 말은 평균을 기준으로 판단한다는 의미이다. 평균 강수량에서 더 많으면 홍수이고 적으면 가뭄이다. 연 강수량이 3,000mm 이상인 열대지방에서는 연 강수량이 2,000mm로 줄면 가뭄이 심각한 것이다. 연 강수량이 300mm 이하인 건조지역에서는 하루 30mm 정도의 적은 비에도 홍수가 날 것이다. 시간적으로도 그렇다. 우리나라의 연 강수량은 약 1,300mm 정도 되는데, 이 중 2/3가 여름철에 집중된다. 대략 약 800–900mm 정도이다. 만일 여름철에 내린 강수량이 400mm 정도에 그친다면 가뭄이 닥치게 된다. 그러나 만일 봄에 이 정도의 강우량이 내린다면 분명 비가 너무 많이 온다고 할 것이다. 이처럼 비가 많고 적음의 판단은 상대적이다. 홍수와 가뭄이 그렇다(이주헌 외, 2006).

따라서 강수량 자체를 가지고 가뭄을 판단하기 어렵다. 어떤 특정 지역도 그렇고, 다른 지역이나 다른 나라와 비교할 때도 그렇다. 우리나라와 일본의 가뭄을 비교할 때 강수량을 그대로 쓸 수는 없다. 일본은 우리나라보다 강수량이 약 50% 정도 많다. 그러나 가뭄은 일본이 더 심하다. 결국 가뭄을 객관적으로 평가할 수 있는, 상대적으로도 비교 가능한 방법이 필요하다. 가뭄지수drought index는 이런 목적으로 개발된 것이다(Hayes et al., 2002). 가뭄지수가 도입되는 또 다른 이유는 가뭄의 특성상 현재의 기상상태뿐만 아니라 가까운 과거의 기상상태도 현재의 가뭄상황을 설명하는 데 필요하기 때문이다. 농업가뭄의 경우는 과거 3개월간의 기상 상황이, 수문학적 가뭄의 경우는 이보다 긴 과거 9–12개월간의 기상 상황이 고려된다(Rossi et al., 2007).

가뭄지수는 가뭄을 상대적인 숫자로 나타낸 것이다. 일반적으로 가뭄지수는 0을 기준으로 한다. 가뭄지수 영은 지극히 평균적인 상태를 나타낸다(Vicente-Serrano et al., 2010). 가뭄지수가 –1.0보다 크면 정상으로 간주한다. –1.0~–1.5 사이이면 약한 가뭄이고, –1.5~–2.0 사이이면 심한 가뭄이다. –2.0~–2.5 사이이면 아주 심한 가뭄이라고 구분한다. 가뭄지수가 –2.5 이하이면 아주 극단적인 가뭄을 나타낸다. 우리나라의 경우 약한 가뭄은 2년에 한 번 정도 발생한다. 심한 가뭄은 5–10년에 1회 정도 발생하는 것으로 나타난다. 아주 심한 가뭄은 대략 30년에 1회 정도씩 발생한다. –2.5 이하의 극단적인 상황은 1900년 전후로 발생한 적이 있다(김대하·유철상, 2006). 최소 백 년 또는 수백 년에 1

회 정도 발생하는 것으로 추측되는데, 과거 이 정도의 가뭄이 발생하면 나라가 망할 정도의 격변이 발생했었다. 실제 이런 가뭄의 발생 시기와 왕조의 교체 시기는 잘 일치하는 것으로 나타난다.

가뭄지수의 종류

지금까지 수많은 종류의 가뭄지수가 제안되어 왔다(Heim Jr. 2002). 수문학적 가뭄지수로는 SWSISurface Water Supply Index; Shafer and Dezman, 1982가 대표적이다. 반면에 기상학적 가뭄지수는 파머가뭄지수Palmer Drought Severity Index(PDSI)가 대표적이며(Palmer, 1965), 물수지방정식의 수요와 공급의 개념에 근거한 방법이다.(Alley, 1984; 윤용남 외, 1997) 이 이외에도 표준강수지수Standardized Precipitation Index; 이하 SPI(McKee et al., 1993), 정상강우백분율Percent of Normal Precipitation(Guttman, 1999), 십진분류Deciles, SMISoil Moisture Index 등 여러 가지가 있다. 이들 가뭄지수는 특정 가뭄의 해석을 목적으로 한 경우도 있고, 보편적으로 사용될 수 있는 것들도 있다(Guttman, 1998). 예를 들어 SWSI는 수문학적 가뭄해석을 목적으로 하고, SMI는 농업 가뭄을 대상으로 한다. PDSI나 SPI 등은 농업가뭄이나 수문학적 가뭄에 모두 적용 가능하다(Keyantash and Dracup, 2002). 이들 중에서 SPI는 그 방법이 간단하며 제약조건이 적어 가뭄해석에 가장 많이 쓰이고 있는 추세이다(류재희 외, 2002).

몇 가지 가뭄지수를 좀 더 자세히 살펴보면, 먼저, SWSI는 Shafer

와 Dezman(1982)이 개발한 것으로, 평균적으로 가용한 수자원의 양을 기준으로 현재 가용한 수자원의 양을 지수로 표현한 것이다. 우리나라의 경우 SWSI의 산정에는 댐 공급량, 하천 취수량이 주로 고려되고 일부 지역에서는 지하수 공급량이 포함되기도 한다. 각 수자원의 상대적인 비중이 SWSI 산정의 가중치로 고려된다.

PDSI는 Palmer(1965)에 의해 제안된 가뭄지수이다. 강수량, 기온, 증발산량, 토양수분량, 유출량 등을 종합하여 월별로 계산한 지수이다. 이론적으로는 다양한 수분공급원을 종합적으로 고려하는 지수이나, 현실적으로는 증발산량, 토양수분량 등은 관측치를 확보하기가 어렵기 때문에 추정해서 사용해야 하는 문제점이 있다. 즉, 같은 지점이라도 계산하는 사람에 따라 다른 값이 나올 수 있다. 이 지수는 가뭄이 약 1년의 기간 동안 누적된 강수량 부족으로 발생한 경우에 상대적인 정확성을 갖는 것으로 알려져 있다(Alley, 1984).

SPI는 McKee 등(1993)에 의해 개발된 가뭄지수이다. 강수량만 사용함에 따라 지수의 산정이 매우 용이하다는 장점이 있다. 또한 다양한 가뭄, 즉, 기상학적 가뭄, 농업가뭄 또는 수문학적 가뭄에 자유롭게 적용할 수 있는 장점이 있다. 예를 들어, 기상학적 가뭄 분석을 위해서는 보통 월 강수자료를 그대로 이용하고, 농업가뭄을 분석하기 위해서는 3개월 누적한 강수자료를 이용한다. 수문학적 가뭄해석을 위해서는 9개월 또는 12개월 누적강수량을 이용하게 된다. 수문학적 가뭄은 크게 댐에 저류한 수량과 평상시 하천에 흐르는 수량이 중요한데 이

표 3-6. SPI에 의한 수분 상태의 분류

SPI	수분상태
2.00 이상	Extremely Wet
1.50 – 1.99	Very Wet
1.00 – 1.49	Moderately Wet
-0.99 ~ 0.99	Near Normal
-1.49 ~ -1.00	Moderately Dry
-1.99 ~ -1.50	Severe Dry
-2.00 이하	Extremely Dry

는 최소 9개월 최대 12개월의 기간 동안에 발생한 강수량과 가장 큰 관련이 있다(Loon, 2015).

마지막으로 SMI는 토양속의 수분량을 식물이 생존할 수 있는 한계인 시들음점wilting point에서의 수분량과 비교하여 만든 지수이다. 토양의 특성을 반영한, 즉, 토양이 보유할 수 있는 최대 수분량인 잠재 보유수량을 기준으로 현재 토양속의 가용 수분량을 상대적으로 평가하게 된다. SMI는 일별 모의가 가능하여 단기적 가뭄평가에 유리하다는 장점이 있다. 그러나, 그 특성상 농업지역과 같은 식생지역의 가뭄에 한정된다는 단점이 있다.

SPI를 통해 살펴본 서울 지역의 가뭄

SPI를 산정하기 위해서는 우선 이동평균 강수 시계열을 구성하여야 한다. 이동평균 강수 시계열이 구성되면 이 시계열을 월별로 분석하여 적정 확률분포형을 결정하고 결정된 확률분포형을 이용하여 개개 변량의 누가확률을 산정한 후, 표준정규분포에 적용시켜 SPI를 산정하게 된다. 예를 들면, 적정 확률분포에 해당하는 누가확률을 P_1이라고 하면 표준정규분포의 누가확률 P_2가 P_1과 같게 되는 Z값을 구할 수 있고, 이 값이 바로 SPI가 된다. SPI는 이론적으로 한계값이 없으며, 값 자체에 발생 빈도의 개념을 내포하고 있다. SPI의 결과로부터 가뭄 심도를 정의하기 위하여 표 3-6과 같은 분류체계를 이용할 수 있다 McKee et al., 1993.

하나의 사례로 서울지점의 수문학적 가뭄지수 산정 과정은 다음과 같다. 먼저 서울지점 월 강수량 자료(원자료)를 이용하여 누가길이 10개월의 누가강수 시계열을 산정한다. 그런 다음에 이를 누가된 월수로 나누어 이동평균 강수시계열을 산정하고 이에 대한 적정 확률분포형을 결정한다. 여기서는 Pearson Type-Ⅲ 분포를 고려하였다. Pearson Type-Ⅲ 분포는 3개의 매개변수를 가지고 있으며, 이로 인하여 3변수 Gamma 분포라고 불리기도 한다. Pearson Type-Ⅲ 분포 및 그 누가확률분포는 아래와 같이 표현된다.

$$f(x) = \frac{1}{\alpha\Gamma(\beta)}(\frac{x-x_0}{\alpha})^{\beta-1}\exp(-\frac{x-x_0}{\alpha}) \quad (3.1)$$

$$F(x) = \int_{x_0}^{x}\frac{1}{\alpha\Gamma(\beta)}(\frac{x-x_0}{\alpha})^{\beta-1}\exp(-\frac{x-x_0}{\alpha})dx \quad (3.2)$$

여기서, α는 규모 매개변수scale parameter, β는 형상 매개변수shape parameter, x_0는 위치 매개변수location parameter이다. α가 양수일 때

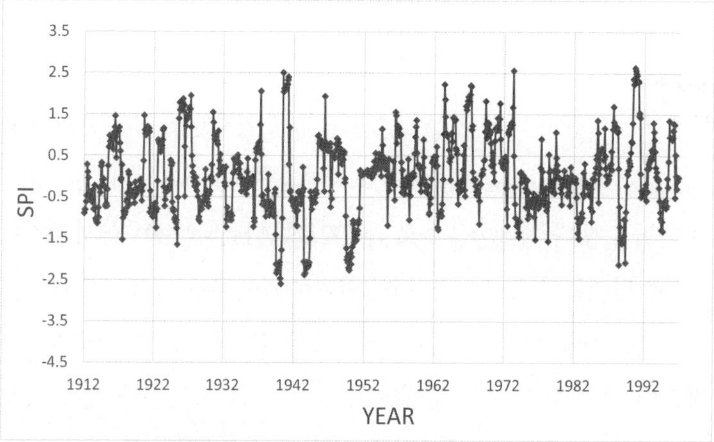

그림 3-13. 지속기간 10개월의 SPI

는 $x_0 \leqq x < \infty$ 이고, α가 음수일 때는 $-\infty < x \leqq x_0$ 이며, $\beta > 0$이다. 각 매개변수는 모멘트법이나 최우도법을 이용하여 추정할 수 있다. 참고로, 사용한 Pearson Type-III 분포가 적정분포인지는 소위 적합도검정Goodness of Fit Test를 통해 확인할 수 있다(유철상·유소라, 2003).

각 월의 확률분포함수를 결정하고 나면 주어진 이동평균 강수량에 대해 누가확률을 산정할 수 있게 된다. 이렇게 산정된 누가확률과 표준정규분포의 누가확률이 같아지는 표준정규분포의 변수 Z값을 읽으면 그 값이 바로 SPI가 되는 것이다. 이 방법으로 구한 SPI는 그림 3-13과 같다.

3.5 통계학의 세계

통계학이란?

통계학은 굉장히 다양한 분야를 포괄하고 있지만 크게 보면 통계학statistics, 확률론probability 그리고 확률과정론stochastic process 등으로 나눌 수 있다. 통계학은 주로 관측자료를 다룬다는 측면에서 과거에 초점을 맞추는 경향이 있다. 이와 반대로 확률론은 아직 발생하지 않은 미래를 예측하는 일이다. 마지막으로 확률과정론에서는 현재에서 미래로 어떻게 변해가는지에 관심이 있다. 이런 이유로 확률과정론을 통계학의 동역학이라고 부르기도 한다. 이들 중 여기서 살펴보는 내용은 주로 통계학이다. 즉, 주로 관측자료를 정리할 때 사용하는 내용들이다.

통계학에서 다루는 내용은 너무 다양하다. 회귀분석regression analysis이라는 주제는 매우 보편적이다. 이와 관련한 너무나 다양한 종류의 통계분석이 있다. 요인분석factor analysis, 군집분석cluster analysis, 주성분분석principal component analysis 등등. 분산분석analysis of variance은 회귀분석에 가까운 분석이다. 가설검정hypothesis test도 매우 중요한 주제이고, 빈도해석frequency analysis은 특히 공학에서 중요하다(이주헌·김창주, 2011). 그러나 저자는 이런 주제들을 공부할 때 가장 중요한 것이 모멘트의 개념과 확률분포에 대한 이해라고 생각한다. 단순선형회귀분석simple linear regression analysis에 대한 심도 있는 이해는 매우 다양하고 복잡한 형태의 회귀분석을 습득하는 데 필요한 기초를 제공해 준다(그러나 이 내용은 다루지 않았다).

모멘트moment의 개념과 모수parameter 추정

모멘트란 단어는 중고등학교 시절 물리학 시간에 많이 사용하였다. 당시 모멘트는 힘과 작용점까지의 거리의 곱으로 정의되었다. 그러나 정확히 살펴보면 이 모멘트는 1차 모멘트의 개념이다. 모멘트에는 1차에서부터 n–차까지 다양하게 정의 가능하다.

표 3-7. 도수분포표 예시

몸무게(kg)	학생 수(명)
40이상-45미만	2
45-50	8
50-55	13
55-60	7
60-65	4
65-70	1
합계	35

사실 모멘트의 개념은 이미 초등학교부터 심도있게 사용되었다. 예를 들어, 관찰한 자료를 정리한 것이 도수분포표frequency distribution table이고, 이 표가 주어지면 여러분들은 주어진 자료의 평균과 분산을 계산하는 방법을 배웠다. 평균을 계산할 때는 1차 모멘트의 개념을 이용하였고, 분산을 계산할 때는 2차 모멘트의 개념을 이용하였다. 평균을 계산하는 방법을 식으로 나타내면 다음과 같다.

$$\overline{x} = \frac{1}{n}\sum_{i=1}^{n} x_i \qquad (3.3)$$

위 식에서 x_i는 각 자료를, n은 자료의 개수를, $\bar{x}$는 평균을 의미한다. 같은 자료가 여러 개 존재하거나 또는 유사한 그룹으로 자료를 구분할 수 있다면 위 식은 다음과 같이 변경하여 표현할 수 있다. 즉,

$$\bar{x} = \frac{1}{n}\sum_{j=1}^{k} n_j x_j \tag{3.4}$$

위 식에서 x_j는 j-그룹의 대푯값을 나타내고, n_j는 j-그룹에 속한 자료의 개수를 나타낸다. k는 그룹의 총수를 나타낸다. 당연히 $\sum_{j=1}^{k} n_j = n$이다. 마지막으로, 어떤 특정 자료가 모집단family에서 어떤 확률로 존재하는지가 정해져 있다면 위 식은 다음과 같이 변경될 수 있다.

$$\bar{x} = \sum_{j=1}^{k} \frac{n_j}{n} x_j = \sum_{j=1}^{k} p_j x_j \tag{3.5}$$

위 식에서 p_j는 x_j를 대표하는 확률로 정의된다.

만일 이산discrete 형태의 자료가 아니고 연속continuous 형태의 자료라면 합의 기호($\sum$)가 들어간 위 식은 적분기호($\int$)가 들어간 식으로 바꿀 수 있다. 이때 추가로 연속된 자료가 어떻게 분포되어 있는지가 정해져야 하는데 이를 확률밀도함수probability density function이라고 부른다. 확률밀도함수는 이산확률 p_i를 연속된 공간으로 확장한 것과 같다. 즉, 식 (3.5)를 적분기호가 들어간 식으로 바꾸어 보면

$$\bar{x} = \int_{-\infty}^{\infty} f(x)x dx = \int_{-\infty}^{\infty} x f(x) dx \qquad (3.6)$$

위 식에서 두 번째 등호 이후의 식은 단순히 x를 $f(x)$ 앞으로 보낸 형태를 표시한 것이다. 위 식에서 x는 임의의 값이며 확률변수random variable라고 부른다. $f(x)$는 x의 확률밀도함수이다. 만일 x가 특정 범위에서만 정의된다면 위 적분은 그 범위로 한정하여 표현할 수 있다. 바로 이 식이 주어진 확률밀도함수에 대한 평균을 계산하는 식이다. 또는 주어진 확률밀도함수의 원점에 대한 1차 모멘트first-order moment of the given probability function about the origin라고 부른다.

위 식을 1차 모멘트라고 부르는 이유는 다음 식과 같다.

$$\bar{x} = \int_{-\infty}^{\infty} x f(x) dx = \int_{-\infty}^{\infty} x^1 f(x) dx \qquad (3.7)$$

즉, 위 식의 제일 오른쪽 표현처럼 '1'이라는 숫자가 x의 지수로 붙어 있기 때문이다. 이 지수가 2이면 2차 모멘트이고, n이면 n–차 모멘트라고 부른다. 즉, 주어진 확률밀도함수의 원점에 대한 n–차 모멘트는 다음과 같이 정의된다.

$$M_0^n = \int_{-\infty}^{\infty} x^n f(x) dx \qquad (3.8)$$

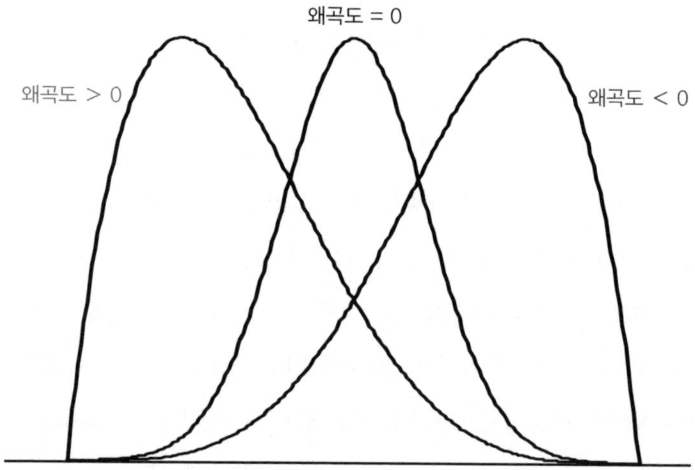

그림 3-14. 왜곡도의 개념

참고로, 우리가 잘 알고 있는 분산variance은 평균에 대한 2차 모멘트로 정의된다. 즉,

$$\sigma^2 = M_{\bar{x}}^2 = \int_{-\infty}^{\infty} (x - \bar{x})^2 f(x) dx \tag{3.9}$$

위 식을 곰곰이 살펴보면, 분산은 각 자료에서 평균을 뺀 후 제곱해서 더한 후 자료의 개수로 나누어 계산하면 된다는 것을 의미한다. 위 식을 여러분이 알고 있는 형태로 다시 쓰면,

$$s^2 = \frac{1}{n}\sum_{i=1}^{n}(x_i - \overline{x})^2 \qquad (3.10)$$

3차 모멘트는 왜곡도skewness, 즉, 확률밀도함수가 한쪽으로 치우친 정도를 판단하는 데 사용한다. 좌우 대칭인 정규분포는 왜곡도가 0이다. 대수정규분포log-normal distribution는 보통 오른쪽으로 긴 꼬리를 갖는 형태인데, 이런 형태일 경우 양의 왜곡도를 갖는다. 4차 모멘트는 첨도peakedness를 측정하는 데 사용된다. 첨도는 정규분포를 기준으로 얼마나 뾰족한지를 측정하는 척도로 확률밀도함수의 꼬리가 얼마나 두꺼운지를 판단할 때도 사용된다.

이제 정규분포normal distribution의 예를 들어보자. 정규분포는 평균과 표준편차를 모수로 갖는다. 통상 $N(\mu, \sigma^2)$으로 표현하는데, 여기서 μ와 σ가 모수가 된다. 모수는 모집단의 특성을 대표하는 값으로 참값에 해당한다. 표본sample을 가지고 추정한 값은 추정치estimate라고 부른다. 따라서 모수추정parameter estimation은 주어진 표본을 가지고 모집단의 특성을 추정하는 과정이다. 기본적으로 표본을 가지고 추정한 다양한 모멘트는 모집단의 모멘트와 같다는 가정이 전제된다.

먼저 주어진 정규분포함수에 대해 1차 모멘트를 구하면 평균 μ가 유도된다. 또한 평균에 대한 2차 모멘트를 구하면 분산 σ^2가 유도된다. 이 값에 제곱근을 취한 σ가 표준편차이다. 이 값들은 모두 이론적으로 유도되는 값이며 모집단의 특성이다. 이제 주어진 표본에 대해 우리가 알고 있는 공식을 이용하여 평균과 표준편차를 계산할 수 있다. 이를 각각 $\bar{x}$와 s라고 하자. 모수와 다른 기호를 사용한 이유는 표본을 이용하여 구했다는 것을 나타내기 위해서이다. 따라서 이를 표본 평균, 표본 표준편차라고 부르기도 한다.

결과적으로 모멘트의 개념을 이용한 모수추정은 이론적인 확률밀도함수의 모멘트와 표본을 가지고 구한 모멘트를 같다고 가정하는 과정이다. 즉,

$$\mu = \bar{x} \tag{3.11}$$

$$\sigma = s \tag{3.12}$$

만일 평균이나 표준편차가 모수들의 결합으로 나타난다면(정규분포의 경우는 그렇지 않지만), 주어진 연립방정식을 풀어 모수를 결정하게 된다. 모수가 2개인 경우에는 평균, 분산을 이용하고, 모수가 3개인 경우에는 일반적으로 평균, 분산, 왜곡도가 이용된다.

마지막으로, 연습 삼아 다음과 같은 균등분포uniform distribution의 평균과 분산을 구해보기로 하자(그림 3-15). 균등분포는 균일분포 또는 일양분포라고 부르기도 한다. 그러나 이렇게 가장 단순하게 생긴 확률밀도함수인 균등분포는 실제는 매우 중요하다. 컴퓨터 언어에 내장함수라는 것이 있는데, 일종의 기본적으로 제공되는 함수이다. 'sin', 'cos', 'log' 등 우리가 수학시간에 배우는 기호들이 대부분 포함된다. 여기에 추가로 난수발생기random number generator라는 것이 있다. 포트

란Fortran이라는 언어에서는 'ran'이라는 명령어로 사용되는데, 이 ran은 가장 간단한 균등분포, 즉, 하한계가 0이고 상한계가 1인 $U(0,1)$의 난수를 발생시켜 준다. 다른 경우나 다른 확률밀도함수를 따르는 경우는 모두 이 난수를 이용하여 만들어 주어야 한다. 예를 들어 정규분포를 따르는 난수도 균등분포를 따르는 난수를 적절히 조합해서 다시 만든다. 이를 위해서는 소위 알고리듬algorithm이 먼저 만들어져야 하고, 다음으로 이를 프로그램화해야 한다. 좋은 알고리듬을 만들기 위해서는 많은 수학적 지식이 필요하다.

하한이 0이고 상한이 1인 균등분포의 확률밀도함수는 다음과 같다.

$$\begin{aligned} f(x) &= 1, \quad 0 \le x \le 1 \\ &= 0, \quad x < 0 \text{ or } x > 1 \end{aligned} \tag{3.13}$$

먼저, 평균을 구하면 다음과 같다.

$$\mu = \int_o^1 x \times 1dx = \frac{1}{2}x^2 \bigg|_0^1 = 0.5 \tag{3.14}$$

분산도 다음과 같이 쉽게 계산할 수 있다. 즉 다음과 같다.

$$\begin{aligned} \sigma^2 = \int_o^1 (x-0.5)^2 \times 1dx &= \int_o^1 (x^2 - x + \frac{1}{4}) \times 1dx \\ &= (\frac{1}{3}x^3 - \frac{1}{2}x^2 + \frac{1}{4}x)\bigg|_0^1 = \frac{1}{12} \end{aligned} \tag{3.15}$$

확률밀도함수의 세계

우리가 알고 있는 가장 흔한 확률밀도함수는 정규분포이다. 정규분포에서 정규normal는 사실 정상이라는 의미이다. 처음 정규분포가 발표됐을 때 이 분포를 따르지 않는 자료는 모두 잘못된 것이란 믿음이 있었다. 그래서 그런 자료는 모두 비정상abnormal이라 간주되었다. 이는 물론 사실이 아니다. 최근에는 이 정규라는 이름의 문제점을 고려하여 정규분포를 유도한 가우스Gauss의 이름을 따서 가우스 분포라고 부르는 경우가 많다. 그러나 우리는 정규분포라는 이름이 상당히 익숙하고, 또한 이름에 정상/비정상의 의미가 있었는지 잘 모르므로 그냥 정규분포라고 부르기로 한다.

정규분포는 그냥 하늘에서 떨어진 것이 아니고 유도된 것이다. 여기서는 확률밀도함수가 어떤 과정을 통해 유도되는지에 대해 살펴보기로 한다. 이러한 유도 과정에 있어 가장 중요한 개념이 베르누이 시행Bernoulli trial이다. 베르누이 시행의 가장 간단한 예가 동전던지기이다. 앞면이 나올 확률이 0.5, 뒷면이 나올 확률이 0.5이다. 앞면 또는 뒷면의 발생은 서로 독립independent이다. 서로 영향을 주지 않는다. 주사위를 던지는 경우도 베르누이 시행의 좋은 예이다. 주사위를 두 개 던지는 경우도 경우의 수가 많아져서 그렇지 역시 베르누이 시행의 좋은 예이다.

베르누이 시행을 반복하면 다양한 분포함수가 만들어진다. 동전던지기를 100회 했다고 가정하자. 이때 앞면이 50번 나올 확률은 쉽게

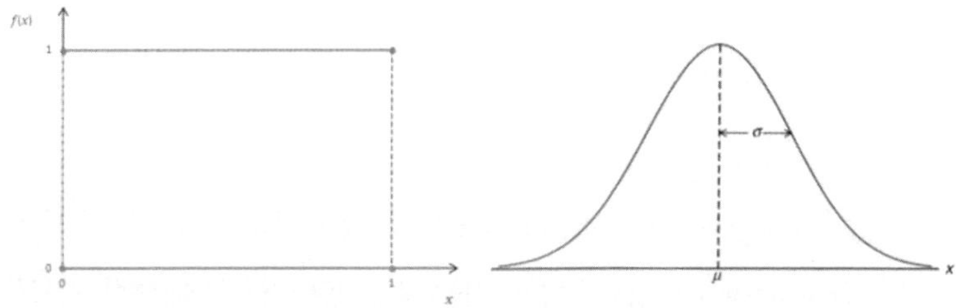

그림 3-15. 균등분포(좌)와 정규분포(우)의 형태

계산할 수 있다. 물론 앞면이 한 번도 나오지 않는 경우의 확률도 계산할 수 있다. 결과적으로 앞면이 0에서 100번 나오는 경우 모두의 확률을 계산할 수 있다. 그렇다면 이 확률을 앞면의 발생횟수에 대응시켜 놓으면 어떤 모양이 될까? 이 분포를 이항분포binomial distribution라고 한다. 임의의 성공확률 p, 실패확률 1-p인 경우에도 동일하게 확률분포를 유도할 수 있다. 역시 이항분포라고 부른다.

성공 확률이 p인 시행을 독립적으로 반복하는 베르누이 시행에서 r번째 성공이 일어날 때까지의 시행횟수의 확률분포를 음이항분포Negative Binomial Distribution라고 한다. 또한, 성공횟수 r=1인 음이항분포, 즉, 처음 성공할 때까지의 베르누이 시행횟수의 분포는 기하분포라고 부른다.

정규분포는 성공확률 p=0.5인 이항분포에서 시행횟수를 무한히 늘리면 만들어지는 분포이다. Gauss라는 수학자가 처음 유도하였다.

사실 정규분포는 자연현상과는 거리가 있다. 자연현상과 관련된 자료 중 정규분포를 따르는 자료는 거의 없다. 오히려 대수정규분포를 따르는 자료가 많다.

대수정규분포log-normal distribution는 정규분포를 따르는 자료에 지수exponential를 취하면 만들어지는 분포이다. 거꾸로 대수정규분포를 따르는 자료에 대수logarithm를 취하면 정규분포를 따르게 된다. 지수를 취하는 경우 큰 자료는 상상도 할 수 없을 정도로 커지지만 작은

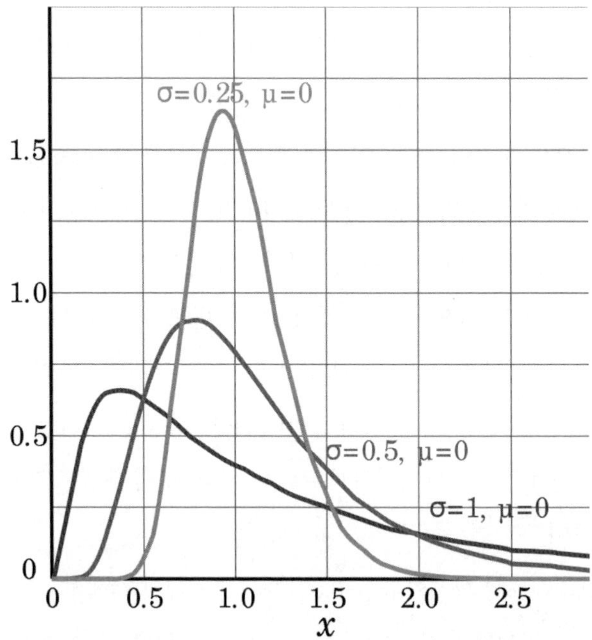

그림 3-16. 대수정규분포의 형태

자료는 반대로 엇비슷한 값으로 조정된다.

정규분포 따르는 자료를 곱한 값이나 곱한 값을 더한 경우에는 카이제곱chi-square분포를 따른다. 카이제곱분포는 두 자료의 차이가 아니라, 차이의 제곱을 가지고 통계적으로 비교하는 경우에 많이 사용되는 분포이다. 이와 유사하지만 분산을 비교하는 경우에는 제곱의 합을 총 돗수로 나누는 형태가 되는데, 이는 F-분포를 따르게 된다.

다시 이항분포로 돌아가 보자. 이항분포는 매우 유용한 분포함수인데, 문제는 베르누이 시행의 횟수 n이 증가하는 경우이다. 이때 확률 계산을 위해서는 팩토리얼factorial(즉, !)을 계산하여야 되는데 이게 문제이다. n이 100보다 크기만 해도 단순하지 않다. 이런 문제를 해결하기 위해 베르누이 분포의 근사분포가 유도되었는데, 이것이 포아송Poisson분포이다. 포아송분포는 이항분포와 근본적으로 같다. 그러나 성공확률이 매우 작고 반대로 시행횟수는 매우 큰 경우에 적용되는 분포라고 생각하면 된다. 결과적으로 중요한 차이가 나타나는데 이항분포는 합의 기호가 들어간 이산discrete 분포가 되는데 반해, 포아송분포는 연속함수로 되어 있다. 연속함수의 장점은 물론 미분, 적분이 쉬워진다는 점이다.

포아송분포를 이용하면 다양한 확률분포를 유도할 수 있다. 먼저 사건의 발생이 포아송분포를 따른다는 전제하에 첫 번째 사건이 발생할 때까지의 시간 또는 사건과 사건 사이의 시간 간격은 지수분포exponential distribution로 유도된다. 첫 번째가 아니고 임의의 n-번째 사건이 발생할 때까지의 시간은 감마분포gamma distribution를 따르게 된다.

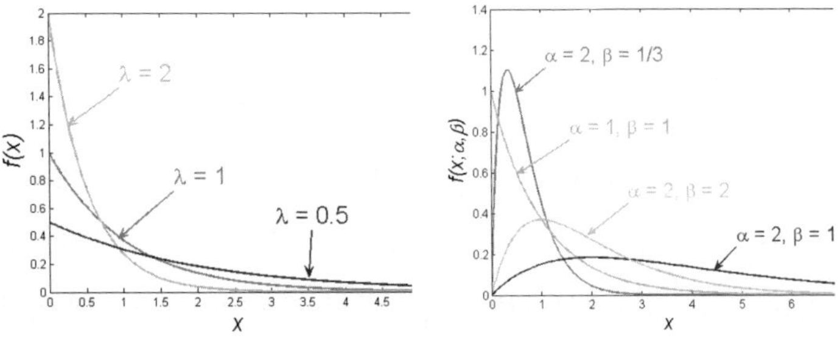

그림 3-17. 지수분포(좌)와 감마분포(우)

큰 값과 작은 값의 분포도 매우 유용하다. 예를 들어, 규모가 비슷한 여러 집단이 있을 때 각 집단에서 가장 큰 값만 모아놓은 자료는 검벨분포Gumbel distribution를 따르게 된다. 여기에는 원자료의 확률밀도함수가 큰 값 쪽으로 지수적으로 감소하는 경향을 보여야 한다는 조건이 붙어 있기는 하다. 이와 반대로 가장 작은 값을 모아놓은 경우는 와이블분포Weibul distribution를 따르게 된다. 이때 자료의 작은 값 쪽으로는 특정 한계가 주어져야 한다. 예를 들어, 1년 중에서 가장 많이 내린 강우자료를 모은 것은 검벨분포로 잘 설명된다. 매월 생산된 부품 중 강도가 가장 작은 것들은 와이블분포로 잘 설명된다.

이 외에도 무수히 많은 확률밀도함수가 존재한다. 이들은 대부분

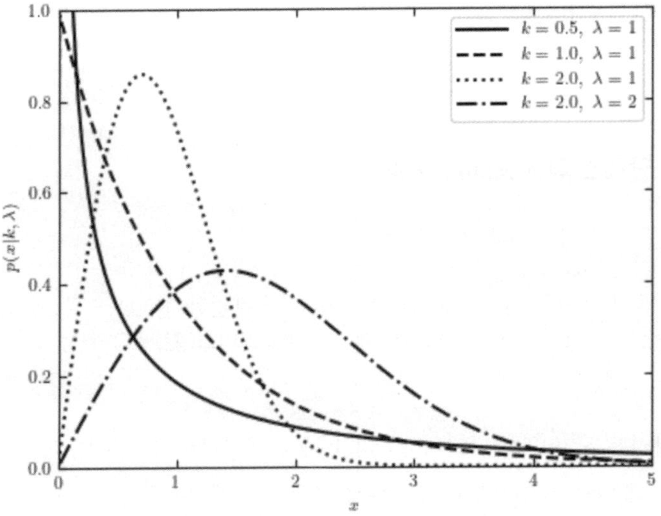

그림 3-18. 와이블분포의 형태

특정 조건을 가지고 유도된 것들이다. 따라서 어떤 현상을 통계적으로 분석하는 경우 관측된 자료를 가장 잘 설명할 수 있는 확률분포를 선택하는 것은 매우 중요하다. 특히 관측자료의 수가 매우 적을 때에는 더욱 그렇다.

4장 화산

단테스 피크 Dante's Peak (1997)

감독 로저 도널드슨
출연 피어스 브로스넌(해리 돌턴 역), 린다 해밀턴(레이철 완도 역), 찰스 할라한(폴 드레퓌스 역), 제이미 르네 스미스(로런 완도 역) 등

줄거리

해리는 조그만 도시인 단테시로 지진활동을 조사하러 가게 된다. 그곳에서 해리는 아황산가스와 이산화탄소의 방출, 지질 변형 등을 목격한다. 해리는 단테시의 시장인 레이철에게 단테 봉우리의 화산 분화를 경고하지만, 레이철은 단테시의 투자유치 계약에 불리하다고 생각되어 해리의 주장을 회의적으로 받아들인다. 여러 가지 이상 징후들로 인해 레이철은 사태의 심각성을 느끼고 마을 위원회를 소집하지만, 해리와 직속상관의 상반된 주장으로 위원회는 경보선언을 하지 않는다. 더 이상의 이상 징후가 보이지 않아 해리가 단테시를 떠나려고 할 찰나에 화산 폭발이 시작된다. 화산재가 온 마을을 뒤덮고 화산에서 뿜어져 나온 용암이 마을로 흘러 들어온다.

그림 4-1. 영화 〈단테스 피크〉 포스터

4.1 화산?

화산이란?

우리나라에 활화산이 있다면 낭만적일 것 같기도 하다. 우리나라엔 이미 제주도에도, 백두산에도 화산이 있다. 특히 백두산의 경우엔 '활화산이냐 아니냐?'라는 논란도 있지만 화산활동을 보기는 쉽지 않다. 사실 우리가 사는 곳에서 화산이 터지는 것은 좋지 않다. 아예 그런 위험이 없는 것이 훨씬 낫다. 과거에는 화산이 좋지 않은 것으로 인식되었는데, 최근에는 많이 변한 것이 사실이다. 화산에 대한 대응 능력이 상당히 갖추어져 있고, 화산으로 인해 얻는 혜택도 굉장히 많기 때문이다. 가까운 일본만 보더라도, 화산이 굉장히 많아 다양한 피해를 일으키고 있긴 하지만 반대급부도 많다. 화산이 있는 지역에는 온천이 발달하고, 일종의 신재생에너지이기도 한 지열발전도 이루어지고 있다. 굉장히 높게 형성된 지형들이 많아 관광산업이 활성화되고 있다. 긍정적인 부분들이 꽤 많아 보인다. 그러나 화산에 대한 대응이 충분하지 못한 저개발국에서는 화산은 여전히 심각한 자연재해일 뿐이다.

우리가 배울 내용이 화산의 분화, 화산활동의 예측, 분화의 형태, 화산의 형태, 에너지 등등이다. 사실 화산의 폭발이라고 하는 것은 굉장히 큰 에너지의 분출이다. 그 에너지는 대부분 지하 맨틀 쪽에서 만들어진다. 맨틀의 대류로 인해 지각이 움직이게 되는데, 대륙을 움직여서 부딪치게 할 만큼 큰 에너지가 지구 내부에 있다. 그 에너지가 쌓여서 암석을 녹여버리기도 하고, 일부는 기체로도 만들어진다. 기체가 만들어지게 되면 팽창하게 되는데, 팽창하지 못하게 되면 압력이 높아지게 된다. 압력이 쌓이고 쌓이면 지각이 버티지 못하고 파괴되는 상황이 만들어진다. 이런 파괴의 과정은 순식간에 발생하게 되는데, 그것이 바로 화산폭발이다(Nakamura, 1977; Whohletz and Heiten, 1992; Hill et al., 2002; Segall, 2010).

화산은 내부에 쌓이는 에너지와 관련이 있기 때문에, 거의 규칙적으로 세계 어디에선가 화산이 폭발하게 된다. 우리나라는 그러한 면에서 상대적으로 안전한 편이다. 최근 경주에서 발생한 지진은 아주 예외적인 상황인데, 이런 걸 보면 우리나라가 화산에 꼭 안전하다고 판단해야 하는지는 의문이다. 백두산 폭발 가능성이 최근 몇 년 동안 큰 이슈가 되었는데 이런 상황을 전혀 예외적이라고 치부하기에는 무리가 있다(기상청, 2011; 국립방재연구원, 2012; 윤성훈·이정현, 2012; 행정안전부, 2018).

우리나라의 상황은 이렇지만, 많은 나라들에서 화산은 주요 자연재해로 자리잡고 있다. 공교롭게도 우리는 우리나라에서만 살지는 않는다. 우리의 주요 활동 영역인 동남아시아는 화산의 천국이다. 미국의 경우에도 화산은 상당히 심각한 문제이다. 호주에는 이런 문제가 별로 없지만, 그 옆에 있는 뉴질랜드에서는 심각하다. 남부 유럽에서도 화산은 중요한 자연재해이다(Simkin et al., 1981; Bryan, 2010; Siebert et al., 2011; Lockwood and Hazlett, 2013; 구창민 외, 2018).

우리가 어떤 판단을 할 때 큰 영향을 미치는 것이 그동안 쌓은 지식과 경험이다. 특히 경험이 많은 부분을 차지한다. 그런데 우리는 화산의 문제가 실질적으로 없는 나라에서 살고 있다. 우리는 홍수에 대한 경험이 많다. 그래서 홍수를 중요한 재해로 판단하고 고려할 가능성이 크다. 그러나 직접 경험하지 못한 화산은 등한시하게 될 가능성이 크다. 그러나 어떤 나라에서는 화산과 관련된 문제가 홍수 문제보다 더욱 크게 고려된다. 각국의 특성에 맞게 자연재해를 고려하는 것은 당연한 것이다.

4.2 화산의 분류 및 주요 명칭

화산의 분류

화산의 분류 방법은 여러 가지이다. 활화산, 휴화산, 사화산으로 분류하는 방법도 있고, 보다 구체적으로 화산의 분출(폭발) 유형에 따른 분류 방법도 있다(Sigurdsson et al., 2015).

먼저, 활화산, 휴화산, 사화산의 분류 방법을 살펴보자. 단어 그대로의 뜻으로 짐작하면, 활화산은 현재 활동 중인 화산(또는, 활동의 증거를 보이고 있는 화산), 휴화산은 활동을 쉬고 있는 화산(또는 활동할 가능성이 있는 화산), 사화산은 활동한 흔적은 있으나 앞으로 활동할 가능성이 없는 화산이다. 다시 말하면, 사화산은 앞으로 절대로 폭발이 일어나지 않을 것 같은 화산이고 휴화산은 단지 쉬고 있는 것이기 때문에 다시 활화산이 될 수 있는 화산이다(Bradintzeff and McBiney, 2000; 윤성효·반용부, 2016).

그러나 기술적으로 보면 활화산과 휴화산을 구분하는 것과, 휴화

그림 4-2. 백두산 천지의 모습
출처: 전용문, "백두산 천지"(고현준, "백두산 천지의 숨결을 제주에서 느낀다", 《그린포스트코리아》, 2018. 10. 17.).

산과 사화산의 구분은 모호한 측면이 있다. 한라산을 예로 들면, 이 화산은 과연 사화산인가, 휴화산인가, 아니면 활화산인가? 활화산은 분명히 아니다. 휴화산이냐 사화산이냐? 하는 것에는 약간의 논쟁이 있다. 보통 역사 기록에 활동의 흔적이 있으면 휴화산, 없으면 사화산이라고 구분한다. "활화산의 조건을 만족시키는 화산 활동을 어디까지로 볼 것인가?"에도 애매한 측면이 있다. 백두산은 현재 활동하고 있을 수도 있고 아닐 수도 있다. 조금 적극적으로 표현하면 백두산은 활화산에 가깝고 한라산은 휴화산에 속한다. 그러나 아주 엄격한 잣대를 들이대면 백두산도 휴화산이다(김남신, 2011; 고기원 외, 2013; 김성욱 외, 2013).

누가 어떤 정의를 적용하느냐에 따라 상당히 다를 수 있는 것이 활화산, 휴화산, 사화산의 구분이다. 참고로, 백두산이 최근 폭발 위험과 관련해서 이야기가 많이 나오는데, 관련 전문가의 의견을 들어보면 백두산 폭발 가능성은 상당히 적다. 일본에는 실제 활화산이 많은데, 운이 좋으면 산 정상 분화구에서 붉은 마그마를 볼 수 있다. 휴화산은 역사 기록이라는 단서가 붙으므로 과거 천 년 또는 2천 년 이내에 발생한 폭발의 기록이 있어야 한다. 우리가 휴화산이라고 말하는 화산의 분출에 필요한 에너지가 축적되는 기간은 이 정도로 엄청나게 길다.

화산 분출의 유형에 따른 분류는 훨씬 명확하다. 그러나 이들의 경우는 모두 활화산에 한정된 것들이다. 먼저, 열하분출과 중심분출이 있다. 우리가 흔히 알고 있는 분출의 형태는 중심분출에 해당한다. 열하분출은 지각이 찢겨진 긴 틈으로 용암이 흘러나오는 것을 말한다 (Walker, 1973; Neneth and Martin, 2007).

화산의 폭발 형태에 따라 화산이 분류되기도 한다. 하와이식, 스트롬볼리식, 벌컨식, 초벌컨식, 펠레식, 마지막으로 쉬르트세이식이 있다. 먼저, 하와이식 분화는 굉장히 순한 형태의 분출이다. 하와이에서 발생한 화산의 분출을 따서 이름 붙인 것으로 폭발이 거의 없이 용암이 넘쳐 흘러 나오는 형태를 말한다. 이런 분출은 보통 순상화산을 형성하는데, 제주도의 경우에도 초기에는 이러한 형태의 분출이었을 것으로 추측된다. 하와이의 경우 용암이 분출되어 그대로 흘러서 바다로 들어가는 모습을 TV에서 본 적이 있을 것이다. 용암 분출이 너무 순해서 굉장히 좋은 관광자원이 되기도 한다. 심지어 용암이 강처럼 흘러

그림 4-3. 하와이식 화산의 모습

가는 곳에서 용암을 떠 기념품을 만들기도 한다(Eichelberger et al., 1986; Gilbert et al., 1998; Harper, 2005).

그림 4-4. 스트롬볼리식 분화의 예
(좌) 이탈리아 스트롬볼리 화산 (우) 일본 아소산
출처: (우) VOA, "일본 규슈 아소산 화산 분화", 2019. 4. 17.(© Reuters 2016.)
https://www.voakorea.com/world/asia/4878313

스트롬볼리식 분화는 이탈리아 스트롬볼리 화산의 폭발에서 따온 것이다. 일본의 아소산도 이와 유사한 형태이다. 폭발이 일어나기는 하지만 피각이 생길 수준은 아니다. 용암의 분출과 약한 폭발이 연달아 발생을 한다. 하와이식보다는 약간 강도가 센 정도로 생각하면 될 것 같다.

벌컨식이라는 것은 마치 벌컨포처럼 작은 폭발이 연달아 발생한다

그림 4-5. 벌컨식 분화
(좌) 불카노섬의 모습 (우) 이탈리에 에트나 화산 분출
출처: (우) 이지희, "에트나 화산 분출…시칠리아 동부 공항 폐쇄", 《기독일보》, 2013. 12. 17.(© 뉴시스 2013.)
https://www.christiandaily.co.kr/news/20430

그림 4-6. 일본 반다이산의 화산 폭발 장면을 묘사한 그림
출처: Tankei, ***Eruption of Mount Bandai***, triptych, 1888.
https://www.harashobo.com/english/ukiyoe_detail.php?print_id=24799

는 데서 붙인 이름이다. 상대적으로 폭발의 위력은 작지만 그 빈도는 높다. 스트롬볼리식보다는 조금 더 강력한 형태로 생각하면 된다. 파편이 하늘 높이 올라간다고 되어있지만, 아주 높이 올라가지는 않는다. 다량의 화산쇄설물이 분출되기도 한다. 지중해 리파리섬의 불카노 화산, 이탈리아의 에트나 화산이 대표적이다.

초벌컨식은 벌컨식보다 그 위력이 더 큰 것이다. 일단 폭발의 위력이 크려면 그 폭발 간격이 길어야 한다. 간격이 짧으면 폭발 때 발생하는 에너지를 그만큼 축적하지 못하는 것이기 때문에 당연히 위력이 작다. 분화를 중지했다가 강한 폭발이 일어나 화도에 충전되어 있던 물질을 하늘로 올려 보내고 용암을 분출하는 형태이다. 일명 수증기 폭발이라고도 한다. 일본의 반다이산 폭발이 전형적이다.

그림 4-7. 펠레식 분화 (좌) 필리핀 마욘산 (우) 프랑스령 레위니옹섬의 푸르네즈 화산
출처: (좌) 김다인, 〈필리핀 '마욘산' 화산재 분출… 항공기 우회운항 조치〉, 《신아일보》, 2018. 1. 14.(© AP/연합뉴스), http://www.shinailbo.co.kr/news/articleView.html?idxno=1032331

펠레식은 영화에서 보듯이 한 번에 크게 폭발하는 형태를 말한다. 가장 위력적인 폭발이 펠레식이다. 우리가 상상하는 화산의 폭발도 이런 식이다. 많은 피해를 유발하는 화산 폭발이 주로 펠레식 분화이다. 화산쇄설류도 많이 유출하는 형태이다.

마지막으로 쉬르트세이식은 바다에서 폭발하는 형태를 말한다. 붉은 색의 용암이나 마그마 등 화산활동의 형태는 보이지 않지만, 화산재나 수증기가 바닷물 위로 솟구쳐 화산이 폭발하고 있음을 확인할 수 있다. 몇 년 전 영국의 북쪽 바다에서 화산이 폭발해서 항공기 운항에 큰 차질을 빚었었는데 그때의 모습이 쉬르트세이식에 해당한다.

그림 4-8. 화산폭발로 갑자기 생겨난 쉬르트세이섬

화산의 주요 명칭

우리나라 말에는 한자어가 많다. 중국을 통해 문화가 전파된 탓이다. 그러나 자연과학/공학 분야로 좁혀서 보면 한자어이긴 하지만 대부분 일본에서 만들어진 한자어이다. 아시아에서 선진 문물을 가장 빨리 들여온 나라가 일본이기 때문에 서양 용어들을 일본어 용어로 만들었고, 이것들이 대부분 한자어여서 그대로 우리나라에 수입되었다. 경우에 따라서는 쉽게 이해하기 어려운 용어들도 많다. 만일 한자에 친숙하지 않다면 더욱 뜬금없는 용어가 될 수도 있을 것이다.

폭렬화구(또는 분화구; spalling crater 또는 crater)는 작은 폭발만이 일어나고 활동을 중지하여 화구만이 원통형의 요지로 남아있는 경우이다. 이곳에 물이 차게 되면 마르maar라고 부른다. 화구 주위에 낮은 언덕이 형성되어 있다. 암설구debris cone는 형태가 폭렬화구보다는 우리에게 더 친숙한 모습이다. 뉴질랜드에서 많이 찾아볼 수 있다. 암설구에서는 더 이상 화산활동이 일어나지 않기 때문에 마을이 형성되는 경우

그림 4-9. 미국 캐스케이드 산맥의 암설구
출처: National Museum Of Natural History, "Types and Processes Gallery – Pyroclastic Cones." https://volcano.si.edu/learn_galleries.cfm?p=6

도 있고, 요새로 쓰인 경우도 많다.

순상화산shield volcano은 상대적으로 완만한 형태로 만들어진 화산이다. 한라산의 아랫부분이 순상화산의 형태이다. 원추화산conical volcano은 코니데konide 또는 성층화산stratovolcano이라고도 이야기를 한다. 용암류와 화산쇄설물이 번갈아 쌓여서 형성된 화산이다. 원추, 보통 원뿔이라고 이야기하는데, 후지산이 이에 속한다. 종상화산tholoide은 종 모양으로 톨로이데라고도 한다. 제주도의 산방산이 대표적이며 돔의 모양으로 형성된다(Sigurdsson et al., 2015; 일본 뉴턴프레스, 2016).

그림 4-10. 다양한 화산의 모양
(좌상)미국 하와이 마우나로아산 - 순상화산 (우상)일본 후지산 - 성층화산
(좌하)산방산 - 종상화산 (우하)탄자니아 킬리만자로산 - 칼데라

출처: (좌상) Gordon Joly, "Mauna Loa, Big Island, Hawaii," 2005. https://commons.wikimedia.org/wiki/File:Mauna_Loa.jpg

(우상) 야마나시 공식 여행 가이드, "미츠토우게에서 바라보는 후지산". https://www.yamanashi-kankou.jp/foreign/korean/spot/images/pg_30032_2.jpg

(우하) Tropic Air Kenya, "Frozen summit of Mount Kilimanjaro." (Timmy Flowers, 2018. 9. https://www.tropicairkenya.com/wp-content/uploads/2018/09/Kili_by_helicopter.jpg)

화산의 형태는 용암을 구성하는 물질이 무엇이냐에 따라서 크게 달라진다. 물질에 따라 점도가 크게 다르고, 따라서 화산의 형태가 크게 달라지게 된다. 추가로, 화산이 만들어진 시기가 언제냐에 따라서도 영향을 받는다. 결국은 이 두 가지가 어떠하냐에 따라서 원추화산도 만들어지고 종상화산도 만들어지고 순상화산도 만들어진다. 복합화산은 여러 가지가 복합되어있는 것이다. 참고로 칼데라caldera라는 용어가 있는데 분화구crater와 같은 의미로 쓰인다. 경우에 따라서는 칼데라와 칼데라호caldera lake라는 용어를 구분 없이 사용하기도 한다. 분화구 호수crater lake라는 용어로도 함께 쓰인다(Gottsmann and Martí, 2011).

화산이 주는 혜택

과거에는 화산이 큰 피해를 주는 재해였는데 최근에는 이에 대한 대비가 잘 되고 있는 편이다. 특히 선진국에서는 대비가 잘 되어있어서 큰 피해를 입지는 않고 있다. 오히려 화산이 주는 혜택을 더 누리고 있는 편이다. 가까운 일본이나 뉴질랜드 같은 나라를 보면 화산이 주는 혜택이 꽤 많구나하는 생각도 든다. 화산활동으로 인해 아주 높은 산, 다양한 섬들이 많이 만들어지고 있다. 모두 훌륭한 관광 자원이 된다. 일본의 경우에는 심지어 활화산까지도 중요한 관광자원으로 활용하고 있다. 우리나라에서도 한라산은 아주 중요한 관광자원이다. 관광지이자 휴양지로 굉장히 각광을 받고 있고, 석재, 황, 붕산 등의 다양한 자원을 제공해 준다. 지열발전이라는 형태로 신재생에너지를 공급해 주기도 한다. 다양하게 화산이 이용되고 있다.

4.3 화산의 분출과 에너지

화산 분화 메커니즘

화산 분화의 메커니즘은 이번 장에서 이론적으로 살펴볼 내용과 관련이 있다. 주로 열역학과 관련된 보존 법칙들을 다룰 것이고, 이상기체 방정식이라고 고등학교 화학 시간에 배운 내용도 살펴보게 될 것이다. 2장 홍수재해에서 에너지보존법칙을 다룰 때는 위치, 운동, 압력 에너지를 고려했었는데, 화산과 관련해서는 우리가 흔히 '연료'라고 부르는 에너지원energy source을 추가로 다룰 것이다. 예를 들어, 자동차가 움직이는 에너지원 중의 하나가 휘발유이다. 휘발유는 운동에너지의 형태로 최종적으로 변환되어 사용된다. 즉, 자동차에 에너지원을 넣어주면 엔진이라는 곳에서 다른 형태의 에너지로 바꿔준다.

사람에게 있어 에너지원은 음식물이다. 2, 3일 정도 굶게 되면 움직이기조차 어려워진다. 위나 장에서 음식물을 분해한 후 혈관을 통해 세포까지 전달해 주는데, 세포가 이 에너지원을 산소와 결합시켜 우리 몸이 살아 움직이도록 운동에너지와 열에너지로 바꾸어 준다. 우리 몸에는 엔진과 같은 기관들이 거의 무한대로 존재하는 것이다. 그러나 그 기능은 유사하다.

화산의 경우에도 어디에선가 에너지를 공급받아야 분출할 수 있다. 지각이 움직이는 것을 보면 에너지 공급이 원활히 이루어지고 있음을 판단할 수 있다. 지구 내부에서 에너지가 쌓여서 암석을 녹이고 일부는 기체로 변환된다. 결국 큰 압력이 발생하는데, 이 압력은 그 자체로 커다란 힘이므로 암반을 위쪽으로 밀어 올리게 된다. 초기에는 암반이 들썩거리는 정도로 멈출 수 있으나 결국에는 암반을 깨트리고 터져 나오게 된다. 평지에서 화산이 순간적으로 폭발하는 경우는 거의 없고, 빵이 부풀어 오르는 것처럼 지면이 부풀어 오른 후 어느 순간 '뻥' 하고 터지게 된다(Jaupart et al., 1991; Woods, 1995; Jaupart, 1996; Parfitt and Wilson, 2009).

화산 폭발의 영향

전 세계적으로 보면 심심치 않게 화산이 폭발해서 피해를 일으킨다. 그런데 과연 화산이 폭발할 때 어느 정도의 에너지가 수반되는 것이냐 하는 것이 과학적으로도 중요한 이슈이다. 기본적인 사실은 웬만한 크기의 화산 폭발은 일본에 떨어진 핵폭탄 보다 그 위력이 훨씬 크다는 점이다. 즉, 화산 폭발에 수반되는 에너지의 규모는 우리가 생각하는 것보다 훨씬 크며, 그 영향(결과)도 매우 크다. 예를 들어, 지구온난화 관련하여 지난 200여 년 동안 화석연료의 연소로 상당한 양의 이산화탄소가 배출되었고, 이로 인해 지구 평균온도가 0.5–0.8도 정도 증가했다고 이야기 한다. 그런데 대략 30–50년의 기간 사이에 터지는 최대의 화산폭발은 지구 평균온도를 0.5도 낮추는 영향력을 가지는 것으로 알려져 있다. 즉, 폭발이 크게 되면 발생한 미세먼지가 최대 1만 m 이상 상공으로 날아가게 되고, 이 먼지가 다시 표면으로 떨어지는 데까지 수 년 이상이 걸린다. 이 먼지는 결국 태양 빛을 차단한다. 그 영향으로 인해 지구 평균온도가 감소하게 된다. 물론 몇 년이 지나고 나면 다시 원상 복구된다(Robock, 2000; Blong, 2013).

화산 폭발의 예측

화산의 예측 중 장기예측은 긴 시간을 통해 앞으로 어떻게 될 것인가를 예측하는 것이다. 화산의 폭발은 내부의 에너지를 외부로 빼내는 과정이다. 내부의 에너지가 다 빠져나가게 되면 더 이상 내부에 에너지가 없다. 압력이 사라지면 다시 지각이 닫히게 된다. 다시 닫히면 지각을 뚫고 나올 수 있을 정도의 에너지가 축적될 때까지 기다리는 것이다. 에너지는 꾸준히 공급되기 때문에 결국 내부의 압력은 높아지게 되고 다시 폭발을 하게 된다. 상대적으로 두꺼운 암반층이라고 하면 상응하는 압력이 만들어질 때까지 시간이 오래 걸릴 것이다. 그 대신 한 번 터지면 크게 터질 것이다. 반면 약한 층으로 되어있다면 실제로 뚫고 나올 때 필요한 압력이 작을 것이기 때문에 다음 폭발까지는 그리 오래 걸리지 않을 것이다. 화산의 장기예측은 이런 특성에 근거하여 수행된다. A라는 화산이 역사적으로 백 년에 한 번 터진다면 필요한 압력을 만들 때까지 평균 백 년 정도가 걸리는 것이다. 평균적으로 그렇다는 의미이다. 만일 백 년이 훨씬 지났는데도 아직 폭발하고 있지 않다면, 가까운 미래에 화산 폭발의 가능성은 점점 커지고, 또한 그 폭발력 또한 커질 수밖에 없다(Voight, 1988; Chouer, 1996; Sparks, 2003).

화산이나 지진이 많은 일본에서는 이와 관련된 연구가 많이 진행되고 있다. 몇 년 전 일본 지진센터에서 동경 지역의 지진 발생 가능성에 대해 장기예측을 한 적이 있다. 그 내용은 앞으로 5년 내에 진도 8.0 이상의 지진이 발생할 확률이 80% 정도라는 것이다. 그러나 이 예측치가 다분히 통계적이라는 데 주의할 필요가 있다. 앞으로 5년 안에 지진이 발생하지 않을 가능성도 매우 크며, 지진이 발생해도 그 피해는 어디에서 어떻게 발생하느냐와 밀접한 관련이 있다. 물론 최악의 상황을 상정하여 대비하기는 하지만 그런 최악의 상황이 발생할 가능성은 상대적으로 작다(Hill et al., 2002; Chouet, 2003).

단기예측은 짧으면 며칠 내로, 길면 몇 달 내로 화산이 터질 것으로 예측하는 것인데, 영화 〈단테스 피크〉의 초반에 이와 관련된 내용이 나온다. 중요한 것들 중 하나는 화산활동의 전조가 무엇인지이다. 전진은 큰 지진이 일어나기 전에 발생하는 작은 지진이고, 여진은 지진이 일어난 후 발생한다. 또, 동물들의 행동을 관찰하는 방법들도 있다. 동물들이 겁에 질린 모습을 보고 판단할 수 있는데 그 기준이 모호하긴 하다. 해저 음파를 이용하는 방법은 전진을 관측하는 것과 관련이 있다. 실제로 진도가 작아서 잘 관측이 되지 않는 경우에도 사용할 수 있다. 지진파를 측정해서 지진의 특성을 파악하는데, 일본에서는 지진이 발생하기 10–20분 전에 지진파를 이용하여 예경보를 발령한다(Voight, 1988; Sparks, 2003).

화산의 폭발 예측 및 경보에 대한 문제점

화산도 결국은 예측이 정확하지 않다는 것에서 늘 문제가 발생한다.

화산은 너무 드물게 발생해서 이에 대한 대비가 어렵다. 우리나라에서도 홍수라는 재해가 가뭄이라는 재해보다 훨씬 더 빈번하게 발생을 한다. 훨씬 자주 발생하는 태풍, 홍수에는 대비가 잘 되어있는 편이다. 이에 반해 가뭄이라는 재해는 아주 가끔 발생하고 한창 진행 중인 상황에서도 비가 많이 오면 상황이 종료된다. 결과적으로 우리나라의 경우에도 가뭄에 대한 대비 능력이 홍수에 비해 훨씬 떨어진다. 우리나라는 당연히 화산이나 지진에 대한 대비 능력이 거의 없다. 화산에 대한 대비는 선진국 정도가 아니면 쉽지 않다. 가장 큰 문제는 언제 화산이 폭발할지를 정확하게 예측하기가 어렵다는 것이다. 발생할지 안할지도 모르는 일에 대한 대비는 정말 어려운 것이다(Scarpa and Tilling, 2012).

이렇게 가끔씩 발생하는 재해는 '양치기 소년 효과'에 의해 문제가 더욱 커지는 경우가 많다. 이와 관련하여 필리핀에서 발생했던 사례가 많이 언급된다. 화산 폭발의 가능성이 매우 크다고 판단한 정부는 긴급 대피령을 발령하였다. 인근 모든 주민들을 대피시켰다. 그런데 화산이 폭발하기는커녕 화산 활동조차 잠잠해 졌다. 약 한 달 후 모든 주민이 집으로 돌아왔다. 그런데 얼마 지나지 않아 다시 화산 활동이 활발해지고, 다시 대피령이 발령되었다. 물론 전 주민이 대피했지만 이번에도 화산 폭발은 발생하지 않았다. 다시 얼마 후, 화산활동이 심각한 양상을 보이고 또 다시 세 번째의 대피령이 발령되었다. 그런데 이때는 아무도 정부의 명령을 따르지 않았다. 결과는 너무나 참혹한 피해로 나타났다. 머피의 법칙처럼, 문제는 꼭 이런 상황에 발생한다.

〈단테스 피크〉라는 영화에서도 그러한 문제점과 영향을 잘 보여준다. 결국 스스로 대피를 판단하게 되는데 이러한 경우에서는 그 판단이 맞지 않을 확률이 훨씬 크다. 만일 어떤 한 사람이 그 판단의 책임을 지게 된다면 그 판단을 유보할 가능성이 커지게 된다. 양치기 소년이 될 가능성이 너무나 크기 때문이다. 우리가 가지고 있는 지식이 매우 제한적이기 때문에 그 예측이 정확할 가능성도 작다. 이러한 불확실성을 줄이기 위해서는 가용한 모든 정보를 모아서 종합적으로 판단을 해야 한다. 특히 많은 경험을 소유한 사람의 판단이 중요하게 고려되게 된다.

만일 영화에서와 같은 상황이 우리나라에서 발생한다면 어떻게 될까? 예를 들어, 한라산을 연구하는 과학자들이 1주일 안에 한라산이 폭발할 것이니 제주도민들을 모두 대피시켜야 한다고 주장한다면 어떻게 될까? 우리나라에서는 누가 이 결정을 하게 될까? 그 결정의 책임은 누가 지게 될까? 이 두 개의 질문만 고려하더라도 우리가 가지고 있는 시스템에 문제가 있음을 판단할 수 있다.

4.4 화산과 관련한 이론적 배경

이상기체방정식

1) 보일의 법칙

영국의 화학자이자 물리학자인 보일Robert Boyle, 1627-91은 1662년에 보일의 법칙을 발견하였다. 보일의 법칙은 기체의 온도가 일정하면 기

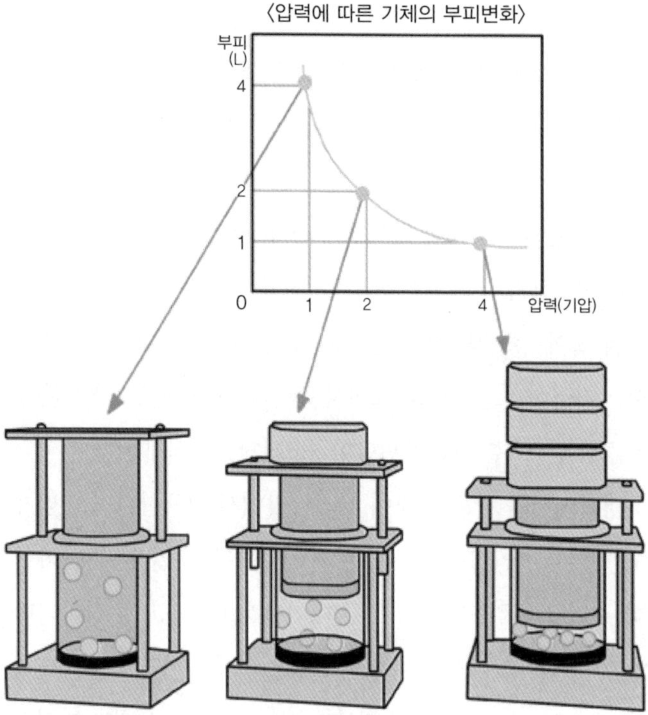

그림 4-11. 보일의 법칙에 나타난 압력과 부피의 관계
출처: 사이언스올, "보일·샤를 법칙(Boyle-Charles' law)". https://www.scienceall.com/보일샤를-법칙boyle-charles-law/

체의 압력과 부피는 서로 반비례한다는 것이다. 좀 더 자세히 말하자면, 닫힌계에서 온도와 질량이 일정한 이상기체가 가지는 압력은 그 기체의 부피에 반비례한다는 법칙이다. 이 법칙을 식으로 표현하면

$$PV = c \tag{4.1}$$

이다. 여기서 P는 기체의 압력, V는 기체의 부피, C는 상수이다. 따라서 기체의 온도를 일정하게 유지하고 압력이 P_1이고 부피가 V_1인 기체의 압력을 P_2로 변화시켰을 때 부피가 V_2로 변화되었다면 $P_1 V_1 = P_2 V_2$의 관계가 성립하게 된다(이종신, 2010).

2) 샤를의 법칙

샤를의 법칙은 프랑스의 과학자인 샤를Jacques Alexandre Cesar Charles, 1746-1823이 발견했다. 샤를의 법칙은 기체의 압력이 일정할 때 기체의 부피가 기체의 절대온도에 비례한다는 것이다. 이를 식으로 표현하면 다음과 같다.

$$\frac{V}{T} = c \qquad (4.2)$$

여기서 V는 부피, T는 절대온도이고 c는 상수이다.

샤를의 법칙은 일정한 압력에서 일정량의 기체의 부피는 온도가 1℃ 높아질 때마다 0℃ 때 부피의 1/273만큼 증가하고, 온도가 1℃ 낮질 때마다 0℃ 때 부피의 1/273만큼 감소한다는 것을 의미한다. 이를 온도와 부피의 그래프로 나타내면 온도 축이 0℃일 때 부피가 0이 되지 않으므로 기체의 부피와 섭씨온도 사이에 비례 관계가 성립하지 않는다. 따라서 −273℃를 0으로 정한 절대온도를 사용한다. 이 공식을 최종적으로 정리한 사람은 프랑스 과학자인 게이뤼삭Joseph Louis Gay-

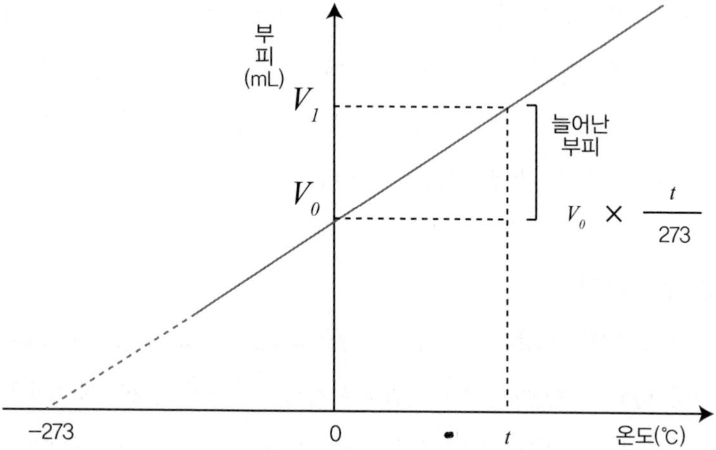

그림 4-12. 샤를의 법칙

Lussac, 1778-1850이다. 이 때문에 사람들은 이 법칙을 샤를–게이뤼삭의 법칙이라고 부르기도 한다(이종신, 2010).

3) 이상기체 방정식

이상기체란 계를 구성하는 입자의 부피가 거의 0이고 입자간 상호 작용이 거의 없어 분자간 위치에너지가 중요하지 않으며 분자간 충돌이 완전탄성충돌인 가상의 기체를 말한다. 이상기체 방정식은 이러한 기체의 상태량(온도, 압력, 부피, 몰수mole數)의 상관관계를 기술하는 방정식이다. 즉, 이상기체의 경우에는 다음 식이 성립한다.

$$PV = nRT \tag{4.3}$$

여기서 n은 몰수, R은 기체 상수이다. 기체 상수 R은 SI단위로 나타내면 $R = 8.3144598\, JK^{-1} mol^{-1}$이다. 이상기체 방정식은 이상기체에만 적용되지만, 실제 기체도 근사하게 이를 따른다. 이상기체 방정식은 고온, 저압의 단원자 기체에서 가장 잘 적용된다.

이상기체는 보일의 법칙과 샤를의 법칙 외에도 아보가드로 법칙을 따른다. 아보가드로의 법칙은 온도와 압력이 일정할 때 기체의 부피는 몰수에 비례한다는 것이다. 아보가드로 법칙은 이탈리아 과학자 아보가드로Amedeo Avogadro, 1776-1886가 발표한 논문에 따라 그의 이름을 붙였다. 아보가드로는 온도와 압력이 같을 때 같은 부피 속에 들어 있는 기체의 분자 수는 기체 종류와 상관없이 모두 같다고 주장했다.

아보가드로의 수는 아인슈타인Albert Einstein, 1879-1955과도 연관이 있다. 브라운Robert Brown, 1773-1858은 꽃가루 입자가 끊임없이 불규칙적인 운동을 한다는 관측을 토대로 '브라운 운동'에 관한 논문을 발표한다. 아인슈타인은 이 브라운 운동을 기체와 액체 속에 있는 분자들의 운동으로 확장하였다. 이 연구에서 아인슈타인은 아보가드로 수를 이론적으로 유도하였다. 그 결과값은 2.1×10^{23}이었는데, 이 값은 현재 측정한 값과 비교해보면 약간의 차이가 있기는 하다. 참고로 프랑스의 물리학자 페랭Jean Baptiste Perrin, 1870-1942은 실험을 통해 이 아보가드로수를 결정하였으며, 그 공로로 1926년에 노벨물리학상을 받았다.

열역학 제1법칙, 제2법칙

1) 열역학 제1법칙

열역학 제1법칙은 에너지 보존 법칙으로도 불린다. 그러나 우리가 홍수재해에서 다뤘던 에너지 보존 법칙과는 하나의 차이가 난다. 그것은 바로 물질이 가지는 에너지(내부에너지)를 고려한다는 점이다. 간단히 자동차를 생각하면 이해하기 쉽다. 자동차는 연료가 있어야 움직인다. 움직인다는 것은 운동에너지를 가지고 있다는 것이다. 이 운동에너지는 연료가 가지고 있는 내부 에너지에서 변형된 것이다. 연료는 자동차 엔진의 실린더 안에서 산소와 결합하여(산화하여) 많은 열을 내며 연소한다. 결국 많은 양의 기체가 발생한다. 생성된 많은 양의 기체는 좁은 실린더 안에서 큰 압력을 만들어 내고, 이 압력으로 실린더를 움직인다. 실린더에 연결된 자동차 바퀴는 이렇게 움직인다. 빨리 가고 싶으면 많은 연료를 실린더에 넣고, 천천히 가고 싶으면 연료를 조금만 넣으면 된다. 연료가 다 떨어지면 자동차는 멈추게 된다.

사람도 이와 다르지 않다. 매일 먹는 밥은 자동차에 연료를 주입하는 것과 같다. 이 연료는 잘 가공되어 포도당의 형태로 혈관을 통해 세포로 전달된다. 각 세포에서 이 포도당이 산소와 결합하여 운동에너지로 사용된다. 이 과정도 역시 산화이다. 자동차와 다른 점은 우리 몸에는 자동차의 엔진에 해당하는 것이 세포 수만큼 있다는 점이다. 자동

그림 4-13. 열역학 제1법칙의 적용 사례들

차의 엔진에 해당하는 우리 몸의 기관은 심장이 아니다. 각 세포이다. 참고로, 심장에 혈액을 공급하는 혈관을 관상동맥이라고 하는데, 이게 막히면 심장 근육 세포에 포도당과 산소 공급이 되지 않는다. 그러면 심장 세포가 죽게 되고 심장의 운동이 멈추게 된다. 심장 마비다. 심장 마비가 오면 우리 몸 전체에 포도당과 산소 공급이 끊기고, 그러면 제일 상하기 쉬운 뇌세포부터 죽는다. 이러면 다시 살아나도 뇌졸중(중풍)의 후유증이 남는다.

자동차와 사람의 또 다른 차이점은 사람에게는 연료 탱크가 따로 없다는 점이다. 먹고 난 후 소화되어 배설하고 나면 혈액 속의 포도당이 모두 없어질 때까지 몇 시간 버티게 된다. 근육에서 조금 저장한다고 하지만 없다고 치자. 그런데 은근히 온몸에 지방의 형태로 에너지가 저장된다. 이 지방은 우리 몸에 최후의 보루이므로 잘 분해되지 않는다. 조금 과장해서 말하면, 인류가 빙하기를 거쳐 오면서 저장이 잘 되는 사람(살이 잘 찌는 사람)은 생존하고 잘 안 되는 사람은 모두 얼어 죽었기 때문에 우리는 크게 노력하지 않아도 살이 잘 찐다. 물만 먹어도 살찌는 사람이 빙하기를 거쳐 살아남았고, 그게 우리들이다. 우리에게 다이어트는 매우 심각하게 어려운 일일 수밖에 없다.

한 국가를 망하게 하는 방법이 여러 가지 있다. 그중의 하나는 돈이 없게 하는 것이고, 또 하나는 물이 없게 하는 것이다. 식량을 없애는 방법도 있다. 또 하나는 에너지를 없게 하는 것이고, 마지막으로 사람을 없게 하는 방법도 있다. 돈이 없으면 나라가 망한다는 것은 IMF 때 알았다. 대규모 기근이 나라를 망하게 한다는 것은 역사에 잘 나타나 있다. 마실 물도, 농사를 지을 물도, 공장을 돌릴 물도 없으면 당연히 나라가 망한다. 에너지가 없어도 나라가 망한다. 우리가 알고 있는 큰 전쟁 중 상당수가 이 에너지를 차지하기 위해 발생했었다. 지금도 진행 중이다. 마지막으로 우리나라의 인구가 줄어 50년 뒤에는 반도 안 남을 거라는 예측도 있다.

이에 대한 대책은 무엇인가? 일단 많이 쌓아 놓는 것이다. 가능하면 지속 가능하도록 만들어 놓는 것이다. 이 '지속 가능하다'는 뜻은 끊임없이 재생산될 수 있도록 만든다는 뜻이다. 돈은 이해가 간다. 어렵지만 투자를 잘하면 된다. 물이 없으면 당연히 나라가 없어진다. 잘 확보될 수 있도록 해야 한다. 식량은 비축도 잘해야 하고, 농지도 잘 보전해야 한다. 에너지도 다양한 형태로 꾸준히 확보해야 한다. 에너지 효율을 높이는 기술의 개발도 꾸준히 지속되어야 한다.

2) 열역학 제2법칙

열역학 제2법칙은 엔트로피entropy 법칙으로 잘 알려진 법칙이다. 간단히 정의하면 '어떤 반응은 총 엔트로피가 감소하지 않는 방향으로 진행한다.'이다. 여기서 반응은 화학적인 반응뿐만 아니라 우리 일상생활에서 발생하는 모든 일이라고 생각하면 된다. 단순히 엔트로피가 아니고 총 엔트로피라고 한 것은 우리의 시야가 특정한 일부분에만 맞춰져서는 안 된다는 의미이다. 부분적으로는 엔트로피가 감소하는 일이 생길 수 있다는 의미이다. 다른 부분에서는 더욱 크게 엔트로피가 증가해서 결국 총 엔트로피를 감소하지 않게 만든다.

이 법칙은 반응의 방향성을 결정해 준다. 이 법칙을 통해 자연적인 과정의 비가역성을 설명할 수 있다. 예를 들어, 물은 높은 곳에서 낮은 곳으로 흐르고, 열에너지는 높은 온도에서 낮은 온도로 이동한다. 물

그림 4-14. 열역학 제2법칙의 적용 사례들

에 떨어트린 잉크는 서서히 전체로 퍼져 나간다. 이에 반해 어떤 사물의 엔트로피를 낮추는 데에는 에너지가 필요하다. 예를 들어, 식은 커피를 다시 뜨겁게 하기 위해서는 에너지가 필요하다. 저절로 뜨거워지지는 않는다. 열역학 제2법칙은 뜨거운 커피가 왜 저절로 식는지, 식었던 커피는 왜 저절로 뜨거워지지 않는지를 설명한다. 인간관계에도 이 엔트로피 법칙을 적용하여 설명하기도 한다. 예를 들어, 좋은 관계란 것은 공짜로 유지되지 않는다. 나름 에너지를 써야만 유지되는 것이다. 이와 같이 열역학 제2법칙이 적용되는 많은 사례를 우리 주변에서 찾아볼 수 있다.

5장 지진

샌 안드레아스San Andreas (2015)

감독 브래드 페이턴
출연 드웨인 존슨(레이먼드 게인스 역), 칼라 구지노(엠마 게인스 역), 알렉산드라 다다리오(블레이크 게인스 역)
줄거리

로런스 교수와 그의 동료 킴은 지진측정기를 발명해 후버댐에서 이를 실험한다. 전자파를 이용해 지진을 측정하던 중 전자파의 수치가 높아지게 된다. 이윽고 후버댐에 지진이 발생하고 킴은 그 자리에서 죽게 된다. 한편 소방대원인 레이먼드(레이)는 딸을 위해 휴가를 냈지만 후버댐에서 발생한 지진 사고에 출동한다. 지진은 여기서 그치지 않고 대재앙으로 이어진다. 레이는 헬리콥터를 타고 전 부인인 엠마를 가까스로 구하게 된다. 이때 레이는 딸에게서 지하주차장에 갇혔다는 전화를 받게 된다. 이들은 샌프란시스코의 가장 높은 빌딩의 옥상에서 만나기로 약속한다. 레이와 엠마는 딸을 구하기 위해 같이 샌프란시스코로 가는 중 샌프란시스코에는 엎친 데 덮친 격으로 쓰나미가 몰려온다. 이 모든 난관을 헤치고 레이와 엠마는 딸 블레이크와 다시 만나게 된다.

그림 5-1. 영화 〈샌 안드레아스〉 포스터

5.1 지진의 정의

지진이란 지하에 강한 충격이 가해지거나, 단층이 미끄러지면서 그 에너지가 방출되어 땅이 흔들리는 현상을 말한다(Bullen et al., 1985; Lay and Wallace, 1995; Lee et al., 2002; Elnashai and Di Sarno, 2008). 다시 말해, 지진은 지구 내부 어딘가에서 급격한 변동이 생겨 그 힘으로 생긴 파동, 즉 지진파가 지표면까지 전해져 지반을 진동시키는 것이다. 보통 지진이라고 하면 자연지진을 생각하지만, 인공지진도 있다. 핵실험이나 대규모 폭발 등으로 지반이 흔들리는 것이 바로 인공지진이다. 북한에서 핵실험을 어디서 했는지, 어느 정도의 규모로 했는지도 관측된 지진파를 분석하여 추정하게 된다.

일반적으로 지진은 넓은 지역에서 거의 동시에 느껴진다. 이때 각 지역의 흔들림의 정도, 즉 진도를 조사해 보면 지진이 발생한 땅속 바로 위의 지표, 즉 진앙에서 흔들림이 가장 세고 그곳으로부터 멀어지면서 약하게 된다(Stein and Wysession, 2009). 지진이 발생한 지역에서 상당히 멀리 떨어진 곳에서는 지진 자체를 느끼지 못 하게 된다. 결국 지진파가 전달되는 것은 마치 저수지에 돌을 던졌을 때 물결(수면파)이 사방으로 퍼지는 것, 종을 쳤을 때 소리(음파)가 사방으로 울려 퍼지는 것과 같다.

그림 5-2. 1985년 멕시코시티 지진

지진의 발생원인

암석은 힘을 받았을 때 그 반응으로 보통 두 가지 유동학적인 움직임을 갖는다. 하나는 연성ductile 변형이고, 나머지 하나는 취성brittle 변형이다. 연성 변형은 마치 플라스틱처럼 그 형태가 변형되는 것을 의미하고, 취성 변형은 부러져 버리는 것과 같다. 암석의 경우에도 온도와 압력이 높은 경우에는 연성 변형이 가능하다. 주로 높은 압력과 높은 온도 조건의 지구 내부에서는 암석의 연성 변형이 발생한다. 그러나 지구 겉 부분 수십 킬로미터까지는 이러한 조건이 만족되기 어려우므로 취성 변형이 대부분이다. 즉, 힘을 가했을 때 암석은 부서지거나 금이

가는 등의 변화를 보인다.

암석에 강력한 힘이 가해지면 암석이 취성 변형을 해야 하는데, 문제는 땅속이 암석으로 가득 차 있기 때문에 빈틈이 거의 없다는 점이다. 이런 이유로 지하의 암석은 구부러지거나(습곡) 절단면 즉, 단층을 만들어낸다. 여기에 힘이 더 가해지면 구부러진 암석이 새로운 절단면을 만들 수도 있고, 또는 이미 만들어진 절단면을 따라 움직일 수도 있다. 이러한 움직임은 서서히 발생되기도 하고 순간적으로 발생되기도 한다. 특히 순간적인 큰 움직임으로 인해 큰 파동 에너지가 만들어져 사방으로 전파되는데 이것이 지진이다. 지진이 발생하면 그 지속 기간은 매우 짧다. 보통 1분 정도 진동하며 길어도 5분을 넘기지 않는 것으로 알려져 있다. 1985년 멕시코시티 지진의 경우에는 3분 20초간 진동하였다.

지진파의 전달

지진이 발생할 때 단 한 번 진동이 발생하는 것은 아니다. 주변 지층에 작용한 힘이 해소될 때까지 연속적으로 작은 지진이 발생한다. 이 때 발생한 크고 작은 지진들 중 가장 강력한 지진을 본진main shock이라고 한다. 본진이 일어나기 전 발생한 초기 지진을 전진foreshock, 본진이 일어난 뒤 산발적으로 일어나는 작은 지진을 여진aftershock이라고 칭한다. 여진의 발생 횟수는 본진의 규모에 비례하는 경향이 있다.

지진이 발생한 땅속의 지점을 진원hypocenter, 진원에서 수직으로 올라오면 도달하는 표면 위 지점을 진앙epicenter이라고 한다. 따라서 지진이 발생하면 가장 먼저 영향을 받는 지역이 진앙이고, 다음으로 진원으로부터 구형으로 뻗어 나간 파동이 주변 지표로 전달되는 형상이 된다.

지진이 일어났을 때 발생하는 파동을 지진파라고 한다. 지진파는 P파(primary파)에서 S파(secondary파), L파(Love파), R파(Rayleigh파) 순으로 전달되며, 이중 P파, S파는 실체파, L파와 R파는 표면파라고 부른다(Frohlich, 2006; 김소구, 2010). 보통 S파가 도착한 때부터 큰 피해가 일어난다. P파가 도착한 시점부터 S파가 도착하기까지 걸리는 시간을 PS시라고 하며, 이 PS시를 측정해서 진원의 위치를 추정할 수 있다(정기현 외, 2017).

지진의 규모와 진도

많은 사람이 '규모'와 '진도'를 혼동하는데, 엄연히 다른 것이다. 규모magnitude는 절대적인 세기의 척도이며 지진에너지 측정을 통해 계산된다. 흔히 말하는 'M5.8의 지진' 같은 말은 이 규모M값을 말하는 것이다. 이 값은 지진이 방출하는 에너지 관점에서 매긴 값인데, 예전에는 미국의 지진학자 찰스 릭터Charles Francis Richter, 1900-85가 1935년에 만든 릭터(독일식으로 '리히터'로 쓰기도 한다) 규모가 쓰였다. 요즘은 모멘트 규모라 불리는 신형(1979년 개발)을 주로 사용하지만 약한 지진에 대해서는 릭터 규모가 여전히 쓰인다. 릭터 규모나 모멘트 규모 모두 수치 1 증가할 때마다 지진에너지는 약 32배 증가한다. 또한 릭터 규모 수치 1이 증가할 때마다 진폭은 10배 증가한다.

진도intensity scale는 특정 장소에서 느껴지는 상대적인 세기의 척도를 나타내는 것이다. 관측자인 '자신'이 기준이기에 거리가 멀수록 약하게 측정되는 경향을 보인다. 단, 지반 등의 차이로 인해 상대적으로 거리가 멀어도 진도가 더 높게 측정되기도 한다. 다음은 기상청에서 제공하는 진도(수정 메르칼리 진도)의 기준이다.

표 5-1. 진도에 따른 상황

진도	상황
1	미세한 진동. 특수한 조건에서 극히 소수가 느낌.
2	실내에서 극히 소수 느낌.
3	실내에서 소수 느낌. 매달린 물체가 약하게 움직임.
4	실내에서 다수 느낌. 실외에서는 감지하지 못함.
5	건물 전체가 흔들림. 물체의 파손, 뒤집힘, 추락. 가벼운 물체의 위치 이동.
6	똑바로 걷기 어려움. 약한 건물의 회벽이 떨어지거나 금이 감. 무거운 물체의 이동 또는 뒤집힘.
7	서 있기 곤란함. 운전 중에도 지진을 느낌. 회벽이 무너지고 느슨한 적재물과 담장이 무너짐.
8	차량운전 곤란. 일부 건물 붕괴. 사면이나 지표의 균열. 탑, 굴뚝 등의 구조물 붕괴.
9	견고한 건물의 피해가 심하거나 붕괴. 지표의 균열이 발생하고 지하 파이프관 등의 지하 시설물 파손.
10	대다수 견고한 건물과 구조물 파괴. 지표균열, 대규모 사태, 아스팔트 균열.
11	철로가 심하게 휨. 구조물 거의 파괴. 지하 파이프관 작동 불가능.
12	지면이 파도 형태로 움직임. 물체가 공중으로 튀어오름.

세계의 주요 지진

일본 관동대지진은 1923년 9월 1일에 간토 지방에서 일어난 대지진이

그림 5-3. 일본 간토대지진으로 폐허가 된 지역

출처: "The story of the NEC brand, the ruler of the semicircular industry"(The devastating effects of the earthquake on the Yokohama region)
https://pampa.ir/1399/01/16/داستان-برند-nec،-فرمانروای-سال%E2%80%8Cهای-دور-ص/

다(Ishigaki et al., 2013). 이 지진은 5분 간격으로 총 3차례 발생했다. 본진에 해당하는 첫 번째 지진은 M7.8이었으며, 두 차례 발생한 여진의 규모도 각각 M7.3, M7.2로 본진과 거의 차이가 없었다. 이 지진으로 14만 2천 명 가량이 사망했으며, 실종자도 3만 7천 명에 달했다. 이에 정부 조직은 마비되었고 내무성은 계엄령을 선포했다. 그런데 이때 내무성에 "재난을 틈타 이득을 취하려는 무리들이 있다. 조선인들이 방화와 폭탄에 의한 테러, 강도 등을 획책하고 있으니 주의하라"라는 보고가 들어왔다. 이 내용은 더욱더 과격해져 "조선인들이 폭도로 돌변

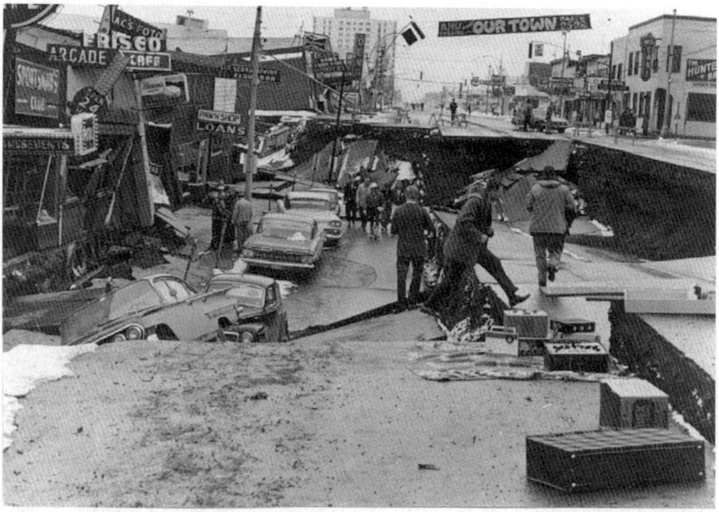

그림 5-4. 알래스카 대지진의 피해 모습
출처: U.S. Army, "Damage to Fourth Avenue, Anchorage, Alaska, caused by the Good Friday Earthquake."
https://commons.wikimedia.org/wiki/File:AlaskaQuake-FourthAve.jpg

해 우물에 독을 풀고 방화·약탈을 하며 일본인들을 습격하고 있다"라는 소문으로 이어졌다. 이어 일본인들은 조선인들에 대한 강한 적개심을 가졌고 조선인을 가차없이 살해하기 시작했다. 이로 인해 수천 명의 조선인이 희생당했다.

알래스카 대지진은 1964년 3월 27일 금요일 오후 5시 37분 일어났다(Plafker, 1965). 지진은 남중부의 알래스카를 가로질러 긴 틈을 만들었고, 주변의 건물들을 무너트렸다. 지진이 발생한 후 주변 지역에 8m 이상의 거대한 쓰나미가 발생했다. 보통 지진은 1분 정도 지속되는데,

그림 5-5. 대만 921 대지진의 피해 모습
출처: Rahul Sharma, "1999 Jiji earthquake."
http://1.bp.blogspot.com/-j7nBu2wOqss/UJibjtj9a0I/AAAAAAAAJrI/nZAGCocVhgw/s640/quake.jpg

이 지진은 약 5분 동안 계속되었다. 이 지진의 규모는 9.2, 진도는 8.4로 미국과 북미 역사에 있어 가장 강력한 지진으로 기록되었다. 알래스카의 인구밀도가 낮아 지진의 규모에 비해 인명피해는 상대적으로 적었다.

1999년 대만에서 발생한 지진은 921 대지진이라고 불린다. 이 지진은 대만 중부 난터우에서 일어났으며 규모 7.3의 강도를 기록했다(Ma et al., 1999). 20세기 대만에서 일어난 지진 중 가장 큰 지진이었다. 2천 4백여 명이 사망하고 만여 명이 넘는 사람이 부상당했다. 당시 100억 달러에 달하는 재산피해를 입었다고 알려졌다. 이 지진은 대만의 유명한

그림 5-6. 수마트라 대지진으로 발생한 쓰나미의 피해
출처: Sabay News, "The world's deadliest earthquake since 2000(영어 번역됨)"(Two days after the 2004 Indonesian earthquake(영어 번역됨)), 2015. 4. 27. https://news.sabay.com.kh/article/348272

영화 〈그 시절, 우리가 좋아했던 소녀〉에서도 묘사되었다.

수마트라 대지진은 2004년 12월 26일 인도네시아 수마트라섬 인근에서 발생했다(Wang and Liu, 2006). 이 지진은 초대형 해저 지진으로 20세기와 21세기를 통틀어 세계 역사상 2번째로 큰 지진이다. 지진의 규모는 M9.3이었으며 사망자의 대부분은 해저 지진으로 인한 쓰나미에 의해 발생하였다. 이 사건으로 30만 명 이상이 사망하였고, 5만 명 이상이 실종되었다. 난민의 수도 169만 명에 달했다. 수마트라 대지진이 다른 지진에 비해 피해가 컸던 이유는 인도네시아가 평소 지진이나 쓰나미 등에 대한 대비가 허술하였기 때문이다. 또한, 크리스마스에 휴가

그림 5-7. 샌프란시스코 대지진으로 발생한 피해 모습
출처: National Archives Catalog, "San Francisco Earthquake of 1906: Ruins in vicinity of Post and Grant Avenue. Looking northeast," ca. 4/1906. https://catalog.archives.gov/id/524396

를 보내러 온 외국인도 많았기 때문에 더욱 큰 인명피해가 발생하였다.

샌프란시스코 대지진은 1906년 4월 18일 새벽 5시 12분에 발생했다. 원인은 샌 안드레아스 단층으로 1,300km에 달하는 단층 중 약 450km가 넘는 단층 일부가 최대 6m까지 어긋나며 발생했다(Ellsworth et al., 1981). 규모는 7.9로 최소 3,000여 명이 희생되었으며, 샌프란시스코의 80%가 파괴되었다. 지진의 충격뿐만 아니라, 화재로 인한 피해도 심각했다. 실제로 건물 피해의 90%는 지진으로 발생한 화재에 의한 것으로 추정되었다. 샌프란시스코의 충격이 가장 유명하긴 하지만, 인근 도시에도 상당한 손실을 남겼다. 이러한 도시들 중에는 새너제이와 샌

그림 5-8. 경주 지진으로 파괴된 집
출처: 도성민, 〈경주 특별재난지역 선포...'양산단층' 활성화 논란〉, *VOA Korea*, 2016. 9. 21. https://www.voakorea.com/korea/korea-politics/3518565

타로자가 있는데, 지진 여파로 도심 전체가 아예 파괴되었다.

1978년 지진 관측이 시작된 후, 한반도에서 일어난 최대 규모의 지진은 2016년 경주에서 발생한 지진이다(오상훈·신승훈, 2016). 당일 규모 5 이상의 강진이 두 차례나 발생했다. 이 지진으로 경주는 물론 전국에서 진동을 느꼈으며, 일본 나가사키와 후쿠오카에서도 이 진동을 감지했다. 다행스럽게도 사망자는 없었지만 부상자는 23명으로 기록되었다.

그림 5-9. 긴급대피장소로 이동한 포항시민
출처: 윤관식, 〈[화보] 포항 지진 발생 2일째 표정〉, 《경북일보》, 2017. 11. 16.
http://www.kyongbuk.co.kr/news/galleryView.html?idxno=1009657

2017년에는 포항에서도 지진이 발생했다. 경상북도 포항시 북구 북쪽 7.5km 지역에서 발생한 이 지진의 규모는 M5.4였다(이철호 외, 2018). 포항지진을 조사한 정부 조사단은 인근 지열발전소의 실증연구에 따른 촉발지진이라고 발표하기도 했으나, 아직 단정하기는 어렵다. 이 지진으로 건물 외벽이 무너지고 건물이 기울어졌다. 경북 지역에서도 최대 진도 VI이 기록되었고, 강원, 경남, 대구, 부산, 울산, 충북 지역에서도 진도 IV의 진동이 감지되었다. 총 92명의 부상자와 1,797명의 이재민이 발생했으며, 재산 피해도 약 672억 원에 달했다.

다음 표 5-2는 국가별로 최강의 규모를 가졌던 지진의 목록을 정리한 표이다. 의외의 나라에서도 지진이 자주 발생했음을 알 수 있다. 이 표에서 보듯 지구상에서 지진으로부터 안전한 지역은 없다는 것을 알 수 있다.

표 5-2. 국가별 최대 규모 지진

국가명	최대 규모 (M)	최대 진도	발생 일자	발생 지역
아프가니스탄	8.1	VII	1909. 7. 7.	아프가니스탄 바다흐샨주
알제리	7.1	X	1980. 10. 10.	알제리 엘 애스남
남극 대륙	8.1	-	1998. 3. 25.	-
아르메니아	7.0	X	1988. 12. 7.	아르메니아 스피탁
아르헨티나	8.0	IX	1894. 10. 27.	아르헨티나 산후안
방글라데시	8.8	XI	1762. 4. 2.	방글라데시 아라칸
볼리비아	8.2	-	1994. 6. 9.	볼리비아 라파스 200km 지역(심발)
브라질	7.6	-	1963. 11. 9.	브라질-페루 경계 지역(심발)
불가리아	7.2	X	1904. 4. 4.	불가리아 발치크
캐나다	8.7-9.2	-	1700. 1. 26.	캐나다 서부 해안, 캐스캐디아
칠레	9.4-9.6	XII	1960. 5. 22.	칠레 발디비아
중국	8.6	XI	1950. 8. 15.	중국 티베트-인도 아삼 경계 지역
콜롬비아	8.8	-	1906. 1. 31.	콜롬비아-페루 경계 지역
코스타리카	7.7	IX	1991. 4. 22.	코스타리카 리몬
쿠바	7.5-7.9	IX	1766. 6. 11.	쿠바 산티아고데쿠바
키프로스	7.0	IX	1222. 5. 11.	키프로스 파포스(수도직하 지진)
도미니카 공화국	8.1	IX	1946. 8. 4.	도미니카 공화국 사마나
에콰도르	8.8	IX	1906. 1. 31.	에콰도르 에스메랄다스 서쪽 해역
이집트	7.3	VIII	1995. 11. 22.	이집트 아카바만
엘살바도르	8.0	-	1862. 12. 19.	-
그리스	8.5+	XI	365. 7. 21.	그리스 크레타섬 부근
괌	7.8	-	1993. 8. 8.	-

과테말라	7.7	-	1942. 8. 6.	과테말라 남부 해안
아이티	8.1		1842. 5. 7.	아이티 카프아이시앵
온두라스	7.3		2009. 5. 28.	-
인도	8.6	XI	1950. 8. 15.	중국 티베트-인도 아삼 경계 지역
인도네시아	9.3	IX	2004. 12. 26.	인도네시아 수마트라섬 서부 해안
이란	7.9	X	856. 12. 22.	이란 담간
이탈리아	7.4	XI	1693. 1. 11.	이탈리아 시칠리아섬 해안
일본	9.1	IX	2011. 3. 11.	일본 미야기현 먼바다
카자흐스탄	7.7	X	1911. 1. 3.	카자흐스탄-키르기스스탄 경계 지역
마케도니아	7.5	XII	518. 7. 22.	마케도니아 스코페
뉴질랜드	8.3	-	1855. 1. 23.	뉴질랜드 와이라라파
북한	7.7-8.0 이상	VIII	1597. 10. 6.	함경남도 삼수군 백두산 부근
대한민국	7.5	VIII-IX	1681. 6. 26.	강원도 양양군-강릉시 앞바다
포르투갈	8.7	XI	1755. 11. 1.	포르투갈 리스본 먼바다
러시아	9.0	XI	1952. 11. 4.	러시아 세베로쿠릴스크
필리핀	7.9	XI	1976. 8. 16.	필리핀 민다나오섬
대만	7.7	X	1999. 9. 21.	대만 난터우
터키	7.8	XII	1939. 12. 27.	터키 에르진잔
미국	9.2	XI	1964. 3. 27.	미국 알래스카 앵커리지
멕시코	8.1	IX	2017. 9. 8.	멕시코 푸에블라 일대

5.2 지진의 전파

지진 에너지의 원천

지진은 지각의 거대한 움직임이고, 여기에는 엄청난 에너지가 필요한데, 이 에너지는 과연 어디에서 오는 것일까? 답부터 말하자면 지구 내부에너지다. 지구상의 생물들과 대기가 태양에너지를 원천으로 삼아 움직이는 것과 달리, 지진과 화산 등 지각 활동은 지구 내부에너지를 에너지의 원천으로 한다(김소구, 2008).

지진에는 많은 종류가 있지만, 흔히 생각하는 자연재해로서의 지진의 에너지원은 판구조론에 따른 지각의 움직임이다. 지구는 여러 층으로 구성되어 있는데, 그 최상층은 고체층으로, 암석권이라고 부른다. 나머지 층은 모두 액체이다. 암석권은 판상(판 모양)의 덩어리 여러 개로 구성되어 있다. 판 구조론은 이러한 특성에서 기인한 명칭이다. 두께를 고려하면 이 암석권은 달걀 껍데기보다 못한 수준이다. 이 암석권 표면에 우리가 살고 있다.

암석권 아래에는 맨틀이 있다. 이 맨틀은 대류를 하고 있는데, 이로 인해 암석권을 구성하는 십수 개의 판들이 서로 다른 방향으로 움직이고 있다. 이러한 움직임이 직접 지진을 일으키기도 하고 다른 형태의 지진 에너지원을 제공하기도 한다. 판을 움직이는 힘은 다양한 형태로 나타나는데, 침강 지역에서 판이 암석권 밑의 상부 맨틀에 비해 차고 무겁기 때문에 이를 뚫고 들어가려는 힘, 상부 맨틀 밑에서 판이 상승하여 분리되거나 좌우로 넓어지려는 힘, 지구 내부의 열 대류에 의해 상부 맨틀이 판의 밑 부분을 끌고 이동하는 힘 등이라고 생각할 수 있다. 그러나 이것들이 어느 정도의 비율로 작용하는지는 정확히 알기 어렵다.

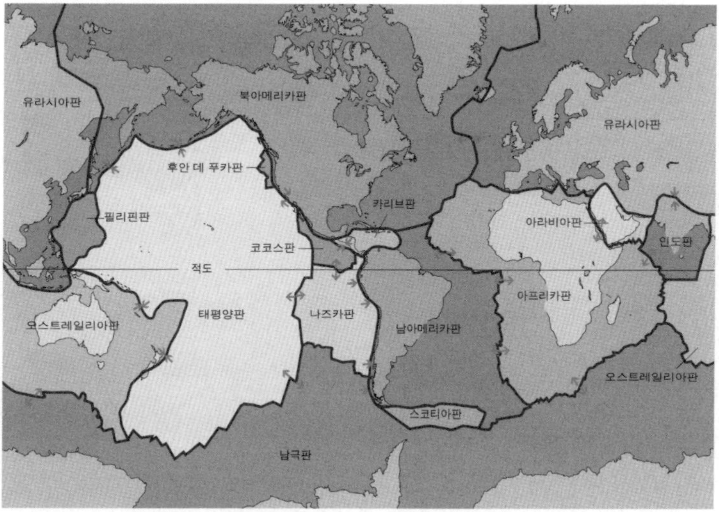

그림 5-10. 암석권을 구성하는 여러 판들

출처: United States Geological Survey(USGS), 한국어 번역됨.
https://commons.wikimedia.org/wiki/File:Plates_tect2_ko.svg

지진의 발생

지진 발생의 원리로 탄성 반발elastic rebound이라는 것이 자주 언급된다. 이 이론은 1906년 캘리포니아 대지진이 발생했을 때, 레이드Harry Fielding Reid, 1859-1944가 샌앤드레이어스 단층을 조사하여 지진의 원인을 고찰한 것이다. 이는 지면에 기존의 단층이 존재한다고 가정하고 이 단층에 가해지고 있는 힘(탄성력)에 어느 부분이 견딜 수 없게 되는 순간(임계점을 넘음) 급격한 파열을 일으켜 지진이 발생한다는 설명이다. 이 이론의 핵심은 다음과 같다.

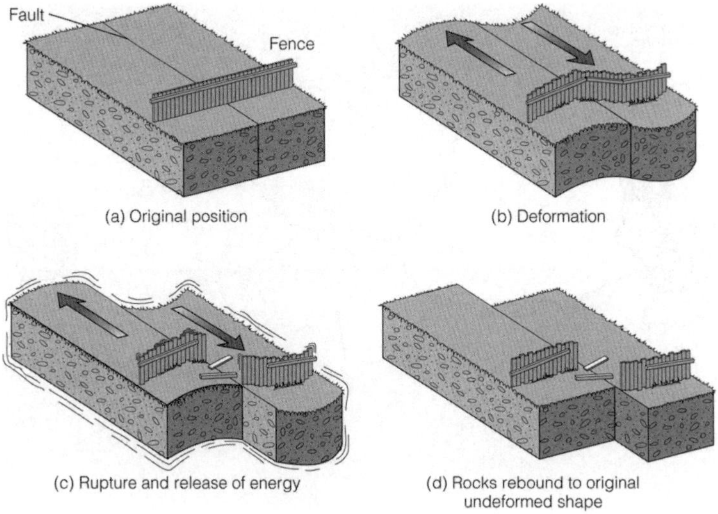

그림 5-11. 판의 움직임에 따른 지진의 발생
출처: ⓒ Brooks/Cole Thomson 2006.

장기간에 걸쳐 지각의 일부에 응력(단위 면적당의 힘)이 가해져 변형이 축적된다. 누적된 응력이 암석의 강도 한계를 넘게 되면 파쇄가 일어나며, 변형을 해소하고 변위가 발생하며 지진이 발생한다(Elnashai and Di Sarno, 2008). 지진 발생 시, 파쇄 전 암석의 양쪽은 변형이 없는 위치로 튕겨 가고 이 운동은 파쇄부에서 멀어질수록 감소한다. 지진에 의한 진동은 처음엔 파쇄면의 작은 면적에서 시작되며 이 면적은 곧 빠른 속도로 팽창해 나간다. 파쇄와 이에 수반하는 진동이 맨 처음 시작되는 지각 내의 한 점을 진원이라 부른다. 지진 발생 시 방출된 에너지는 파쇄되기 직전 변형된 암석의 탄성 에너지이다.

즉, 주변에 가해지는 응력장이 있다면, 암석은 이 응력장에 의해 조금씩 변형된다. 그렇지만 암석의 탄성 한계 이상의 힘이 가해진다면 암석은 변형된 상태를 해소하고, 이때 누적되어 있던 탄성 에너지가 파동 에너지로 변형되어 나오는 셈이다. 위 용어들을 일상생활에서 볼 수 있는 현상에 비유하자면 다음과 같다. 나무젓가락을 구부리면(응력) 처음에야 조금 휘어지면서(변형) 그 응력을 버티지만, 힘을 더 가하게 되면(강도 한계를 지나침) 나무젓가락이 완전히 부러지면서(파쇄) 주변에 소리와 나무젓가락의 떨림으로 탄성 에너지가 변환되고 나무젓가락은 변형을 해소하는 곳(즉, 변형이 0이 되는 새로운 위치)으로 움직인다(변위).

지진의 전파

지진파란 지진에 의해 발생하는 파동을 말한다. 지진이 발생하면 여러 종류의 지진파가 발생하는데, 크게 실체파(實體派)와 표면파(表面波)로 나눌 수 있고, 실체파는 'P'primary파와 'S'secondary파, 표면파는 'L'Love파와 'R'Rayleigh파가 있다(Frohilich, 2006; 김소구, 2010). 지진파는 P파에서 S파, L파, R파순으로 전달된다.

실체파 중 P파는 종파이며, 고체·액체·기체 상태의 물질을 통과한다. 속도는 7–8km/s 로 비교적 빠르지만 진폭이 작아 피해가 작다. 지구 내부의 모든 부분을 통과한다. S파는 횡파이며, 고체 상태의 물

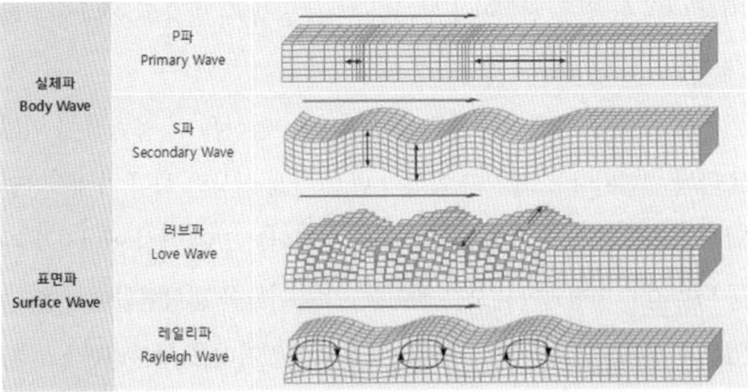

그림 5-12. 지진파의 비교
출처: 국가지진종합정보시스템

질만 통과한다. 속도는 3–4km/s로 비교적 느리지만 진폭이 커 피해가 크다. 지구 내부의 핵은 통과하지 못한다. P파와 S파의 속도 차이를 이용하여 PS시를 만들어 진앙과 진원까지의 거리를 구할 수 있다. 이 PS시가 길수록 진원과 진앙까지의 거리가 먼 것이다. P파와 S파의 다른 특성은 지구의 층상 구조를 파악하는데 많은 기여를 하였다.

지표면을 따라 전달되는 지진파인 표면파는 그 속도가 2–3km/s로 느리다. 그러나 통과하는 매질이 지표면이어서 진폭이 크고 따라서 피해도 크다. L파는 러브Augustus Edward Hough Love, 1863-1940가 1911년경 처음으로 유도하였다. L파는 지각 두께 연구에 자주 이용된다. R파는 1885년 존 레일리John Rayleigh, 1842-1919가 처음 이론적으로 유도

그림 5-13. 액상화로 인해 마치 물처럼 출렁이는 지반
출처: Subur Anugerah, "Shows Liquefaction Process In Palu, Indonesia"(https://youtu.be/iqyLXsw3w1k)

하였다. 레일리파를 통해 횡파의 속도분포를 구할 수 있다.

지진과 액상화 현상

규모가 큰 강진이 일어나거나 연약 지반, 간척지, 해안 지역 또는 지하수 등 수맥이 지나가는 진앙 부근에는 액상화liquefaction 현상이 일어날 수 있다(Seed and Idriss, 1967). 말 그대로 지반이 액체 상태처럼 되는 것이다. 특히 수분을 다수 머금고 있는 토양이나 지하수가 풍부한 지층의 경우 지진 시 그 수압이 급격히 높아져 흙탕물이 분출하게 되며, 물에 돌이 가라앉는 것처럼 지반은 상대적으로 침하한다. 그냥 물이

솟아나는 신기한 현상이 아니라, 심각한 경우 지반이 물침대처럼 출렁거리는 것도 가능할 수 있다.

액상화는 지진성 재난 중 가장 무서운 현상이다. 진앙 부근의 땅이 물처럼 유동적으로 변하여 지층이 이동하고, 수직적 진동을 일으켜 건물, 도로 기타 사회기반시설을 초토화시킨다. 특히 지하 매설된 수도관, 가스관, 송전선, 통신망 같은 공급시설이 파괴되기 쉽다. 일본에서 전선을 매립하지 않고 아직도 전봇대와 송전탑을 세우는 이유가 바로 이것 때문이다.

1985년 멕시코시티 대지진은 액상화 현상이 본격적으로 연구되는 계기를 마련했다. 멕시코 시티는 원래 호수였던 땅을 매립해서 만든 계획도시로, 지층에 수분이 많아 액상화에 굉장히 취약했다. 고베 대지진 때도 이 현상이 일어나 큰 피해를 줬다. 2017년 포항 지진에서도 액상화 흔적이 발견되었다.

5.3 지진과 관련한 속설과 지진으로 인한 재해의 예방

지진과 관련된 속설들은 사실일까?

지진이 일어나기 전에는 어떤 전조 현상들이 나타난다는 속설이 있는데 대표적으로 '동물들이 이상행동을 보인다', '안 잡히던 심해어들이 잡힌다' 등이다. 이런 현상을 이용해 지진을 예측하는 시스템을 만들려는 노력도 일부 있지만, 과학적 근거는 아직 빈약하다. 예를 들어, 동물

그림 5-14. 비둘기 무리의 갑작스러운 이동
출처: 조행만, 〈지진 발생 전에 나타나는 괴현상들〉, 《사이언스타임즈》, 2014. 1. 9.
https://www.sciencetimes.co.kr/news/지진-발생-전에-나타나는-괴현상들/

은 사람보다 예민한 감각을 가지고 있기 때문에 지각의 떨림을 미리 감지할 수 있다는 의견이 있다. 일견 일리 있는 것처럼 들리기는 하나, 이는 단순히 사람의 감각능력과의 비교일 경우에만 그렇다. 이 의견이 사실이라면 동물의 감각 능력보다 우월한 계측기가 이를 대체할 수 있을 것이기 때문이다. 지진이 많은 일본에서도 심해어들의 출현과 지진의 발생은 상관관계가 작은 것으로 알려져 있다.

지진이 일어날 때 진도 5 이상에서만 보이는 '지진광'이라는 게 있다. 보통 하얀색이나 파란색으로 보이지만 다른 색이 나오기도 한다. 오로라처럼 보인다는 말도 있지만 특정한 유형이 있는 것은 아닌 것으

그림 5-15. 일본 나가노 지역의 지진광

출처: meshiumanet, 〈2011/4/7深夜の宮城沖地震発生時に仙台で観測された謎の光拡大処理版〉, https://www.youtube.com/watch?v=5qcLSX6IkIE

로 알려져 있다. 그 원리는 2014년에서야 밝혀졌는데, 지각이 강한 압력으로 변형되면서 원자의 재배열이 발생하고, 이 때 튕겨 나온 '정공(전자가 부족한 공간)'이 지표면까지 올라와서 대기 중의 전자와 접촉하면 섬광이 발생한다는 것이다. 이러한 지진광을 통하여 지진을 조기 감지하는 기술도 연구되고 있다고 한다.

지진이 일어날 때 굉음이 발생하는 경우도 있다고 한다. 진원에서 발생한 파동은 지표면에 도달하면 음파의 형태로 대기 중으로도 전파되지만, 초저주파의 형태이기 때문에 일반적으로 사람의 가청 주파수에는 해당하지 않는다. 하지만 지층이 화강암과 같이 단단한 성분으로

그림 5-16. 포항 지열발전소의 지진 영향
출처: 민정혜, 〈포항 지진 인재 판정, 보험사 구상권 청구 가능성 '반반'〉, 《뉴스1》, 2019. 3. 22.
https://www.news1.kr/articles/?3577776

이루어져 있으면 상대적으로 높은 주파수의 파동이 발생하여, 땅이 깨지는 소리가 대기 중으로까지 전파될 수 있다. 지층의 주성분이 화강암인 우리나라에서 이러한 현상이 자주 발생한다고 알려져 있다. 2016년 경주 지진에서도 이런 굉음이 발생했다고 한다.

지진이 일어나면 땅이 위아래로 흔들리고, 땅이 쩍쩍 갈라진다고 생각하는 경향이 있다. 이는 상당부분 영화에 나오는 장면들에서 기인한다. 이 내용은 반은 맞고 반은 틀리다. 땅이 위아래로 흔들리는 건 P파가 아닌 S파와 L파 등의 영향인데, 사람이 느낄 정도로 위아래로 크게 흔들릴 정도면 상당히 강한 규모의 지진이어야 된다. 실제 관측되는 지진 중 대부분은 진원지에서 어느 정도 거리가 있는 이상 상하가 아닌 좌우로 흔들리는 경우가 많은 편이다. 그리고 땅이 쩍쩍 갈라지는 상황도 전혀 없는 건 아니지만, 지진의 규모와 지질 등의 변수도 많아 단정하기는 어렵다.

최근 지열발전 시설이 지진을 일으켰다는 주장이 힘을 얻고 있다. 그러나 이것 역시 100% 확인된 것은 아니다. 연관성이 전혀 없지는 않다는 측면에서 연구가 활발하다. 지각 깊은 부분을 직접 건드리는 행위이니만큼 지진에 영향을 줄 수는 있다는 측면에서 가능하기는 하나 확실한 정설은 아니다. 2017년 포항 지진도 포항지열발전소가 원인일 수 있다는 논문이 발표된 바 있다(라홍우, 2019).

마지막으로, 지진은 판의 경계와 지진대에서만 일어난다는 믿음이 있다. 상당히 과학적으로 보이기는 하지만, 이는 사실이 아니다. 판의 내부에서도 충분히 발생할 수 있다. 한반도의 경우도 지진대와 판의 경계에서 멀리 떨어져 있음에도 불구하고 지진이 일어난다. 판 내부 지진을 설명하는 대표적인 예 중 하나가 탄성반발설이다. 이는 지층에 횡압력 등이 탄성에너지 형태로 축적되다가 어느 순간 단층이 형성되면서 탄성에너지가 파동의 형태로 퍼져나가 지진이 일어나게 된다는 이론이다. 2016년 경주 지진도 이와 같은 이유에서 발생한 지진이라고 알려져 있다.

지진 발생 시 대처 요령

지진을 느끼면, 가장 중요한 것은 당황하지 않고, 침착해야 한다는 것이다. 실제 지진이 발생하면 도움을 받기가 매우 어렵다. 시스템이 잘 갖추어진 일본의 경우에도 외부에서 구조 인력이 오는 데 최소 3일이 걸린다고 알려져 있다. 즉, 부상을 당하게 되면 생존할 확률이 매우 낮아진다는 것을 기억해야 한다. 무엇보다 본인의 안전을 지키는 것이 중요하다.

집안에서 지진을 느꼈을 경우 해야 할 행동의 순서는 첫째, 탁자와 같이 단단한 천장이 있는 가구 밑에 숨어 특히 머리를 보호해야 한다. 할 수 있다면 건물이 틀어져 문이 열리지 않을 수 있으므로 현관문을 열어 탈출구를 확보하는 것도 중요하다. 특히 우리나라의 아파트는 철근 콘크리트 건물에 철문으로 대문을 사용하고 있어, 문이 뒤틀리면 열기 쉽지 않다. 지진이 멎은 후에는 공터나 운동장 등의 대피소로 즉시 이동한다. 지진이 발생하면 커다란 공포심이 느껴진다고 하는데, 이 때 무섭다고 무작정 건물 바깥으로 튀어 나가는 행동은 자살행위에 비유될 정도로 위험하다. 지진이 일어나는 동안에는 건물 간판이나 고층의 유리창이 떨어질 수 있어 이러한 낙하물에 다칠 가능성이 매우 크다.

지진이 일어나면 화재 등 2차 사고를 막기 위해 전기와 가스를 차단하는 게 좋다. 그러나 지진 중에는 이렇게 대처하기 쉽지 않다. 지진은 길어봤자 2분 정도 지속되므로 전기와 가스는 지진이 잠시 소강상태일 때 차단해도 좋다. 일본의 지진 대비 매뉴얼에서도 일단 대피한 후 나중에 할 수 있으면 차단하는 것을 권고하고 있다. 상황이 여의치 않으면 그대로 놓고 탈출해야 한다. 무엇보다 빠르게 탈출하는 게 중요하다. 이 때 엘리베이터를 이용하는 것은 물론 금물이다.

외부로 탈출했는데 마땅히 피신할 넓은 공터가 없다면 지하철역으로 가는 게 좋다. 서울 지하철은 웬만한 지진에 견딜 수 있을 정도로 튼튼하게 설계되어 있다. 물론 정전되거나, 정전 후 복구 과정에서 화재가 발생할 수 있기는 하지만, 도심지에서는 이보다 좋은 대피 장소를 찾기 쉽지 않다.

지진 피해의 예방

자연재해가 다 그렇지만 지진은 특히 사전에 피해를 예방하기가 매우 힘든 편이다. 언제 어디서 지진이 발생할지 사전에 탐지하는 기술의 수준도 불충분한 상황. 지진이 발생하기 전의 전조 증상이 나타나긴 하지만 인류의 기술력으로 이를 파악하기엔 아직 부족한 편이다. 그 때문에 지진 대처 방법은 내진설계를 통한 건축물의 안전성 향상과 지진 발생 시에 필요한 대처 방법의 숙달을 통해 피해를 줄이는 방향으로 구축되고 있다. 내진설계는 건물이 지진의 충격에 무너지지 않게 건축하는 것이지 흔들림조차 없게 만드는 것이 아니다. 건물은 흔들리기에 가구들을 고정하지 않으면 지진 발생 시 가구가 넘어오기도 한다. 따라서 내진설계가 된 건물이든 그렇지 않은 건물이든 지진을 대비해 가구를 벽에 고정하는 것이 중요하다.

지진 피해를 줄이는 방법은 최대한 빠르게 지진 소식을 알리는 것이다. 지진이 났다는 사실을 3초 일찍 알게 되면 부상자의 70%가 줄고 5초 일찍 알게 되면 사망자의 70%가 줄어든다는 일본의 연구 결과가 있다. 지진 예측까지는 아니지만, 일본의 경우 긴급지진속보라는 지진 조기 경보제를 시행하고 있다.

쉽게 쓰러지거나 떨어질 수 있고, 자칫하면 큰 피해를 당할 수 있는 물건을 치우거나 고정해 두는 것이 가정 단위에서 해둘 수 있는 실질적인 대처법이다. 가정에서 평범하게 볼 수 있는 가구 중에 대표적으로 위험한 것을 꼽으면 사람 키 정도 되는 높은 책장이나 장롱 등이다. 지진이 원인이 아니더라도 키가 높은 가구들이 쓰러져 사람을 덮친 사고는 심심치 않게 일어난다. 따라서 키가 높은 가구를 설치할 때 마치 액자를 걸 때 고정 하는 것처럼 벽면에도 고정을 해두는 것이 지진 발생 시 피해를 최소화 하는 데 큰 도움이 될 수 있다. 특히 책장의 경우 책을 꽂는 하단부에 야트막한 턱이 있는 제품을 쓰거나, 턱을 만들어 두면 지진 발생 시 책들이 우수수 떨어지는 것을 어느 정도 막아줄 수 있다. 견고하게(책이 쏟아져도 열리지 않을 정도의) 잠글 수 있는 문이 달린 캐비닛 형태의 것도 좋다.

내진설계

1) 내진설계 개요

내진(耐震)은 지진에 견딘다는 의미이다. 내진설계는 지진에 건물 등 구조물이 무너지는 것을 막기 위해 지진에 견딜 수 있도록 설계하는 것을 말한다(Booth and Key, 2006; Duggal, 2007; Kappos, 2014). 그러나 내진설계된 구조물도 지진 발생 시 손상이 발생할 수 있다. 다만, 설계에 적용된 지진력 정도의 지진이라면 내진설계가 잘 된 구조물은 붕괴되지는 않고 붕괴 직전의 단계로 유지된다.

내진설계의 목적은 기본적으로 사람의 생명을 구하고자 하는데 있다. 발전소, 댐 등과 같은 SOC 구조물의 경우에는 추가로 구조물의 기능유지 목적이 추가된다. 발전소의 경우 지진이 발생하면 구조물에 피해가 있더라도 핵심 기능인 발전 자체는 수행할 수 있어야 한다. 내진설계가 구조물을 무조건 튼튼하게 건설하여 구조물 자체를 보호하자고 하는 것이 아님을 기억할 필요가 있다. 추가로 내진설계를 한다고 해도 설계기준 정도만 한다는 것이다. 지진이 심한 나라는 매우 엄격한 기준을 가지고 있지만, 그렇지 않은 나라는 굉장히 느슨한 기준을 적용하고 있다. 구조물의 상대적 중요도도 고려된다. 파괴 시 파급효과가 큰 주요 구조물에 대해서는 엄격한 기준을, 그렇지 않은 구조물에는 느슨한 기준이 적용된다.

2) 내진설계의 목적

내진설계는 다음과 같은 목적을 염두에 두고 수행된다. 가장 중요한 것은 물론 인명피해를 최소화하는 것이다. 이를 위해 구조물 자체가 전체적으로 파괴되는 것을 방지하고 가능한 일부분만이 파괴될 수 있도록 한다. 파괴되는 시간도 길게 하여 필요한 대피시간을 확보하는 것도 중요하다. 지진이 발생하더라도 구조물의 기본 기능이 유지될 수 있도록 하는 것도 중요하다. 이는 특히 SOC 구조물의 경우에 더욱 그렇다.

3) 내진설계의 방식

내진설계에서는 특히 구조물이 옆으로 흔들리는 것에 저항할 수 있어야 한다. 구조물은 보통 중력방향의 힘과 거동에 대해서는 저항력이 크다. 지진이 위험한 이유는 구조물을 좌우로 흔들기 때문이다. 구조물이 좌우로 흔들릴 때 이 구조물은 횡압력을 받게 된다. 따라서 내진설계는 특별한 구조 설계라기보다는 지진이 일어났을 때 자체 하중과 횡압력에 버틸 수 있도록 구조물을 더 튼튼하게 설계하는 과정이다. 그러나 내진설계를 한 경우 구조물 자체의 저항력은 커졌지만, 지진의 진동이 건물에 그대로 전달되기 때문에 가구가 쓰러지거나 가스관이 파열되는 등의 2차 피해를 막을 수는 없다. 이를 위해서는 또 다른 방식의 설계가 필요하다.

먼저, 내진구조라는 것이 있다. 이는 구조물을 지진에 버틸 수 있을 만큼 튼튼하게 건설하는 것으로, 지진이 발생했을 때 내구성으로

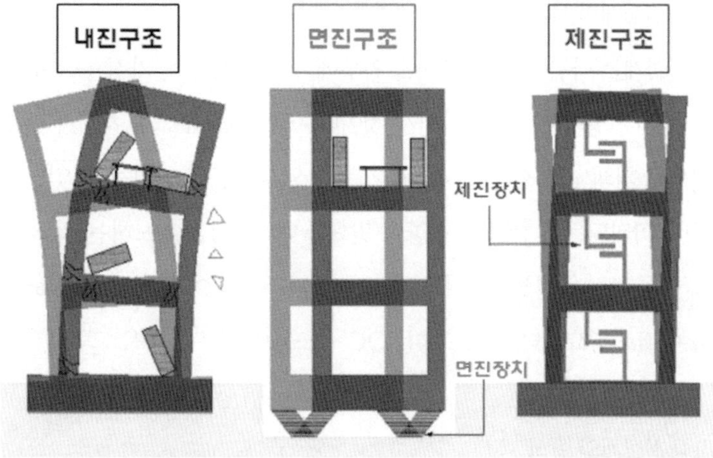

그림 5-17. 내진설계 방식 비교
출처: 한국소음진동(주), 〈면진·제진·내진〉.
http://xn--2q1bu3xgoeiyc.com/?act=gallery.page&pcode=sub3_1

버틸 수 있게 만든 구조이다. 하지만 단순히 구조물의 내구력만을 높인 것이라서 건설비가 타 구조보다 저렴하긴 하나 지진 발생 시 구조물의 내부가 손상될 위험이 상대적으로 커 현재는 특수한 지진 대비책으로 여기지는 않는다.

제진구조는 땅으로부터 구조물에 전달되는 진동을 감지하고, 그 진동에 대응하는 힘을 반대 방향으로 작용시키면서 구조물의 흔들림을 막는 구조를 말한다. 구조물에 따로 설치된 장치로 구조물의 흔들림을 제어하는 방식이다. 즉, 지진력을 흡수하여 감소시키는 방법이다. 예를 들어, 구조물의 옥상에 추(또는 댐퍼) 등을 설치해서, 지진 발생 시

이 추를 컴퓨터로 제어하여 건물의 진동 방향과 반대로 진동시켜 흔들림과 횡압력을 일정량 상쇄시킨다. 대표적으로 타이완에 있는 타이베이 101빌딩에는 제진을 위한 거대한 추Tuned Mass Damper가 건물 상부에 설치되어 있다(Chung et al., 2009). 건설비가 내진구조보다 더 많이 들지만 효율과 안정성이 뛰어나 많이 사용되고 있는 방식 중에 하나다. 100층이 넘는 초고층 건물에 주로 사용되는 설계 방법으로, 현 고층건물들은 거의 모두 이 방식을 사용하고 있다.

마지막으로 면진구조가 있다. 앞의 두 구조가 지진의 지진력을 버티는 데 중점을 두었다면 면진구조는 땅에서 전달되는 지진력 자체를 줄여버리는데 중점을 둔 설계이다(Makris and Constantinou, 1992). 보통의 구조물이 지면에 바로 기초공사를 진행하는 것과 달리 특수한 바닥재를 깔고, 그 위에 기초공사를 진행하는 것이다. 구조물과 땅 사이에 고무를 겹쳐 만든 고무 스프링과 댐퍼, 베어링 등을 설치하여 지진 발생 시 흔들림이 건물에 전해지는 것을 막는 방식이다.

면진 기술의 진보한 형태로 차진구조라는 것도 있다. 이는 구조물이 땅에 붙어있는 한 지진에서 완전히 안전한 것이 아니기 때문에 아예 건물을 땅에서 떼어버리자는 발상에서 출발한다. 궁극의 내진설계 개념이기는 한데, 큰 구조물에는 적용되기 어려운 것이 현실이다. 현재는 자기장을 이용한 방식 등 몇 가지 방식이 연구되고 있다.

5.4 지진과 구조역학

구조역학이란?

구조역학structural mechanics은 건축, 토목, 기계, 항공, 조선 등 다양한 공학 분야에서 구조물structure을 만들 때 적용하는 학문이다. 건축공학에서의 구조물은 집, 건물 등이며, 토목공학에서는 교량, 댐 등이고, 기계공학에서는 자동차, 항공공학에서는 비행기, 조선공학에서는 배나 잠수함이 대표적이다. 이들 구조물들은 모두 외부의 힘(외력)에 저항하여 그 내부의 공간을 안전하게 유지할 수 있게 해 주는 역할을 한다. 내부의 공간이 넓게 만들어지는 것이 유리하므로 더욱 복잡한(보기에는 복잡해 보이지 않을 수 있어도) 구조물이 만들어 진다. 건물의 경우만 보더라도, 과거의 건축물보다 기둥이 적고, 천장은 높으며, 경우에 따라서는

계란

체육관(장충체육관)

출처: 손석원, 〈장충체육관, 리모델링으로 보존에 의문〉, 대한건축사협회 건축사신문, 2012. 11. 16. http://www.ancnews.kr/news/articleView.html?idxno=968

그림 5-18. 다양한 동물 뼈의 구조와 인간이 만든 구조물의 비교

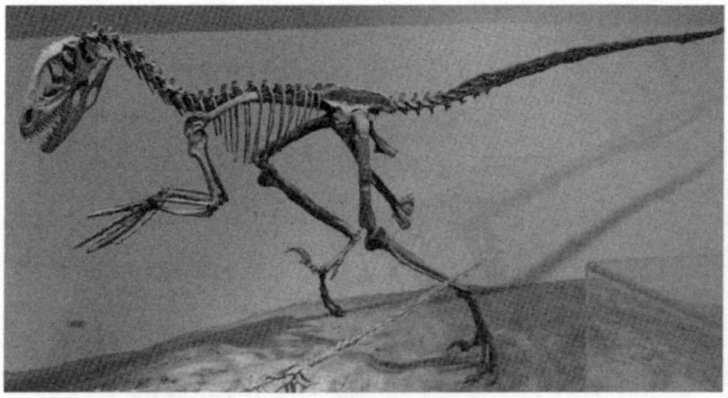

공룡 뼈

출처: Jonathan Chen, "Deinonychus skeletal mount on display at the Field Museum of Natural History," 2018. 8. 11. https://commons.wikimedia.org/wiki/File:Deinonychus_FMNH.jpg

트러스교(방화대교)

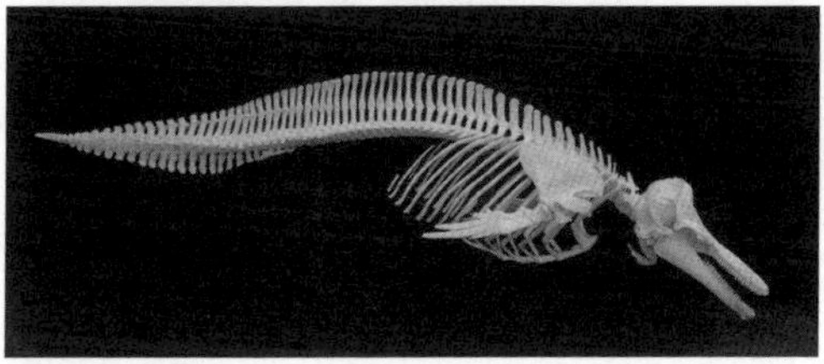

고래 뼈

출처: BajoPalabra, "Estudian fósil de delfín de hace 25 millones de años," 2016. 9. 13. https://bajopalabra.com.mx/estudian-fosil-de-delfin-de-hace-25-millones-de-anos

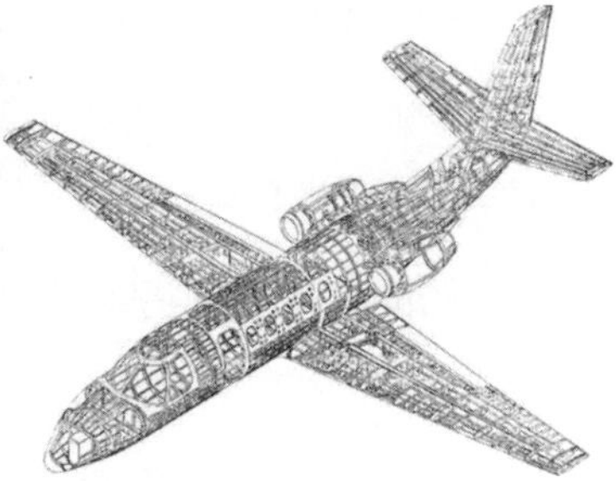

비행기의 구조

출처: Rusbelitza, "FLEXIÓN DE VIGAS ASIMETRICAS," *Estructuras Aeronáuticas*, 2019. 6. 18. http://estructuras10.blogspot.com/2019/06/flexion-de-vigas-asimetricas.html

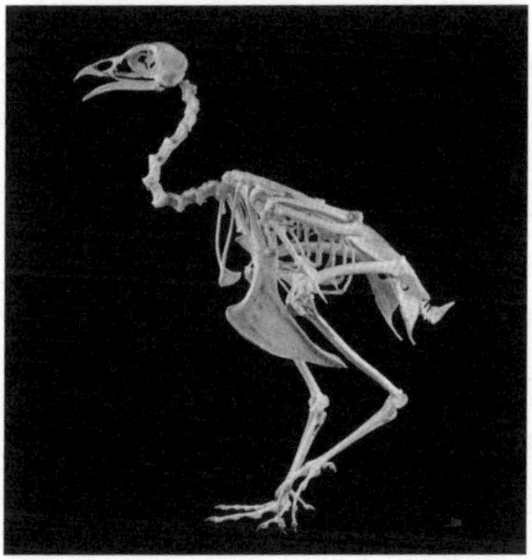

새 뼈

출처: Didier Descouens, "Skeleton of Common Pheasant," 2013. 12. 27. https://commons.wikimedia.org/wiki/Image:Phasianus_colchicus_MHNT_Skeleton.jpg

건물의 철골구조

출처: 골드홈, 〈스틸하우스의 장·단점〉, 2017. 1. 5. http://blog.naver.com/PostView.nhn?blogId=sfsystem&logNo=220903551184

기둥이 아예 보이지 않는 건축물들이 만들어지고 있다. 체육관, 공연장이 대표적이다.

이러한 구조물의 원형은 동물의 뼈를 통해서도 잘 살펴볼 수 있다. 공룡의 뼈를 여러 개 이어 붙이면 마치 트러스교와 같은 모양이 된다. 물고기의 뼈나 새의 뼈는 건물의 철골구조와도 유사하다. 계란의 모양은 체육관의 모양과 흡사하다. 구조역학이 이들 자연의 모습을 흉내 내면서 발전한 것은 물론 사실이며, 아직 다 흉내를 내고 있지 못한 것도 사실이다. 미국 남부 애리조나의 서와로 국립공원Saguaro National Park은 거대한 선인장으로 유명하다. 이 선인장이 말라죽은 모습을 보면 철근콘크리트 기둥의 철근 배근 모습과 놀라울 정도로 유사하다.

그림 5-19. 말라죽은 선인장의 골격

구조역학의 기본 개념

구조역학의 기본 개념은 재료역학Mechanics of Materials에서 찾아볼 수 있다. 재료역학에서는 외부에서 가해지는 힘을 견딜 수 있는 재료의 특성에 대해 배운다. 건설에는 다양한 재료가 사용된다. 과거 석재, 목재가 주였으나, 최근에는 강재의 사용이 크게 늘고 있다. 이들 사이에 철근콘크리트가 있다. 석재는 압축력에 견디는 능력이 크다. 이에 반해 인장력에는 취약하다. 목재는 인장력에 견디는 능력은 좋지만 압축력에는 취약하다. 강재는 압축력, 인장력에 모두 강하다. 그러나 가격이 너무 비싸다는 단점이 있다. 철근콘크리트는 강재와 석재의 장점만을 발휘할 수 있도록 인공적으로 만든 일종의 재료이다.

고대 유럽의 건축물을 보면 석재로 된 것이 많다. 석재가 풍부했기 때문이다. 그러나 유럽의 남부는 역사상 큰 지진이 많았기에 이들 건축물들은 대부분 붕괴된 채로 남아 있다. 지진에 견디려면 인장력에 강한 재료가 필요하다. 일본에서 목조건축이 발달된 것은 지진과 큰 관련이 있다. 우리나라는 지진이 거의 없다. 그럼에도 거대한 석조 건축물은 없다. 이는 사실 과거 조선이나 고려가 그정도의 부를 가지고 있지 못했기 때문이다. 산성 정도가 우리가 아는 큰 석조 구조물이다. 나머지는 대부분 목조로 되어 있다.

어떤 재료가 파괴된다는 것은 외부에서 가해진 힘이 그 재료가 버틸 수 있는 힘보다 크기 때문이다. 그러나 좀 더 엄밀하게 말하면 힘이 아니고 힘을 면적으로 나누어 계산되는 응력(stress; 단위 면적당 힘)이 파괴 여부를 결정한다. 예를 들어 외부에서 압축력이 가해질 때 응력은 이 힘을 이 힘이 작용하는 면적으로 나누어 계산한다. 모든 재료는 그 재료의 고유한 특성치의 하나로 최대한 견딜 수 있는 허용 응력이 주어져 있다. 즉, 외부에서 가해진 힘에 의한 응력이 허용 응력을 초과하면 이 재료는 파괴된다. 이 허용 응력은 압축력일 경우, 인장력일 경우에 대

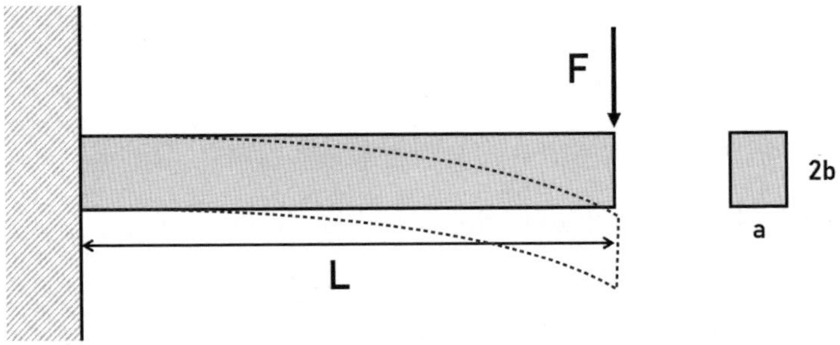

그림 5-20. 보의 끝에 힘이 가해지는 경우의 모습

해 모두 다른 값으로 주어진다. 사람도 그런 허용 응력이 있다. 다음 표현을 보면 쉽게 이해할 수 있다. "외부에서 가해지는 스트레스에 저항하는 능력은 사람마다 크게 다르다!"

휨모멘트bending moment라는 것이 있다. 기둥이 휘거나 또는 다리가 아래로 처지거나 하면 쉽게 파괴된다는 것을 우리는 잘 알고 있다. 이렇게 구조물을 휘게 만드는 것이 모멘트의 역할이다. 좀 더 정확히 말하면 1-차 모멘트인데 힘에 작용점까지의 거리를 곱해서 계산한다. 다음 그림과 같은 폭 a, 높이 2b인 단면을 갖는 길이 L인 보(정확히는 캔틸레버 보, cantilever beam)를 생각해 보자. 보의 끝에 힘 F가 가해지면 보는 그림의 점선과 같이 휘게 된다. 보가 파괴된다면 그 위치는 벽면 근처가 될 것이다. 이러한 추측은 경험적으로 가능한 것이다. 이 때 모멘트 M은 간단히 F·L로 계산된다. 보의 중심을 기준으로 상단에는 인장력이, 하단에는 압축력이 작용하게 되는데, 이때 그 응력은 다음과 같이 계

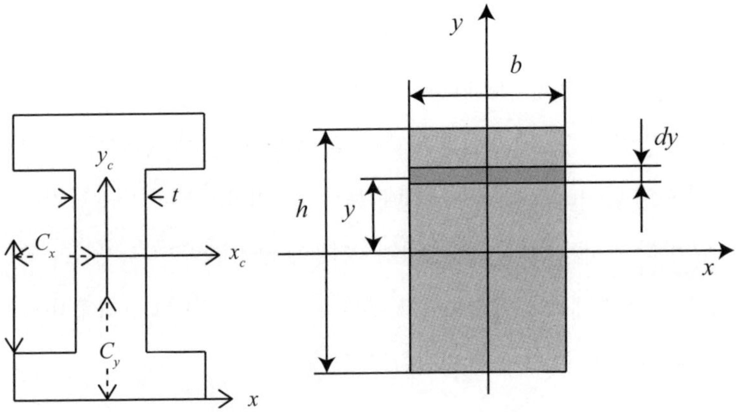

그림 5-21. I-형강과 직사각형 강재의 비교

산된다(이 식의 유도과정은 각자 찾아보기 바란다).

$$\sigma = \frac{My}{I} \tag{5.1}$$

위 식에서 σ는 응력, I는 단면이차모멘트, M은 모멘트, 마지막으로 y는 보의 중심에서 연직방향 거리이다. 즉, 응력은 중심선에서 멀어질수록 커진다. 당연히 파괴는 맨 위 또는 맨 아래에서 발생한다. 보의 재료가 인장력에 강하면 아래쪽에서 압축파괴가 발생하고, 반대이면 위쪽에서 인장파괴가 발생한다.

이 식은 구조역학의 발전에 엄청난 기여를 하게 되는데 특히 단면이차모멘트의 개념이 주효하게 작용했다. 단면이차모멘트는 분산과 같은 개념이다. 단면이차모멘트가 크다는 것은 분산이 큰 것과 동일한 개념인데 단면의 중심에서 널리 퍼져있다는 것을 의미한다. 단면이차모멘트가 크면 당연히 응력이 작아진다. 물론 y가 커지는 것을 상쇄할 정도로 I가 더 커져야 한다. 그림 5-19는 건설에 많이 사용되는 강재의 형태이다. 이 강재를 I-형강이라고 부른다. 같은 단면적의 강재에 비해 얼마나 효율적인지를 쉽게 판단할 수 있다.

6장 운석의 충돌

아마겟돈Armageddon (1998)

감독 마이클 베이
출연 브루스 윌리스(해리 스탬퍼 역), 빌리 밥 손턴(댄 트루먼 역), 벤 애플렉(프로스트 역), 리브 타일러(그레이스 스탬퍼 역)
줄거리

평화로운 어느 날, 소행성이 지구를 향해 돌진하고 있다는 소식이 들려온다. 이 소행성은 크기가 텍사스주만큼 크고, 시속이 22,000마일이어서, 지구에 충돌하게 되면 지구는 말 그대로 멸망하게 된다. 이 소행성과의 충돌을 막기 위해 미국 항공 우주국NASA은 소행성에 구멍을 내고 그 안에 핵탄두를 심어 폭파시키는 방법을 생각해 낸다. 정부는 굴착 작업의 달인인 해리에게 이 임무를 제안한다. 해리와 그의 직장 동료들은 우주왕복선을 타고 소행성에 접근한다. 하지만 소행성에 접근하자 파편에 맞아 우주왕복선은 추락하게 된다. 추락에서 살아남은 일행은 폭탄을 설치하는 데 성공한다. 하지만 무선 폭파 장치가 고장이 나면서 누군가 수동으로 기폭 장치를 눌러야 한다. 해리는 자신의 딸을 위해 소행성에 남아 기폭 장치를 누른다.

그림 6-1. 영화 〈아마겟돈〉 포스터

6.1 운석이란?

운석 또는 별똥돌(또는 별찌돌이라고도 불림)은 우주 공간으로부터 지구에 진입한 암석이 지구 대기와의 마찰에 타고 남아 지표면에서 발견된 것이다. 하지만 달과 화성 표면에서도 운석이 발견되면서 운석의 의미가 다시 정의되었다. 따라서 운석은 천체에서 형성된 후 충돌 현상에 의해 행성체 사이를 떠도는 자연적으로 형성된 10μm 이상 크기의 고체 물질이라 정의한다. 현재 지구상에서 발견된 운석은 3만 개 이상이다. 우주에 떠 있는 암석 조각은 유성체이며, 지구 대기의 끌림이나 마찰로 인해 유성체가 가열되고 빛을 형성하는 것을 유성이라 부른다(조경철, 1993).

일반적으로 운석은 환원 환경, 낮은 압력, 건조한 조건에서 생성되어 철이 금속철로 산출되는 경우가 흔하다(최변각, 2008). 충돌로 형성되는 경우를 제외하고는 높은 압력에서 광물이 형성되기는 어렵고 함수광물의 함량이 적다. 또한 운석은 지구 대기와의 마찰로 표면이 녹아 운석의 껍질은 얇고 검은 유리질 물질로 덮여 있다. 운석의 내부는 운석의 고유한 구조인 콘드률이나 비드만스태텐Widmanstätten 구조를 나타내기도 한다.

역사 속의 운석

운석은 고대 종교적 숭배의 대상으로 사용되었다. 고대 그리스인들은

그림 6-2. 다양한 운석 사진

떨어지는 운석을 보고 신이 지구로 떨어트렸다고 생각하여 운석이 떨어진 곳에 아르테미스 신전을 지었다. 아메리카 원주민들은 운석을 신성한 물건으로 다루었다. 많은 운석 조각들은 도자기에 담겨있거나, 천에 싸여있거나, 심지어는 무덤 속에서도 발견되었다.

운석이 우주에서 떨어진 암석이라는 사실은 오래전부터 인식되었다. 동양에서는 운석에 대해 "별이 땅에 내려와 돌이 되었다"라고 기록되어 있었다. 또한 고대 이집트인들은 운석을 "하늘의 선물"이라 불렀고, 수메르인들은 "천상의 금속"이라 불렀다.

반면 서양에서는 운석이 우주에서 떨어진 암석이라는 사실을 인정한 지 오래 되지 않았다. 18세기 이전 과학자들에게 성간은 완전한 무의 상태로 인식되었기 때문에 우주에서 암석이 떨어진다는 것은 인정할 수 없는 이론이었다. 17세기와 18세기에 걸쳐 유럽에서 여러 차례의 운석 낙하 현상이 목격되었지만, 많은 유럽 학자들은 낙하 현상을 실체가 없는 현상 또는 지구 대기의 오로라 같은 현상으로, 운석을 화산 폭발 등과 관련된 지구에서 기원한 암석으로 해석하였다. 독일 출신의 과학자 클라드니Ernst Friedrich Chladni, 1756-1827는 운석 낙하 현상을 관찰한 여러 기록을 검토한 후 운석은 우주에서 떨어졌으며, 그 기원은 지구나 태양이 아닌 다른 곳일 것으로 해석한 내용을 담은 소책자를 1794년에 발간하였다. 그러나 이는 다른 과학자들에게 전혀 받아들여지지 않았다. 영국의 화학자 하워드Edward Charles Howard, 1744-1816는 운석의 화학 성분을 분석한 최초의 학자 중 한 명이다. 1802년 하워드는 운석 4개의 화학 성분을 분석한 결과 이들 암석이 화학적으로 공통점을 가지고 있으며, 지구의 암석과는 관련이 없다는 결론에 도달한다.

운석의 회수

운석의 회수 방법은 낙하fall와 발견find이 있다(McCall et al., 2006). 낙하는 운석이 낙하하는 현상을 보고 운석을 찾는 것이다. 인구가 많은 지역에서 낙하 운석을 많이 찾을 수 있다. 운석이 낙하하는 현상을 화구fireball라고 부른다. 화구를 서로 다른 각도에서 관찰한 기록이 있다면, 낙하 궤적을 복원하는 것이 가능하다. 이 경우 유성체가 지구 중력에 의해 이끌리기 전 태양 주위를 돌던 궤도를 계산하는 것이 가능하다. 지금까지 몇몇 운석의 궤도가 정확하게 복원되기도 하였다. 이 복원을 통해 이들 운석이 주소행성대에서 유래했음을 알 수 있게 되었다.

발견은 말 그대로 지표면에 떨어진 운석을 우연히 발견하는 것이다. 과거에는 매년 소수의 운석들이 우연히 발견되었기 때문에 회수된 운석의 수가 적었지만, 최근에는 운석을 발견할 가능성이 높은 지역 위주로 탐사를 하여 많은 운석을 발견한다. 운석을 발견할 가능성이 높은 지역은 주변에 다른 암석의 수가 적거나 풍화가 잘 일어나지 않는 조건을 지니고 있는 곳이다. 이러한 지역의 예로 대평원, 사막, 남극 등이 있다. 현재까지 발견된 운석의 약 70% 이상이 남극에서 발견되었다. 남극에서 발견되는 운석의 대부분은 오래전에 지구에 낙하한 것으로 'blue ice'라 불리는 빙하가 용승upwelling하는 지역에서 주로 발견된다. 남극에서 발견되는 운석은 오랜 세월 남극의 빙하에 묻혀 있었기 때문에 상대적으로 풍화의 정도가 적다(이종익, 2009; 최변각 외, 2009; 이종익 2013).

그림 6-3. 남극 운석
(좌) 남극에서 운석을 찾는 모습 (우) 남극에서 발견한 운석

운석의 분류

운석은 지구 대기를 통과하면서 마찰열에 의해 표면이 녹아 없어진다. 이런 표면을 용융각이라고 부른다. 운석은 대기를 통과할 때 녹아 표면에 엄지로 누른 것 같은 자국이 남아 있다. 대부분 운석은 철과 니켈의 합금을 포함하고 있어서 지구의 암석에 비해 밀도가 높고 자성을 띤다(Wasson, 2012). 몇몇 운석은 지구의 암석에서는 볼 수 없는 독특한 내부 구조로 되어있다. 철질 운석은 빗살무늬인 비드만스태튼 무늬를 띠는데 철과 니켈이 고체 상태에서 확산에 의한 분화 과정을 거쳐 형성된다. 이 과정은 매우 오랜 시간이 걸려 지구상의 암석에서는 볼 수 없는 형태이다. 또 석질운석은 콘드률이라는 구조를 보이는데 이는 우주에서 녹았던 암석이 액체가 되면서 물방울 모양으로 둥글게 식어 발생한 것이다. 이 모양이 뭉쳐있는 암석이 콘드라이트이다. 석철질 운석은 철질과 석질이 섞여 매우 아름다운 모양을 만들어 낸다. 이를 팰러사이

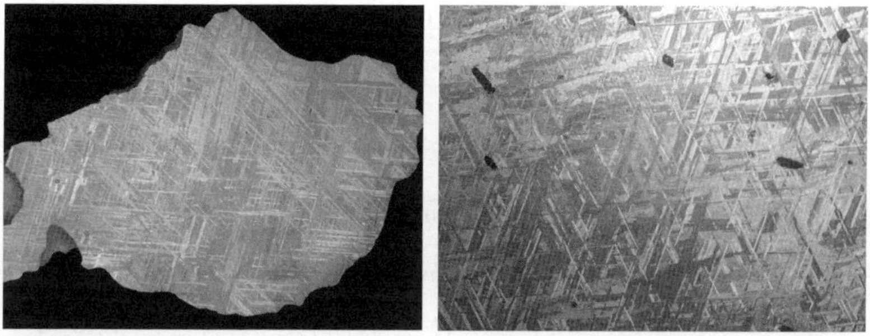

철질운석 단면 – 비드만스태튼

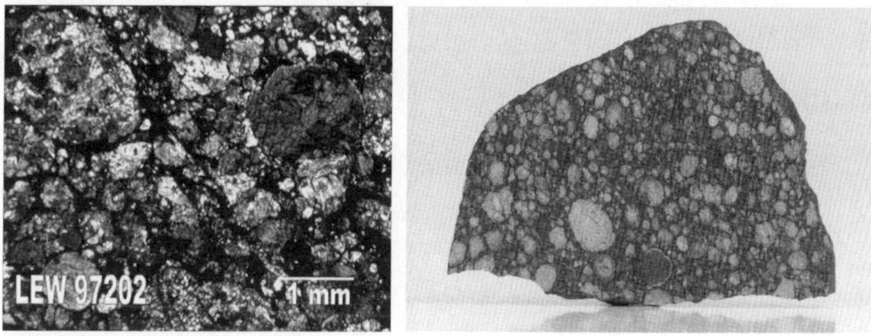

석질운석 단면 – 콘드률

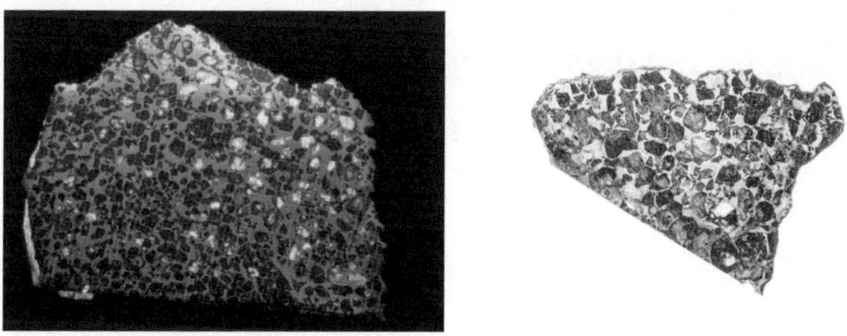

석철질 운석 단면 – 팰러사이트(셔터스톡 이미지로 교체 예정)

그림 6-4. 다양한 운석의 단면 사진

출처: 콘드률(좌) – NASA JSC, Tim McCoy.
팰러사이트(좌) – Trustees of the NHM, London.

트라 부르는데 보통 감람석과 철-니켈 합금이 섞여 있다.

운석을 분류하는 방법에는 크게 두 가지가 있다. 첫 번째 방법은 운석의 구성 성분에 따라 분류하는 것이고 두 번째 방법은 운석의 성인에 따라 분류하는 것이다(Clayton, 1993; Clayton et al., 1976). 먼저 운석은 구성 성분에 따라 크게 세 종류로 분류된다. 규산염 광물로 이루어진 운석은 석질운석이라 하고, 금속 철과 니켈의 합금으로 이루어진 운석은 철질운석이라 한다. 철질 성분과 규산염 성분이 절반씩 섞여 있는 운석은 석철질 운석으로 분류한다. 철질운석과 석철질 운석은 지구 표면의 암석과는 구성 성분이 달라 쉽게 구별할 수 있다. 철질운석과 석철질 운석의 성분과 비슷한 암석을 지구에서 찾으려면 핵 또는 맨틀의 경계부까지 내려가야 한다. 철질운석과 석철질 운석 대부분은 소행성의 핵이나 핵과 맨틀의 경계에서 유래한 암석이라 생각된다. 반면 석질운석은 매우 다양한 기원이 있다.

운석은 성인에 따라 시원운석(또는 미분화운석)과 분화운석으로 구분된다(최변각, 2009). 시원운석은 콘드라이트라고도 부르는데, 태양계 성운에서 집적된 물질들이 모여 운석의 모체를 형성한 뒤 화성활동을 경험하지 않은 운석을 말한다. 화성활동을 하게 되면 원래의 화학조성과는 다른 암석이 만들어진다. 이런 운석을 분화운석이라 한다.

한반도의 운석

우리 나라에 낙하한 운석 중 대영박물관에서 발간한 《운석 연감The

석질운석

철질운석

석철질 운석

그림 6-5. 종류별로 다양한 운석의 사진

표 6-1. 운석 낙하 장소와 종류

장소	낙하/발견 시기	종류
운곡	1924년 9월 7일 낙하	콘드라이트
옥계	1930년 3월 18일 낙하	콘드라이트
소백	1938년 발견	철질 운석
두원	1943년 11월 23일 낙하	콘드라이트
가평	1999년 11월 발견	철질 운석
청주	1970년대 낙하	철질 운석
진주	2014년 3월 9일 낙하 (3월 10, 11, 16, 17일 발견)	콘드라이트

그림 6-6. 우리나라에서 발견된 운석들
첫 줄 (좌) 두원 운석 (중) 가평 운석 (우) 청주 운석
둘째 줄 (좌) 진주 운석-1 (우) 진주 운석-2

출처

청주 운석: 〈청주 운석 발견, 40년 전 발견된 2kg 돌덩이가 운석으로? '대박'〉, 《중부일보》, 2014년 7월 4일. http://www.joongboo.com/news/articleView.html?idxno=932445

진주 운석-1: 위성욱, 〈'하늘의 로또' 진주 운석 1호 발견지, 4년 만에 흔적 싹〉, 《중앙일보》, 2018년 4월 25일. https://news.joins.com/article/22565791

진주 운석-2: 위성욱, 〈'하늘서 떨어진 로또' 진주 운석 첫 발견지 사실상 사라져〉, 《중앙일보》, 2018년 04월 20일. https://news.v.daum.net/v/20180420000229892

Catalogue of Meteorites》에 기록되어 있는 것은 모두 6개로, 낙하 시기와 장소, 그리고 종류는 표 6–1과 같다. 그 외에 가평 운석과 청주 운석이 있다(김동섭·김지현, 2004).

6.2 공룡을 멸종시킨 운석의 실체

운석의 출처

공룡의 멸종과 관련한 많은 학설 중 정설로 받아들여지고 있는 것이 운석의 충돌이다. 이 때 지구에 떨어진 운석은 약 1억 9천만–1억 4천만 년 전 화성과 목성 사이의 궤도를 돌던 두 소행성이 충돌하면서 만들어지게 된다. 이 두 소행성의 지름은 각각 170km와 60km인데, 이 두 소행성이 충돌하여 많은 파편이 만들어졌다. 특히, 지름 10km 이상의 파편이 300여 개 만들어졌다(이 중에서 지구에 떨어진 것이 지금까지 딱 1개이고 이것이 공룡을 멸종에 이르게 한 것으로 알려짐). 1km 이상의 파편은 약 14만 개, 기타 크기의 파편은 거의 무한대의 개수인 것으로 예측된다. 앞으로도, 지금까지와 비슷하게 많은 파편들이 떨어지게 될 것으로 예측되고 있다. 사실 1억 9천만–1억 4천만 년 전의 기간에서 빙하기를 4–5번 거치게 된 지난 50만 년 전의 과거와 비교하면 굉장히 먼 과거이다.

야르콥스키 효과Yarkovsky effect

야르콥스키 효과는 소행성이 태양으로부터 흡수한 에너지를 한 방향으로만 방출하면 반대 방향으로 소행성이 밀려난다는 이론이다(Bottke et al., 1976; Peterson, 1976; Farinella et al., 1998). 일반적으로 우주 공간을 떠다니는 소행성은 회전한다. 폴란드인인 야르콥스키Ivan Yarkovsky, 1844-1902는 이 회전 때문에 소행성 표면에서 열이 방출되는 형태에 차이가 나타난다고 지적했다. 이 차이는 소행성을 가속시키는 효과가 있고, 이 효과가 오래 누적되면 태양계 주위를 도는 궤도가 변할 수 있다. 결국 야르콥스키 효과는 '한쪽 방향으로 계속해서 소행성이 움직이게

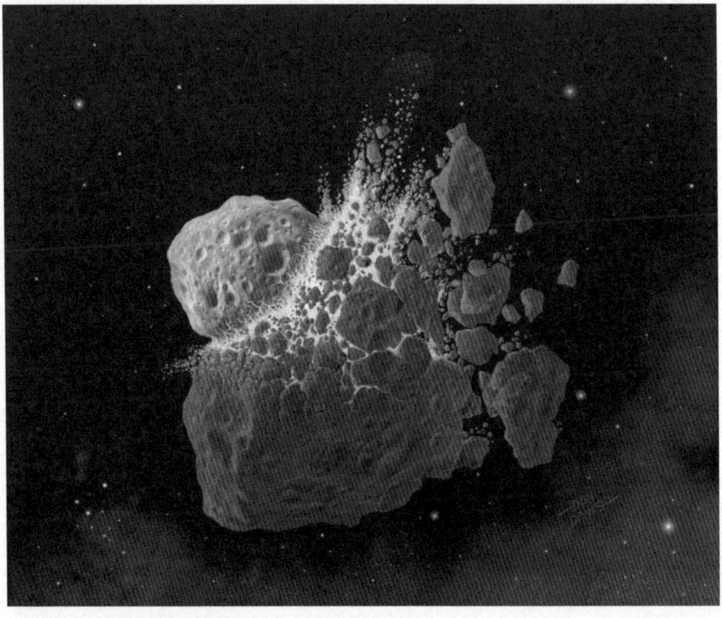

그림 6-7. 소행성의 충돌 그림

출처: Southwest Research Institute, "New Research Reveals a Large Asteroid Breakup to be the Likely Source of the Impactor That Caused a Mass Extinction Event on Earth 65 Million Years ago," Art by Don Davis, copyright Southwest Research Institute, 2007년 9월 6일. https://www.swri.org/press-release/asteroid-breakup-extinction-event

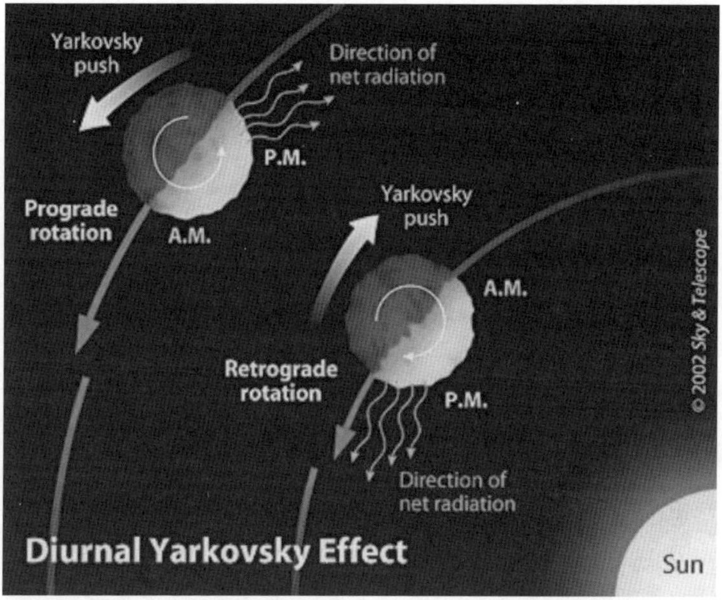

그림 6-8. 야르콥스키 효과를 설명하는 그림

출처: Southwest Research Institute, "New Research Reveals a Large Asteroid Breakup to be the Likely Source of the Impactor That Caused a Mass Extinction Event on Earth 65 Million Years ago," Art by Don Davis, copyright Southwest Research Institute, 2007년 9월 6일. https://www.swri.org/press-release/asteroid-breakup-extinction-event

된다'라는 이론이다. 이런 이유로 태양계를 떠돌던 소행성 중 하나가 지구로 떨어지게 된다. 정확히는 멕시코의 유카탄 반도 지역에 떨어졌으며, 이는 다양한 조사를 통해 확인되었다(Clarke et al., 1971).

충돌의 크기와 그 영향

충돌의 크기를 가늠하는 데 가장 중요한 인자는 운석의 크기이다. 공룡의 멸종을 가져온 운석의 크기는 대략 지름이 10km, 그 무게는 약 1조 톤 정도로 추정하고 있다. 이 운석이 대기권을 돌입하면 운석의 평균속도는 초속 20km에 이르게 된다. 음속이 대기 중에서 초속 330m 정도이므로 초속 20km는 음속의 60배에 해당하는 빠른 속도이다. 질량이 1조 톤 정도 되는 운석이 초속 20km 정도로 움직인다면 이 운석의 운동에너지는 어느 정도나 될까? 간단히 계산해 볼 수 있지만 그게 어느 정도의 위력인지를 가늠해 보기는 쉽지 않다.

이 직경 10km 운석이 음속의 60배로 지각을 강타했을 때 이 운석은 두께가 30km 정도 되는 지각을 뚫고 맨틀에 돌입하였을 것으로 추측되고 있다. 만일 운석이 충돌한 자리에 크레이터가 만들어졌다면 깊이 30km 이상, 지름 100km 정도일 것으로 추측하고 있다. 그러나 이런 크레이터는 실제 남아 있을 수도 없고, 있다고 하더라도 육안으로 확인할 수 있는 규모를 초월한다. 일단, 이 크레이터는 맨틀에서 마그마가 흘러나와 메꿔졌을 것이다. 지름 100km는 우리나라의 강원도 규모이다. 참고로, 지각은 뜨거운 맨틀 위에 떠 있는 일종의 판으로 맨틀 대류에 의해 일정한 방향으로 움직이고 있다. 판 이론과 화산, 지진과의 관계는 잘 알고 있을 것이다. 태평양 주변의 '불의 고리'라는 용어도 잘 알고 있을 것이다. 과거 구소련과 미국이 지각을 뚫어 보려고 수년간 경쟁한 적이 있는데 그 십분의 일도 뚫지 못하고 포기한 것으로 알려져 있다.

운석이 지각을 뚫고 빠른 속도로 맨틀에 진입하면 무슨 일이 생길

그림 6-9. 운석이 지구에 충돌하는 모습

출처: Solinger Tageblatt, "Asteroiden-Einschlag war alleine schuld am Aussterben der Dinosaurier," Copyright picture-alliance/dpa/Don Davis, 2020년 5월 28일. https://www.solinger-tageblatt.de/computer-wissen/asteroid-einschlag-alleine-schuld-aussterben-dinosaurier-zr-13155162.html

지는 쉽게 상상이 된다. 맨틀에 커다란 출렁임이 발생할 것이고, 이 출렁임은 커다란 지진이 될 것이다. 진도 10을 훨씬 초과하는 지진이 전 세계에 발생했을 것이다. 상상도 못 할 정도의 화산폭발도 전 세계에 발생했을 것이고, 이로 인한 해일도 상상을 초월했을 것이다. 사실 그 상황이 어느 정도인지를 상상하는 것은 어렵다. 지진의 경우만 보더라도 진도라는 척도를 사용하는데 진도 9와 진도 10사이의 위력은 대략 10배이다. 만일 진도가 15라면 진도 10의 10만 배라는 의미가 된다. 이게 어떤 정도인지를 가늠하는 것은 불가능하다.

또 다른 간단한 방법이 화산의 폭발과 비교하는 것이다. 이 운석의 충돌은 1938년도에 분출한 일본의 아사마 화산 정도의 대형 화산 100

개가 아니고 백억 개가 동시에 터질 때 발휘되는 에너지와 맘먹는 규모라고 한다. 만일 지구 전체로 균등하게 화산이 백억 개 폭발했다면 1° × 1° 영역마다 100,000,000/(360x180) = 1,543.2개가 된다. 남북한을 포괄하는 사각형의 규모가 10° × 7° 정도이므로 이 영역에 대략 대형 화산 약 7만 개가 동시에 폭발하는 상황이라고 이해할 수 있다. 상상을 초월한다.

공룡 등 육지의 많은 대형 동물이 충격 직후 광범위한 화재와 지진, 쓰나미, 화산 분출로 멸종했지만, 바다에 살거나 땅굴 또는 물속으로 피신한 동물은 살아남았을 것이다. 그러나 충돌로 생긴 검댕(미세먼지)은 장기적으로 살아남은 동물에 큰 영향을 끼친다. 짙은 검댕 층이 햇빛을 가로막아 지구에는 2년 동안 달밤 수준의 어두운 밤이 계속됐을 것으로 추정되며, 햇빛이 사라지자 바다 먹이사슬의 핵심인 식물 플랑크톤이 광합성을 할 수 없게 됐다. 수년 동안 식물 플랑크톤의 광합성이 불가능해지면 생태계는 뿌리부터 흔들릴 수밖에 없다. 태양 복사가 차단되자 지표면은 급속히 식어 육지 표면에서의 기온은 이전보다 20도 이상, 바다 표면에서 10도 이상 떨어졌을 것으로 추정된다. 이것이 '충돌의 겨울'이라고 불리는 것이다.

'자외선의 봄'이라고 하는 것도 굉장히 치명적인 것으로 알려져 있는데, 이는 '충돌의 겨울'이 끝나고 찾아온다. 검댕이 햇빛을 차단해 지표는 냉각됐지만 대기 상층에서는 온도가 급격히 상승한다. 15㎞ 상공의 대류권에서 상승 폭은 50-100도, 45-60㎞ 성층권에서는 200도나 더 높아진다. 바로 이 성층권의 온도 상승은 오존층 파괴를 불러온다. 또 수증기가 늘어나 수소화합물이 형성되면서 다시 오존층 파괴로 이어진다. 대기 상층부에 형성된 다량의 수증기는 '충돌의 겨울'의 급격한 종말을 가져온다. 강수량이 급증하면서 검댕 층은 순식간(몇 달 정도)에 사라지고, 그 결과로 지상에는 가공할 양의 자외선이 내리쪼이게 된다. 이 자외선은 하등 동물에게 특히 치명적이다. 이런 일련의 과정을 거쳐서 지구상의 생물을 급격하게 멸종시키는 길로 접어들게 된다.

6.3 운석의 충돌로 인한 해일의 발생

바다의 면적이 지구 표면의 2/3를 차지하므로 운석이 바다에 떨어질 가능성이 더 크다. 사실 운석이 육지에 떨어지는 경우와 바다에 떨어지는 경우 어느 것이 더 큰 피해를 주게 되는지는 상황에 따라 다를 것이다. 운석이 바다에 떨어지면 마찰에 의해 그 위력이 작아지므로 지각에 미치는 영향은 줄어들게 된다. 그러나 큰 해일을 만들어져 2차 피해를 유발하는 것이 문제다. 여기서는 이 해일의 문제만을 집중적으로 다뤄보고자 한다.

해일의 발생 원인은 다양하다. 일반적으로는 지진에 의해 발생하는데 이를 쓰나미tsunami라고 부른다. 해저 화산의 분출로도 유사한 상황이 만들어질 수 있다. 커다란 운석이 바다에 떨어질 때도 해일이 발생한다. 이는 우리가 호수에 돌을 던졌을 때와 마찬가지 상황이다.

호수 가운데 돌을 던지면 동그랗게 출렁이는 물결이 만들어지고, 이 물결은 사방으로 퍼져간다. 이런 상황은 바다에서도 마찬가지이다. 차이가 있다면 깊은 바다에서 만들어지는 물결은 그 이동 속도가 매우 빠르다는 점이다. 이 물결을 수면파surface wave라고 하고 그 이동 속도를 설레러티celerity라고 부른다. Celerity는 'velocity'와 유사한 개념인데 파wave의 경우에는 이 용어를 쓴다.

해일의 문제는 "얼마나 큰 수면파가 만들어지느냐?"와 "얼마나 빨리 움직이느냐?"의 문제이다. 먼저 수면파의 크기는 당연히 얼마나 큰 운석이 얼마나 빠른 속도로 충돌하느냐와 관련이 있다. 운석이 바다에 충돌하면 그 크기와 속도에 의해 순간적으로 그림 6-10과 같이 바닷속에 빈 공간이 만들어 진다. 이 빈 공간은 곧 바닷물로 채워지게 되는데, 주변의 바닷물이 순간적으로 무너지는 형태로 이루어진다. 이렇게 출렁이는 물결이 만들어지고 이 물결은 사방으로 빠르게 전파해 간다. 2004년 수마트라섬 인근에 진도 9 이상의 해저지진이 발생하였고, 이로 인해 발생한 해일로 인해 실종자 포함 약 40만 명이 희생된 것으로 알려져 있다. 해일의 높이는 채 10m가 되지 않았다.

해일의 속도는 수심과 직접 관련이 있다(Massel, 2012). 해일의 전파 속도는 다음과 같이 유도할 수 있다. 먼저, 그림 6-11을 보자. 이 그림에서 V는 속도, y는 수심을 나타낸다.

먼저, 정상 상태인 그림 6-11의 왼쪽 그림을 보자. 이 그림에서 정상이라는 의미는 시간에 따라 흐름이 특성이 변하지 않는다는 것을 의

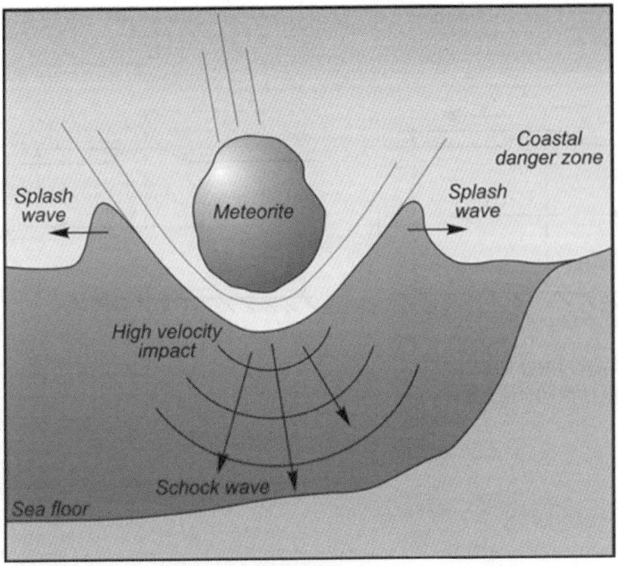

그림 6-10. 운석의 충돌로 인한 해일의 발생
출처: "Tsunami causes," *TheTsunamiTheory*.
https://sites.google.com/site/thetsunamitheory/home/tsunami-causes

미한다. 이 경우는 연속방정식과 베르누이 방정식을 적용하여 쉽게 해석할 수 있다. 먼저, 그림의 두 단면에 연속방정식을 적용하면,

$$Vy = (V + dV)(y + dy)$$
$$\frac{dV}{V} + \frac{dy}{y} = 0 \qquad (6.1)$$

위 식에서 $dVdy$는 매우 작은 값으로 0으로 가정되어 있다. 다음으로 같은 그림에 베르누이 방정식을 적용하게 되면,

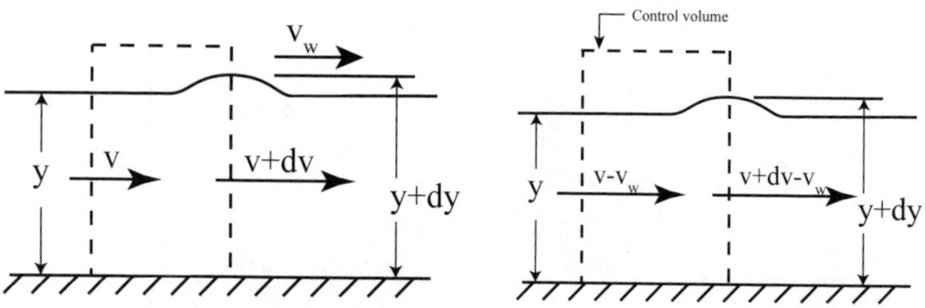

그림 6-11. 수면파의 전달 모습
(좌) 정상 흐름 (우) 비정상 흐름

$$\frac{V^2}{2g} + y = \frac{(V + dV)^2}{2g} + (y + dy)$$
$$VdV + gdy = 0 \tag{6.2}$$

위 식에서 압력수두는 0이라 표현되지 않은 것이다. 식 (6.1)과 (6.2)를 연립하면 다음과 같은 결과를 얻게 된다.

$$V = \sqrt{gy} \tag{6.3}$$

위 식에서 V는 속도($m/\sec$), g는 중력가속도($9.8m/\sec^2$), y는 수심(m)을 나타낸다.

흐름이 비정상이라는 것은 흐름 특성이 시간에 따라 변한다는 것을 의미한다. 이 경우에는 베르누이 방정식을 적용하기 어렵다. 대신에 운동량 방정식을 적용할 수 있다. 이 그림에서 V_w는 흐름의 속도이다.

이 속도 V_w를 0으로 가정하면 식이 좀 더 간단하게 되지만 그냥 놔두기로 하자. 먼저, 그림 6-11의 오른쪽 그림에서 흐름의 좌측과 우측에 적용되는 총 압력 F_1과 F_2를 구해보면,

$$F_1 = \frac{1}{2}\rho g y^2$$
$$F_2 = \frac{1}{2}\rho g (y + \delta y)^2 \qquad (6.4)$$

이 두 힘 F_1과 F_2의 차이는 마찰에 의한 손실이 된다.

$$F_r = F_1 - F_2 = \frac{1}{2}\rho g[(y^2 - (y + \delta y)^2] \qquad (6.5)$$

다음으로 주어진 단위시간 동안의 운동량의 변화(ΔM)를 표현해 보자.

$$\Delta M = \rho y(V - V_w)[(V + \delta V - V_w) - (V - V_w)] \qquad (6.6)$$

식 (6.5), (6.6)을 ρg로 나누어 역적–운동량방정식impulse-momentum equation의 형태로 표현하면(즉, 운동량의 변화량이 바로 힘),

$$\frac{y}{g}(V - V_w)[(V + \delta V - V_w) - (V - V_w)] = \frac{1}{2}[y^2 - (y + \delta y)^2] \qquad (6.7)$$

식 (6.7)에서 고차미분항은 매우 작은 값이므로 무시하면 식 (6.8)와 같이 간략화된다.

$$(V - V_w)\delta V = -g\delta y \tag{6.8}$$

다음으로, 그림 6-11의 오른쪽 그림의 두 단면에 연속방정식을 적용하면,

$$y(V - V_w) = (y + \delta y)(V + \delta V - V_w) \tag{6.9}$$

식 (6.9)에서 고차미분항을 무시하면 다음과 같이 간략화된다.

$$y\delta V = -(V - V_w)\delta y \tag{6.10}$$

마지막으로 역적-운동량방정식(식 (6.8))과 연속방정식(식 (6.10))을 연립하면,

$$(V - V_w)^2 = gy \tag{6.11}$$

식 (6.11)을 V_w 에 대해 정리하면,

$$V = V_w \pm \sqrt{gy} \tag{6.12}$$

매질을 통한 흐름속도는 $V = V_w \pm C$ 이므로 다음과 같은 결과를 얻게 된다.

$$C = \sqrt{gy} \tag{6.13}$$

수면파의 전파속도를 계산하는 식은 이처럼 간단하다. 결국 해일의 속도는 중력가속도에 수심을 곱한 다음에 제곱근을 취한 값에 해당한다. 중력가속도는 9.8m/sec^{2}이다. 동해의 평균수심은 약 1,700m 정도인데 계산의 편의를 위해 1,000m 정도라고 가정하자. 만일 동해에 운석이 떨어진다면 해일의 속도는 얼마나 될까? 간단히 100m/sec로 계산된다. 초당 100m의 속도는 대기 중 음속의 1/3 정도에 해당되는 매우 빠른 속도이다. 시속으로 360km/hr 이다. KTX보다 빠른 속도이다. 만일 독도 인근에 운석이 떨어진다면 이 때 발생한 해일은 1시간 안에 동해안에 도착한다. 바다가 깊다면 그 속도는 더 빨라진다. 태평양의 가장 깊은 곳이 수심 10,000m 정도이므로 이곳에 운석이 떨어진다면 그 속도는 음속과 비슷해진다. 시속 1,000km가 되는 것이다. 이는 민항기의 최대 속도이기도 하다. 초음속 전투기는 이보다 조금 더 빠르다. 사람이 뛰어서 도망갈 수 있는 속도가 아니다.

7장 환경재해

에린 브로코비치Erin Brockovich (2000)

감독 스티븐 소더버그
출연 줄리아 로버츠(에린 브로코비치 역), 앨버트 피니(에드 마즈리 역)
　　　에런 엑하트(조지 역)
줄거리

에린 브로코비치는 두 번의 이혼 경력과 아이 셋을 가진 싱글맘이다. 대학 졸업증, 자격증, 경력도 없는 그녀를 받아주는 일자리는 없었다. 어느 날 에린은 자동차 사고가 나게 되고 법적 분쟁까지 가게 된다. 에린은 법적 분쟁에서 패소하지만, 자신의 사건을 맡은 변호사 에드의 사무실에 취직하게 된다. 에린은 서류 더미에서 PG&E와 관련된 의료 기록을 우연히 발견하고 이에 대한 궁금증이 생기기 시작한다. 에린은 이 서류를 추적하던 중 PG&E가 공장에서 중크롬이 유출된다는 사실을 은폐한다는 것을 알아낸다. 이에 에린과 에드는 PG&E를 상대로 소송을 결심하고 마을 주민들을 설득한다. 그녀의 설득으로 마을 사람 대부분이 소송에 참여하고 결국 승소하게 된다.

그림 7-1. 영화 〈에린 브로코비치〉 포스터

7.1 환경의 개념

환경의 정의

환경은 사람이 사는 것과 관련한 모든 것을 다 통틀어서 이야기하는 종합적인 개념이다. 크게 보면 자연환경, 생활환경, 사회환경이 환경을 구성하는 세 가지 주요 요소이다. 간단히 '어디 가서 살고 싶으냐?'라고 물었을 때 가장 많이 선택되는 곳의 환경이 좋은 것이다. 우리나라에서는 아직 '어디가 환경이 좋으냐?'라고 물었을 때 자연환경이 좋은 곳이 선택될 가능성이 크다. 물론 개인적인 차이가 클 수 있음도 당연하다. 개인별로 중요하게 생각하는 부분이 다를 수 있기 때문이다.

세간의 부러움을 사는 서울의 특정 지역은 사실 우리나라에서 환경이 매우 좋은 곳에 해당한다. 이걸 이해하면 환경을 잘 이해하고 있는 것이다. 아니라면 환경을 평가하는 여러 요소 중 일부에 집착하고 있다는 뜻이다. 예를 들어, 지방 소도시의 환경이 더 좋다고 이야기하는 사람도 당연히 있다. 이 사람은 주로 자연환경에 대해 집착하고 있는 것이다. 반대로 사회환경과 생활환경은 상당히 과소평가한다. 교육여건, 치안 등은 사회환경에 속한다. 양질의 직장이 많다는 것도 사회환경이 좋은 것이다. 일상생활의 편의성은 생활환경에서 나온다. 쇼핑이 편리하고, 여가활동에도 유리한 환경, 또한 주변에 좋은 병원이 많아 의료서비스를 받는 데에도 유리한 것이 좋은 생활환경이다. 환경과 관련해서 특히 말과 행동에 큰 차이가 있는 경우가 많다. '지방의 소도시가 환경이 좋다'라고 말하지만, 서울의 특정 지역을 선호하는 것이 이

그림 7-2. 대도시와 소도시의 비교
(좌) 영국 런던 (우) 강원도 삼척

출처: (좌) QuintusPetillius, City of London skyline, 27 December 2019.
https://commons.wikimedia.org/wiki/File:City_of_London_skyline_27.12.2019.jpg
(우) 정유미, 〈도시를 읽다 (19) 강원 삼척 – 탄광 내리막길, 관광으로 꽃길 열다〉, 《경향신문》, 2017년 12월 07일. http://news.khan.co.kr/kh_news/khan_art_view.html?artid=201712072044005&code=350101&www

런 이유이다. 이 역시 환경을 자연환경에 한정하여 이해하는 데서 발생하는 괴리이다. 환경이 종합적인 개념이라는 것을 인정하고 받아들이면 말과 행동의 일관성을 가질 수 있다(이재근 외, 2013).

환경의 취약성

환경의 다른 특성으로 취약성이 있다. 쉽게 깨지는 성질이다. 마치 얇은 유리로 만든 장식물처럼 보기에 좋지만 함부로 다루면 쉽게 깨져버리게 된다. 일단 깨져버리면 다시 복원하기 어렵다. 자연환경, 사회환경, 생활환경 모두 그렇다. 자연환경이 이렇다는 것은 쉽게 이해할 수 있다. 한번 오염된 하천은 쉽게 복원되지 않는다. 한번 떠나간 물고기는 쉬 돌아오지 않는다(Botkin et al., 2001).

사회환경이나 생활환경도 마찬가지이다. 범죄에 한번 뚫리기 시작

그림 7-3. 아마존의 모습
(좌) 아마존 (우) 아마존 악어
출처: (좌) Erika Mayer, "Proposed Twin Ocean Railroad through the Amazon Raises Concerns," *Cultural Survival*, 2015. 7. 27. https://www.culturalsurvival.org/news/proposed-twin-ocean-railroad-through-amazon-raises-concerns

하면 걷잡을 수 없다. 교육환경도 한번 망가지면 단기간에 돌이키기 어렵다. 의료 인프라도 망가지면 회복이 어렵다. 너무나 많은 대가를 치러야하기 때문이다. 잘 조절하지 못하면 자꾸 나쁜 쪽으로 흘러간다는 것을 우리는 경험적으로 잘 알고 있다. 인간의 탐욕이 절제될 수 있도록 잘 조절하는 것이 무엇보다 중요하다.

있는 그대로의 환경 vs. 조절된 환경

사람들은 조절된 환경을 좋아한다. 있는 그대로의 환경을 좋아하는 사람도 있지만 다수는 아니다. 거의 예외 없이 모든 사람들이 사회환경, 생활환경은 당연히 잘 조절되어야 한다고 믿고, 그런 환경을 좋아한다. 사실은 자연환경조차도 있는 그대로의 환경보다는 정원처럼 잘 조절된 환경을 더욱 좋아한다. 아마존과 같이 조절되지 않은 환경을 좋아하는 사람은 많지 않다. 이 부분에서 말과 행동의 괴리가 크게 나타나기도 하는데, 행동이 어떻게 나타나는지를 보면 쉽게 이해할 수 있다. 아마존에 가서 악어와 해충과 함께 살고 싶어 하는 사람은 적다. 그곳에서 아이를 키우며 살고 싶어 하는 사람은 더욱 적다. 가끔, 또는 평생에 한 번, 가서 구경하고 경험하고 싶어할 뿐이다. 그때를 대비해서 지금 그대로 보전해야 된다고 강하게 주장하는 사람들이 많다. 그러나 현재를 유지하는 것조차 일종의 조절이다. 적절한 조절이 없다면 현재처럼 유지되지 않는다. 야생동물을 보호하고 생태계를 현재처럼 유지하는 것은 중요한 조절 활동이다.

7.2 국가 개발단계와 환경오염

저개발 국가의 환경이 좋을 거라는 착각

저개발 국가의 환경은 긍정적이지 못하다. 동남아시아나 아프리카의 많은 나라를 보면 이런 상황을 쉽게 이해할 수 있다. 사람에 전적으로 의존적인 1차 산업, 높은 인구밀도, 높은 출생률과 사망률, 빈곤, 취약한 치안, 정치적 혼돈… 이런 것들이 저개발 국가의 특징이다. 저개발 국가의 자연환경조차 우리가 상상하는 상태는 아니다. 우리의 상상처럼 맑고 깨끗한 사람의 손길이 거의 닿지 않은 그런 곳은 실제는 사람이 살기 좋은 곳이 아니다. 사람이 살기 좋은 곳이었으면 이미 사람들이 다 차지했고 인구밀도도 상당히 높은 상태일 것이다.

농업에 조금만 유리해도 사람들이 넘쳐난다. 사람의 생존에 물이 필요하므로 큰 강가에는 수많은 사람이 몰려 산다. 상수도, 하수도의 역할을 그 강이 책임지고 있다. 인구가 어느 정도 이상 되면 어떤 상태로 변하게 되는지는 충분히 짐작할 수 있다. 예를 들어, 조선 시대의 한성(현재의 서울)은 현재의 기준으로 보면 저개발 국가의 상태이다. 드라마나 영화에서는 깨끗하게 묘사될 수도 있으나, 현실은 전혀 그렇지 않았다. 상수도 시스템이 없었고, 당연히 목욕할 물이 없었다. 하수도 시스템의 부재는 많은 전염병을 부른다. 당시 청계천은 일종의 하수도였다고 보는 것이 타당할 것이다. 청계천 주변에 사는 사람들의 생활오수, 배설

그림 7-4. 인간의 손길이 닿지 않은 곳들
(상) 고산지대 (중) 사막 (하) 극지방

물이 모두 청계천에 모인다고 상상해 보라. 장티푸스, 콜레라 등이 끊임없이 발생할 수밖에 없는 조건이 형성되는 것이다. 이런 상태가 저개발 국가의 상황이다. 우리나라는 1960년대까지 이런 상태를 유지하였다. 인구밀도가 낮은(사실은 낮을 수밖에 없는) 밀림, 고산지대, 건조지역, 극지방 등의 환경을 보고 저개발 국가의 환경이 좋다고 판단하는 것은 너무 편협한 것이다(Xepapadeas, 1997).

경제개발의 시작과 환경의 악화

경제개발의 시작은 단순한 일이 아니다. 그러나 일단 시작되었다고 가정하자. 이 상황에서 할 수 있는 것이 무엇이겠는가? 노동력에 의존한 기술력이 거의 필요 없는 경공업이 최대이다. 일자리가 만들어지므로 농촌과 어촌에서 젊은이들이 대거 도시로 몰려들게 된다. 중국에서 이를 '농민공'이라고 부른다. 열악한 주거환경뿐만 아니라 상하수도 문제, 쓰레기 문제가 크게 대두되지만, 해결방안은 딱히 없다. 이 문제를 해결할 정도로 충분한 국가의 부가 축적되지 못했기 때문이다. 환경에 대한 인식도 없을뿐더러 관련 제도도 미비한 것이 당연하다. 그 결과로 선진국이나 개발도상국에서 밀려난 오염산업이 대거 유입된다. 심지어 쓰레기, 폐기물을 수입하는 일도 비일비재하다.

소위 개발도상국이 되면 일단 도시 주변의 하천은 다 썩어들어 간다. 생활오수, 산업폐수 등이 충분한 처리 없이 그대로 하천으로 흘러들어간다. 처리 자체를 고려하지 않는 경우가 더 일반적일 것이다. 우리

그림 7-5. 개발도상국의 극단적 환경 파괴
(좌) 인도의 쓰레기 산 (우) 방글라데시의 부리강가강

나라의 대구는 섬유산업으로 성장했다. 초기의 섬유산업은 염색이 중요한 부분인데, 사용되는 염료에는 중금속이 상당히 많이 포함되어 있다. 사용하고 남은 염료는 처리하지 않고 그냥 하천에 버려진다. 하천은 바로 썩어버리게 된다. 하천에서 썩는 냄새가 난다면 믿어지겠는가? 우리나라에서도 이런 일은 1980년대 초반까지 지속되었다.

중화학공업의 시작과 또 다른 환경문제

경공업이 어느 정도 성공적으로 자리 잡으면 국가에서는 한 단계 높은 경제계획을 진행하게 된다. 바로 중화학공업이다. 이 과정은 한 국가에 있어 매우 중요하다. 중화학공업으로의 전환이 성공적으로 진행되면 상당한 부를 축적할 수 있기 때문이다. 국민의 생활수준도 눈에 띄게 좋아진다. 소비도 늘고 모든 부분에서 선순환이 일어난다. 1980년대 우리나라는 이런 전환이 성공적으로 진행되는 상황이었다. 생활수준도 높아져 모든 성인이 자기 차를 갖게 되는 소위 '마이카my car' 시대가 올 거라고 들떠 있던 시기이다. 공교롭게도 이 시기에 맑고 깨끗한 물에 대한 욕구가 발동한다.

공교로운 상황이다. 부가 어느 정도 축적된 상황에서 국민의 요구가 맞물려 국가는 맑은 물 공급에 상당한 재원을 투자하게 된다. 대도시 중심으로 제한되었던 상수도의 급격한 보급이 이 시기에 이루어진다. 여기에 깨끗한 하천에 대한 욕구도 커진다. 하수처리시설의 확충에서부터 다양한 종류의 하천사업이 연이어 이루어진다. 결과적으로 하천 수질은 좋아지고, 사라졌던 물고기도 돌아온다. 하천이 다시 사람들이 즐겨 찾는 장소로 변하게 된다. 개발을 시작한 지 수십 년 만의 일이다. 이때가 중진국이다. 우리나라의 80, 90년대 모습이다.

중화학 공업은 새로운 오염원을 만들어낸다. 환경규제가 주로 수질에 맞추어져 있어 일종의 사각지대에 해당하는 부분이 노출되기 시작한다. 첫 번째가 대기오염이다. 발전소의 높은 굴뚝으로 연일 매연이 쏟아져 나온다. 무얼 만드는지 모르는 많은 공장에서도 연기가 쏟아져 나온다. 도로에도 수많은 차가 매연가스를 내보낸다. 겨울철이 되면 난방용 석탄, 석유가 끝없이 연소된다. 도시의 하늘은 검게 그을린 것처럼 변하게 된다. 또 다른 문제는 토양오염이다. 중화학공업의 폐수는 대개 중금속을 포함한다. 폐수처리에 들어가는 비용이 상당하므로 할 수 있다면 모르는 곳에 버리려는 유혹이 강한데, 주로 공장 내 외진 곳에 묻는 방법을 쓴다. 공장 내의 지역이라 외부에 발각될 가능성도

그림 7-6. 1980년대 우리나라의 교통체증

적다. 그런데 매립된 이들 폐수는 천천히 지하수를 오염시킨다. 식수를 지하수에 의존하는 경우에는 문제가 서서히 나타나게 된다. 해안가에 공장이 있다면 교묘하게 바다로 버리게 되는데, 결국 갯벌의 다양한 생물들이 오염되고, 이를 먹는 사람들에게도 그 영향이 나타나게 된다. 사람들에게 심각한 영향이 나타나고 그 원인이 폐수의 매립, 무단방류에 있다는 것이 밝혀지기 전까지 이런 일이 계속 진행된다.

이렇게 하늘과 땅이 썩어가는(?) 와중에도 나라는 발전한다. 이제 선진국의 문턱에 들어서게 된다. 수질 문제는 큰 틀에서 해결되어 간다. 그러면 이제 대기오염 문제가 주요 이슈로 대두되게 된다. 결국 맑고 깨끗한 물에 더해 깨끗한 공기에 대한 요구가 거세지게 된다. 정치적인 이슈로도 대두된다. 우리나라에서는 이게 2000년대 이후의 일이다. 국가에서도 이를 감당할 만하다. 오염물질 발생이 심한 공장들이 대거 이전되고, 석탄 발전소는 이전되거나 또는 친환경 연료를 사용하는 발전소로 대체된다. 디젤 연료를 사용하는 자동차에 대한 규제도 강화된다. 심한 경우에는 디젤 트럭의 도시 진입이 금지되기도 한다. 원자력 발전이 중요한 대안이 되기는 하지만 원자력의 안전과 방사성 폐기물의 문제도 동시에 부각되어 정치 이슈화한다(김동술, 2013).

선진국이 가지고 있는 새로운 환경문제

이제 선진국이 되었다. 그러나 환경문제가 끝난 건 아니다. 토양오염이 아직 해결되지 않았다. 토양오염은 주로 중화학공업, 광산, 군사지역에서 경우에 따라서는 농업지역에서도 발생한다. 좁게 보면 주유소 인근에서 발생하기도 한다. 중화학공업의 경우에는 중금속폐기물의 무단 매립이 가장 큰 문제이다. 매립이 주로 공장 부지 내에서 이루어지므로 공장을 운영하는 동안은 발견되기 어렵다. 공교롭게도 공장이 망하거나 또는 다른 이유로 공장이 이전되는 경우에 부각된다. 이전된 공장부지는 주로 주거지로 변하게 되는데 이게 문제 발단의 시작이다. 지하수를 통해 오염물질, 즉, 중금속이 인체에 유입되기도 한다. 지하수를 음용수로 사용하는 서구의 경우에 있어 전형적인 형태이기도 하다. 광산의 경우에는 특정 광물을 회수하는 과정에 사용되는 화학물질 및 경제성이 없어 폐기된 광물로 인한 오염이 문제이다. 군사 지역에는 화약류 및 폐유류의 무단 매립이 심각한 것으로 알려져 있다. 화기 연습장에서의 화약류 오염도 심각하다.

토양오염의 가장 큰 문제는 문제의 해결 주체가 사라졌거나 모호하다는 데 있다. 예를 들어 중화학공업과 관련한 토양오염 문제는 해당 기업이 이미 도산한 후에 문제가 부각될 가능성이 크다. 광산의 경우도 마찬가지이다. 군사시설의 경우에도 결국 해결은 국가의 몫이다. 농업지역의 토양오염도 마찬가지이다. 겨우 해결 가능하다는 것이 주요소에서의 오염 정도인데, 이마저도 개인이 감당할 능력이 없는 경우가 많다. 결국 국가의 부담이 느는 방향으로 문제가 진행된다. 미국에서는 카터 대통령 시절 이 문제의 해결을 위해 소위 슈퍼펀드super fund라는 것을 조성한 적도 있다. 문제는 있으나 달리 해결방안이 없었기 때문이다(최상일 외, 2009).

쓰레기라고 하는 생활폐기물은 늘 문제이다. 정말 다양한 문제들이 쓰레기와 관련되어 있다. 첫 번째는 매립의 문제이다. 쓰레기는 산더미처럼 쌓여 있는데 매립장이 없어서 늘 고생이다. 그러나 문제의 핵심은 매립장 자체가 아니고 운송비용이다. 쓰레기의 가장 큰 문제는 늘 운송비용에 있다. 도시와 가까운 곳에는 쓰레기를 매립할 만한 곳을 찾기 어렵기 때문이다. 먼 곳까지 이동하는데 비용이 크게 들지 않으면 별 문제가 아닐 수 있다. 매립할 토지의 면적은 사실 그리 크지 않다. 문제는 시민들이 이 운송비용을 감당하고 싶어 하지 않는다는 데 있다.

또 다른 문제는 분리수거이다. 비닐, 플라스틱 등 화학폐기물의 경우 자연분해가 어려워 매립에 반대하는 의견이 많다. 재활용해야 한다고 강력하게 주장한다. 그러나 문제는 재활용에 사용되는 비용이다. 분류된 자원의 품질도 문제이다. 예를 들어, 우리나라에서는 비닐을 플라스틱과 구분하여 분류하는데, 이 분류된 비닐의 품질이 매우 낮은 것으로 알려져 있다. 여러 가지 원인이 있을 수 있으나 젖은 음식이 많은 우리나라의 특성일 수도 있다. 결과는 품질이 좋은 폐비닐을 수입하고 우리나라의 폐비닐은 저개발국으로 수출하거나 불법으로 적재해 놓는다(최근 관련 문제가 너무 많이 불거지고 있다). 현 상태에서는 소각이 최선일 듯하지만 이에 대한 거부반응도 많다. 젖은 쓰레기를 소각하는 경우 발암물질인 다이옥신이 발생할 수 있기 때문이다.

쓰레기 해양투기도 문제이다. 우리나라에서 발생하는 쓰레기의 최대 50%를 공해상에 그냥 버린다. 아마 전 세계 모든 나라가 이렇게 하고 있는 것으로 보인다. 모두 공범이다. 최근 플라스틱 빨대가 환경운동의 큰 이슈로 부각되어 있다. 거북이 등 바다 생물이 이 빨대로 인해 고통 받는 모습이 뉴스를 통해 보도되고 있다. 스타벅스와 같은 기업에서는 플라스틱 빨대를 종이 빨대로 대체하여 제공하고 있다. 금속 소재의 개인 빨대를 이용하자는 운동도 벌어지고 있다. 그러나 이러한 현상은 사실 모두 코미디와 같다. 문제의 핵심은 쓰레기의 해양투기에 있

 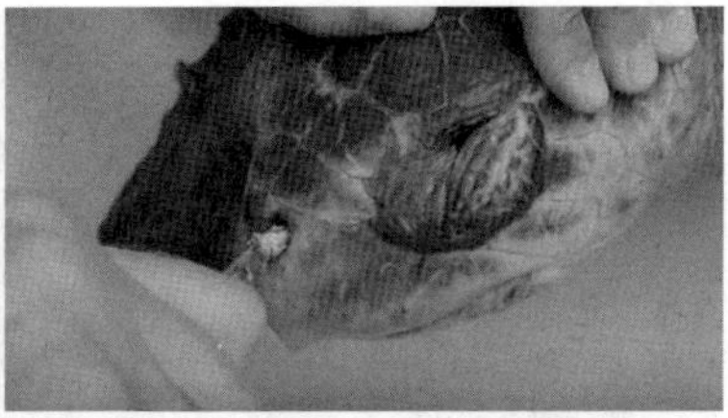

그림 7-7. 쓰레기 해양투기의 결과
(좌) 거대한 쓰레기 섬 (우) 빨대가 코에 꽂힌 바다거북

다. 해양투기를 금지하자고 해야지, 왜 플라스틱 빨대를 가지고 사람들을 불편하게 할까? 일종의 이슈 파이팅이다(차인환 외, 2015).

고래의 자살에 대하는 환경운동가들의 접근 방법도 소위 빨대의 문제와 유사하다. 고래들의 자살은 해변으로 올라와 버리는 형식으로 이루어진다. 자살하는 고래를 밀어서 다시 바다로 돌려보내려고 무진 애를 썼다. 왜 그런지 과거에는 잘 몰랐다. 여러 가지 설이 제기되었지만 증명된 것은 없다. 최근 밝혀진 원인 중의 하나는 어업용 선박, 잠수함, 전함 등에서 사용하는 소나SONAR: sound navigation and ranging라는 것이다. 소나는 음파를 이용한 탐지기이다. 레이더와 개념이 동일한 기기이다. 물고기를 탐지하고, 적 잠수함을 탐지하는 목적으로 이용된다. 소위 음파 영역의 파를 방출하고 그 반사파를 분석하여 물속의 물체를 파악한다. 문제는 이 음파에 있다. 고래에게는 그 소리가 마치 들으면 미칠 것 같은 소리 영역인 것이다. 이것이 밝혀진 이후 오히려 고래의 자살 이슈를 다루는 목소리가 작아졌다는 것은 아이러니가 아닐

그림 7-8. 호주 남부 해안에서 발생한 고래의 집단 자살(ⓒ Reuters)
출처: Lewis Smith, "Human Factor Suspected in Mass Beaching of Whales in Australia," *Common Dreams*, 2009. 3. 3.

수 없다. 전 세계가 모두 공범이고 또 현재로선 대안이 없으니 달리 방법이 없었던 것이다.

7.3 환경오염의 종류

수질오염

환경오염을 이야기할 때 수질오염이 빠지지 않는다. 그만큼 기본적이고 중요한 오염이다. 특히 먹는 물과 관련이 있어 더욱 그렇다. 여름철 하천의 녹조나 빨간 수돗물의 문제 등으로 인해 수질 문제가 여전히 중요한 이슈가 되어 있다.

앞서 설명한 것과 같이 다양한 종류의 오염이 한 국가의 개발 상황과 밀접하게 연결되어 있다. 수질오염은 개발 초기에서부터 큰 문제로 부각되게 된다. 주로 경공업에서 발생하는 다양한 오염 물질이 적절한 처리 없이 하천에 마구 버려진다. 도시화로 인해 많은 사람들의 생활하수 및 배설물도 적절한 처리 없이 하천으로 유입된다. 오래지 않아 하천은 썩어버리고, 공교롭게도 이 물을 먹고 사는 사람들도 수질오염의 영향을 직접적으로 받게 된다.

수질오염은 물이 사람이나 동물 또는 기타 목적으로 이용하기에 부적절한 수준으로 변질되는 것을 의미한다. 특히, 수중생물의 생존에 영향을 주는 상태로 변화되는 것을 수질오염이라고 한다. 주로 화학적인 것으로 생각하지만, 생물학적인 것은 물론 물리학적인 특성도 매우 중요하게 고려된다. 예를 들어, 물은 맑고 투명하게 흘러야 정상이라고 생각하는데, 경우에 따라서는 흙탕물이 되기도 한다. 이 흙탕물은 사실은 작은 모래 입자들이 물속에 떠 있는 상태를 의미한다. 이 작은 모래 입자들이 그 자체로 오염물질은 아니다. 그러나 이 흙탕물은 당연히 '오염된 물'이 된다. 이는 마치 플라스틱 쓰레기가 떠다니는 바다를 보고 오염됐다고 하는 것과 같다. 흙탕물에서 모래를 제거해 주면 깨끗한 물이 된다. 사실 여기에는 심리적인 원인도 함께 작용한다. 상대적으로 쉽게 제거할 수 있는 물질이지만 보기에 좋지 않다는 것만으로도 오염으로 취급되기도 한다.

수질오염의 생물학적 원인은 다양하다. 최근 이슈가 된 녹조 문제는 주로 생물학적인 문제이다. 녹조가 많아지면 수중에 독성이 강한 화학물질을 내뿜어 수중 생태계를 급격히 파괴하게 된다. 이 상태까지 가지 않더라도 하천이 녹색으로 변해가는 것만으로도 충분히 수질오염이라고 판단하게 된다. 물론 이것만이 아니다. 사람이나 동물들의 배설물도 중요한 수질오염원이다. 이 배설물들이 하천으로 들어가면 다양한 수중 식물들을 과도하게 키우는 비료의 역할을 하게 된다. 너무 많이 자란 수중 식물들은 물속의 산소를 과도하게 소모하고, 결국 물을 썩게 만드는 원인이 된다. 다양한 종류의 미생물, 세균, 그리고 바이러스도 문제이다. 이러한 생명체들은 사람을 병들게 하고 심한 경우에는 죽게 만든다. 우리가 원시 하천이라고 부르는 그런 하천은 특히 생물학적 관점에서 오염된 하천일 가능성이 크다. 이런 물은 절대로 그냥 마시면 안된다. 반드시 끓여서 물속의 다양한 미생물들을 제거해야 한다. 인간의 개입이 전혀 없는 경우에도 하천은 물리적인 원인이나 생물학적인 원인으로 인해 오염되었을 가능성이 매우 크다(이규성 외, 2007).

그러나 역시 수질오염의 주범은 주로 사람이고 화학적이다. 기본적으로 우리의 일상생활에서 나오는 생활하수, 다양한 산업활동을 통해 만들어진 산업폐수 등이 수질을 악화시키고 있다. 여기에 농업활동에 사용되는 비료, 축산폐수, 축산폐기물 등도 수질에 치명적인 영향을 미치고 있다. 이러한 오염원을 분류하는 방법은 다양할 수 있으나, 일반적으로 다음과 같이 구분한다. 먼저, 분해성 유기물(질)을 들 수 있다. 분해성 유기물은 분해가 되는 유기물, 즉, 먹고 남은 음식이나 배설물과 관련이 있다. 이 분해성 유기물은 물속 다양한 생물의 먹이가 되는데, 그 양이 과도하면 이러한 생물의 과도한 성장을 초래하게 되고, 결국 수중의 산소를 고갈시켜 물을 썩게 만든다. 축산폐수, 축산폐기물도 비슷한 특성을 가지고 있다. 경제개발 시점에는 인분이라고 해서 사람이 주범인 경우가 많으나, 점차 소, 돼지, 닭 등으로 주범이 바뀌게 된다. 우리나라의 경우도 이 축산폐수, 축산폐기물을 잘 관리하고 있지 못하는 상황이다(권순국, 1998).

합성세제도 수질오염에 큰 역할을 한다. 합성세제는 우리가 목욕할 때 사용하는 샴푸 등에서부터, 빨래나 설거지에 사용하는 세제까지 매우 다양하다. 이들이 모두 화학적으로 합성된 것이라서 합성세제라고 부른다. 합성세제의 사용 목적은 당연히 우리의 몸, 의복, 또는 식기에 붙어 있는 때를 제거하는 데 있다. 이 때라고 하는 것이 우리에게는 제거 대상인데 자연에서도 과연 그런지 의문이다. 예를 들어 그릇에 물을 오래 담가두면 그릇 표면이 미끌미끌해지는데 이는 그 표면에서 자란 이끼일 가능성이 크다. 이 이끼는 물고기들의 먹이가 된다. 하천에 있는 돌 표면이 미끌미끌한 것도 같은 원인이다. 그런데 이 이끼를 세제로 닦아 내면 좋은 것인가? 꼭 그렇지는 않을 것이다. 맑은 물에 고기가 못 산다는 말을 기억하면 이해가 된다. 또 다른 문제는 세제에 첨가물로 들어가는 계면활성제라는 것이다. 이 화학물질은 거품을 많이 만들어 내려고 사용한다. 즉, 세제와 때 사이의 접촉 면적을 크게 해 주어

때를 제거하는 효율을 크게 할 때 사용하는 화학물질이다. 그런데 이 계면활성제가 하천에 들어가면 역시 많은 거품을 만들어 내어 물과 대기를 차단하는 역할을 한다. 많은 거품이 없는 경우라도 물 표면이 반짝반짝 빛나는 경우에는 수면이 계면활성제로 덮여 있을 수도 있는 것이다. 대기 중 산소가 물속으로 들어갈 수 없어 결국 물은 썩어 버리게 된다(공인철, 2006).

중금속은 그 영향이 치명적이기는 하지만 상대적으로 국지적인 영향을 가지고 있다. 즉, 이 중금속의 문제는 넓은 지역에 광범위하게 퍼지기보다는 오염원 주변으로 한정될 가능성이 크다. 중금속의 문제가 광역적으로 발생하려면 국가에서 아예 이런 문제들에 손을 놓고 있어야 하는데, 이런 상황은 극히 비정상적이다. 그러나 그 영향은 치명적이다. 환경문제와 관련한 많은 영화들이 이 치명적인 중금속 오염을 주제로 삼는 경향이 크다. 우리나라에서도 중금속과 관련된 문제는 꾸준히 계속되고 있다. 섬유산업과 같은 경공업, 대부분의 중화학공업이 중금속과 상당 부분 관련이 있기 때문이다. 중금속이 포함된 폐수는 그 처리 비용이 상당하기 때문에 일부 부도덕한 기업은 하천으로 몰래 방류하거나 토양에 매립해 버리곤 하였다. 그 결과로 하천이 썩고, 지하수가 오염되고, 장기간에 걸쳐 갯벌이 오염되는 상황을 초래하게 된 것이다. 최근 서울시에서 주꾸미, 꼴뚜기 등 주로 갯벌에 사는 생선에 대한 주의를 내린 적이 있는데 이는 모두 중금속 오염과 관련이 있다. 미국에서는 등푸른 생선을 임산부나 어린이에게 먹이지 말라고 권장하는데 이것 역시 중금속 오염과 관련이 있다(Huamain et al., 1999).

유독물질도 그 영향은 치명적이지만 실제 오염은 제한적으로 나타난다. 가장 흔히 볼 수 있는 것이 농약인데 이 역시 농업지역에 한정되어 나타난다. 일반인들이 체감하기는 어렵다. 과거 DDT와 같은 살충제가 문제가 되어 퇴출된 사례도 있다. 소위 발암물질이라고 불리는 다양한 화학물질도 유독물질에 포함된다. 우리나라 낙동강에서 발생한 페놀 오염 사건도 발암물질인 페놀이 낙동강에 대거 방류된 사건이다. 이 사건이 미국에서 발생했더라면 아마도 그 사고를 일으킨 기업은 이미 사라졌을 것이다. 사건은 매우 중대했지만 당시 우리나라는 이 문제를 적절하게 다룰 수 있는 수준은 아니었다. 유류와 같은 석유제품들도 가끔 큰 사고를 일으킨다. 바다에서 유조선이 좌초하여 원유나 다른 석유 제품이 바다로 유출된 사고는 우리나라에서도 가끔 발생한다. 그 영향이 어떤지는 잘 기억할 것이다. 만일 유조차가 팔당댐에 빠져 싣고 있던 석유제품이 모두 유출됐다면 무슨 일이 발생할까? 서울, 경기의 생활용수 공급이 멈추는 것이다. 댐에 모아둔 물을 모두 빼고, 청소한 후 다시 물을 모아 공급해야 한다. 대략 2,000만 명 이상의 주민들에게 물 공급이 중단되는 것이다. 그것도 수개월 동안. 상수원보호구역은 이런 위험 때문에 생긴 것이고, 실제 위험물질, 유독물질을 실은 차량은 이곳에 들어갈 수 없다. 이런 차량에는 GPS를 설치하여 그 이동 경로가 실시간으로 감시된다.

농업에 필수적인 비료도 수질오염에 상당히 중요한 역할을 한다.

질소, 인은 식물이 성장하는 데 필수요소이다. 자연적으로 공급되는 질소, 인의 양이 적어 인공적으로 이를 공급해 주게 되는데 이것이 비료이다. 복합비료라고 하면 이 두 가지가 같이 들어 있는 것을 말한다. 과거 다양한 퇴비를 이용하여 비료 역할을 대신하게 했지만 지금은 공장에서 만든 화학비료가 일반적이다. 문제는, 늘 그렇듯이, 딱 필요한 양만 사용되는 것이 아니고 대부분 훨씬 더 많이 사용된다는 점이다. 연하고 크게 잘 자란 채소는 모두 과도한 영양(비료)으로 키우고 충분한 농약으로 보호된 결과물이다. 비료가 상당히 저가이기 때문에 굳이 돈을 아껴서 농사를 망칠 필요는 없다. 그러나 문제는 역시 소모되지 않고 남아있던 비료가 대부분 하천으로 들어온다는 것이다. 이 비료는 다시 수중의 식물을 키우는 데 효과적으로 사용된다. 이제 녹조가 번성할 차례가 된 것이다. 우리나라에서는 장마가 지난 후, 온도가 높고 햇볕이 쨍쨍한 여름에 녹조가 절정을 이룬다(이상진, 2014).

그림 7-9. 수질오염으로 죽은 물고기 떼

대기오염

중화학공업은 국가 발전과정에 뺄 수 없는 중요한 부분이다. 전 세계에

그림 7-10. 다양한 대기오염원들

서 중화학공업이 활발한 나라를 꼽아보면 어디가 있을까? 먼저, 아메리카 대륙에서는 단연 미국, 그리고 캐나다가 그 뒤를 잇는다. 유럽에서는 당연히 독일과 프랑스가 활발하고, 영국과 이탈리아는 쇠퇴하고 있다. 아시아에서 보면 단연 일본과 한국, 중국이 발전하고 있다. 한국이 차지하고 있는 중화학공업에서의 위상을 실감할 수 있다. 전기·전자, 자동차, 철강, 조선, 석유·화학, 건설 이 모든 분야에서 우리나라는 소위 글로벌 기업을 거느리고 있다. 이것이 현재 우리나라의 위상이다.

그런데 이러한 산업은 또 다른 중요한 문제를 일으킨다. 다름 아닌 대기오염이다. 엄청난 양의 전력 수요가 필요하고 그 가격도 저렴해야 한다. 인구증가에 의한 난방 수요도 크다. 소득의 증가는 많은 수의 자동차로 거리를 채운다. 이를 유지하기 위해 많은 화석연료가 소비되고 있다. 이를 상당 부분 대체하는 것이 원자력이고, 신재생에너지는 효율이 너무 낮다. 지리적 특성, 기후 특성이 신재생에너지의 효율을 약화시키는 것은 우리나라의 한계이다.

대기오염은 즉시적이다. 공장을 돌리는 동안, 발전을 하는 동안, 난방을 하는 동안, 자동차를 움직이는 동안 대기오염 물질이 배출된다. 특히 석탄에 대한 의존도가 클 때 대기오염은 극단을 치닫게 된다. 과거 우리나라도 석탄에 대한 의존도가 매우 컸으며, 이때는 물론 우리나라의 대기오염도 극단적이었다. 남산에 올라가 서울을 내려다보면 20-30층이 넘는 건물 꼭대기 정도만 간간히 보이고 나머지는 짙은 매연에 쌓여 보이지 않았다. 그러나 곧, 석탄은 석유로 대체되었고, 이제는 상당부분 원자력에 의존하고 있다. 우리나라에서도 생산되지만, 석탄의 경우는 대기오염이 너무 심하고, 석유는 모두 수입에 의존하고 있고, 따라서 원자력은 이런 문제를 해결할 수 있는 좋은 대안이었던 것이다. 전 세계적으로 보아도 우리나라는 원자력의 비중이 아주 큰 나라에 속하는데, 이러한 변화를 통해 안정적으로 전력을 확보하고 대기오염을 상당히 해결할 수 있었던 사례에 해당한다(오광중 외, 2011).

대기오염은 국경을 초월해서 발생하는 특성이 있다. 어떤 나라에서 대기오염이 심하게 발생하고 있다면 인접해 있는 나라도 대기오염에서 자유로울 수 없다. 우리나라에서 봄철에 발생하는 황사는 심한 경우 미국 서부에까지 영향을 미친다고 한다. 사실 우리나라는 이제 대기오염에서 자유로울 수 있는 시기에 도달한 것인데, 주변국이 중화학공업 발전을 이루면서 다시 심각한 대기오염 문제를 안게 된 안타까운 상황이다. 이런 문제는 우리나라의 기후 특성과 밀접한 관련이 있다. 간단히 말하면 우리나라에는 크게 두 가지의 바람만 분다. 하나는 서풍,

그림 7-11. 국경을 초월하는 대기오염(AirVisual Earth)
출처: https://www.iqair.com/earth?nav

또 하나는 북풍이다. 특히, 겨울철 추위는 북풍을 타고 온다. 나머지는 서풍이다. 가끔 동풍이 부는 데 흔하지 않다. 우리나라의 겨울철 기후 특성인 삼한사온(삼일은 춥고 사일은 따듯하다)을 최근에는 삼한사미(삼일은 춥고 사일은 미세먼지)라고 부른다. 북풍이 부는 추운 날에는 파란 하늘이 보이고, 서풍이 부는 따뜻한 날에는 미세먼지가 기승을 부린다. 이게 우리나라의 기후 특성이다.

건조한 지역에서는 산불이 대기오염의 주범인 경우도 있다. 최근 호주의 경우를 보면 산불이 얼마나 심각한 것인지를 확인할 수 있다. 미국 로스앤젤레스Los Angeles, LA와 같은 서부의 도시에서도 산불은 중요한 대기오염원이 된다. 이러한 지역은 사실 사막에 가까운 기후 특성을 가지고 있어서 산불에 너무 취약하다. 그런데 열대 지역에 위치한 싱가포르의 경우도 산불에 의한 대기오염이 심각한 편이다. 산불이 자연적으로 발생하고 한번 발생하면 몇 년 동안 지속되기도 한다니 상상을 초월한다.

대기오염하면 생각나는 단어는 스모그smog이다. 연기에 해당하는 스모크smoke에 안개에 해당하는 포그fog를 합성한 단어이다. 매연이 극심하여 짙은 안개처럼 도시를 감싸고 있는 모습이다. 과거 영국의 모습이나 최근 중국 대도시의 모습이 이런 것이다. 이로 인해 수천, 수만명이 직접적으로 희생되었고 간접적인 피해는 이루 말할 수 없을 정도이다. 우리나라에서도 80년대에 이런 모습이 빈번히 발생하였다. 주로 석탄을 연료로 사용하는 경우의 문제이다(Stern and Arthur, 1984).

한때 공장, 자동차 등에서 방출되는 황산화물, 질소산화물 등이 크게 주목받았었다. 이 산화물은 그 자체로도 인체에 피해를 주지만 대기 중 수증기와 결합하여 황산, 질산으로 변하기도 한다. 소위 산성비라는 것이 내리게 되는 이유다. 이 산성비는 실제로 고대의 대리석이나 석회암으로 만든 조각품을 녹이고 있다. 영화에서는 자동차까지 녹이는 상황이 연출되기도 하였다. 산성비는 저수지로 유입되어 수중 생태계를 멸종시킬 것으로 예측되기도 하였다. 그러나 현재의 상황은 조금 다르다. 이런 화학물질을 규제하였기 때문이다. 한때 다이옥신이라고 하는 발암물질이 주목받은 적이 있다. 2000년대 우리나라에서 있

그림 7-12. 산성비로 인한 숲의 산성화

었던 일이다. 당시 적은 쓰레기의 소각과정에서 발생하는 다이옥신이 큰 이슈가 되었다. 이로 인해 음식물쓰레기 분리수거가 정착하는 계기가 되었다(이경재, 1993).

지금은 미세먼지가 대기오염의 주범이다. 그러나 미세먼지는 최근의 오염원은 아니다. 가장 오래된 대기 오염원이다. 그 입자 크기가 너무 작아 위험성을 잘 몰랐을 뿐이다. 나무를 때거나, 석탄을 때거나, 석유를 때거나, 액화석유가스LPG 또는 액화천연가스LNG를 땔 때도 정도의 차이는 있지만 미세먼지가 발생한다. 특히 취사 중 발생하는 미세먼지가 치명적인 것으로 알려져 있다. 우리가 잘 몰랐지만 대기오염 중 가장 위험한 것이 실내 대기오염으로 되어 있다. 원인은 미세먼지이다. 우리 어머니들이 그런 위험 속에 놓여 있었던 것이다. 폐암 등 치명적인 폐질환이 그 결과로 나타난다. 환기가 중요한 이유는 여러 가지이지만 그 중의 하나가 이것이다(현상민·최영호, 2019).

쓰레기라는 이름의 폐기물

도시는 커지는데 도시에서 배출되는 쓰레기를 처리하지 못하는 상황이 만들어지곤 한다. 이 문제가 대기오염보다 먼저 발생하기도 하는데, 우리나라도 대기오염이 큰 이슈가 되기 전에 쓰레기 대란을 치른 경험이 있다. 지금 월드컵 경기장이 있는 상암동 근처가 쓰레기 매립장이었던 것을 기억하는 사람은 얼마나 될까? 그곳에 난지도라는 섬이 있었는데, 사실은 상암동 인근 한강에 있었던 섬의 이름이다. 즉, 난지도와 상암동 사이의 하천 공간을 쓰레기로 메우고 있었던 것이다. 결국 이곳을 다 메우고 현재의 하늘공원을 만들 만큼 큰 쓰레기 산을 만들었다. 더 이상 쓰레기를 쌓을 수도 없었는데 여전히 쓰레기를 매립할 다른 장소를 찾지 못했고, 결국 쓰레기 대란이 발생한 것이다. 지금의 김포 쓰레기 매립장은 이 때 만들어 진 것이다. 인천공항 가는 길에 영종대교 근처에 있다. 도로에서 잘 보이지는 않는다(김연태, 2003).

사실 쓰레기 문제는 수거 및 운반이 중요하다. 이 과정에 돈이 상당히 많이 든다. 결국 쓰레기 문제는 이동거리가 짧은 매립장을 확보할 수 있느냐의 문제이다. 매립할 땅은 많다. 상대적으로 먼 김포 쓰레기

그림 7-13. 다양한 쓰레기 처리 방법
(상) 쓰레기 매립장
(좌) 열병합 발전소 (우) 분리수거하는 모습

매립장까지 빨리 갈 수 있도록 도로도 따로 만들었다. 쓰레기 운반용 차량만 이용하여 쓰레기 도로라고 부른 적도 있다. 이 매립장이 다 차서 더 쓸 수 없게 되면 사람이 살지 않거나 적게 사는 더욱 먼 곳에 매립장을 새로 확보해야 한다. 이건 경제적으로 큰 문제이므로 현재의 매립장을 더 오래 사용할 수 있다면 최선이다. 다행히 우리나라는 쓰레기 분리수거에 성공하여 매립해야 할 쓰레기의 양을 획기적으로 줄인 대표적인 국가가 되었다. 전 세계에 자랑할 만한 내용인데 최근에 좀 삐걱거리고 있기는 하다. 분리수거한 종이, 비닐 등의 품질이 다른 나라의 그것에 비해 낮아 경제성에 문제가 생긴 것이다.

쓰레기 문제는 가능하면 재활용의 비율을 높이고, 나머지는 소각, 매립을 적절히 조절하여 해결하는 것이 일반적이다. 물론 쓰레기 발생을 최소화하는 것이 일차적으로 중요하다. 그러나 기업, 상업 활동은 기본적으로 경제성을 추구하므로 어떤 방식을 강제하기 어렵다. 즉, 쓰레기가 해당 부처의 바람대로 쉽게 줄거나 없어질 리는 만무하다. 쓰레기 문제도 전체를 봐야 하는데 어떤 특정 부분에만 초점을 맞추면 코미디 같은 일이 발생할 수 있다. 예를 들어, 쓰레기의 소각이 대기오염을 악화시킬 수 있다고 금지하면, 결국 매립할 수밖에는 없다. 재활용하라고 강제할 수 없기 때문이다. 재활용 업체는 당연히 재활용 과정에서 이윤을 추구한다. 수입산 폐기물의 재활용이 유리하면 그렇게 한다. 품질이 낮은 폐기물은 갈 곳이 없다. 현재 우리나라의 상황이다.

토양오염

토양오염은 선진국형 오염이다. 선진국에서만 발생하는 것은 아니고, 선진국 정도의 부를 이룬 이후에나 적극적으로 감당할 수 있는 오염이기 때문에 그렇게 부른다. 우리나라에서도 아직 적극적으로 다루어지는 오염이 아니며, 간간이 군사시설, 광산 지역의 오염이 언론에 나오는 정도이다.

토양오염은 토양이 다양한 물질들로 오염되어 식물이 더 이상 살기 어려워진 상태를 의미한다. 당연히 사람을 포함한 동물의 생존에도 부정적인 영향을 끼친다. 토양오염은 특히 지하수 오염으로 이어져 지하수를 사용하는 사람에게 치명적인 영향을 끼친다. 우리나라는 지하수 의존도가 적어 이런 문제가 잘 부각되지 않으나 서양의 경우에는 지하수를 식수로 사용하는 경우가 많아 이 문제가 심각하다(Yaron, 1996).

물론 토양오염 자체는 선진국이 되기 훨씬 전부터 발생한 것들이다. 토양오염원은 다양하다. 농업활동 중에 과도하게 사용한 농약, 비료가 토양을 오염시킨다. 광산활동으로 발생한 폐기물도 토양오염을 가중시킨다. 광산은 필요한 광물을 채굴하는 것이다. 몸에 좋은 광물만 있는 곳이 아니다. 예를 들어, 우라늄 광산도 있고, 석회석 광산도 있다. 품질이 좀 낮은 것들은 광산 주변에 그대로 쌓아 놓거나 방치해 버린다. 우리가 원하는 광물이 광산에서 그대로 나오는 것도 아니다. 광산에서 화학적인 공정을 바로 거치는 경우도 많다. 그 영향으로 인근 지역의 토양오염이 발생한다.

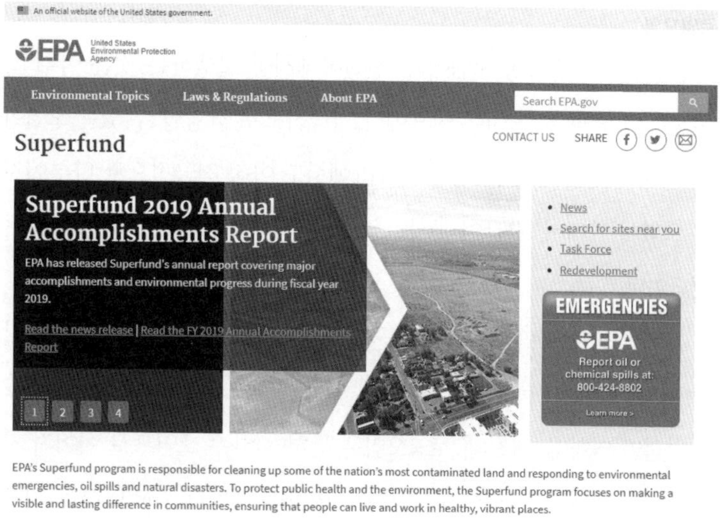

그림 7-14. EPA 홈페이지에 소개되어 있는 슈퍼 펀드 사이트(https://www.epa.gov/superfund)

경공업이든, 중공업이든 폐수, 폐기물의 처리는 상당히 고비용이다. 가장 쉽게 선택할 수 있는 비도덕적인 방법이 바로 땅속에 묻어 버리는 것이다. 양이 상대적으로 적고, 독성이 강한 중금속 폐기물들이 특히 불법적으로 매립되는 경우가 많다. 미국에서 발생한 토양오염은 대부분 이런 사례이다. 환경문제와 관련된 영화들도 대부분 이런 경우이다. 공장부지 내에 매립되므로 공장이 정상적으로 운영되는 동안에는 문제가 야기되는 경우가 드물다. 공장이 문을 닫고, 매각되어 택지로 개발된 이후에 문제가 부각되는 경우가 많다. 도시의 확장 과정에서 아주 흔한 일이다. 앞서 언급한 것처럼 지하수를 식수로 이용한다면 그

그림 7-15. 토양오염의 대표적인 사례인 러브 캐널 사건의 현장

영향은 치명적일 수 있다(El-Fadel et al., 1997).

이 외에도 군사시설에서 화약류, 유류 등으로 인한 토양오염이 심각할 수 있는 것으로 알려져 있다. 소위 사격장이라고 분류되는 지역의 토양오염도 심각하다. 소총 사격장이 아니고 대포, 미사일, 대형 폭탄 등의 사격장을 말한다. 사용 시한이 지난 폭약 등의 불법적 처리로 인해 토양오염이 발생하기도 한다. 주유소의 경우도 유류에 의한 토양 및 지하수 오염이 가능하며 따라서 주기적인 검사를 받는다.

토양오염이나 지하수 오염은 처리하기 어렵다는 특징이 있다. 지역이 너무 광범위하며 오염된 토양 및 지하수의 양이 많아 처리 자체도 문제일 뿐만 아니라 비용도 과도하게 많이 드는 문제가 있다. 토양오염 문제가 부각된 상황에서 책임자를 찾기 어려운 경우도 많다. 즉, 공장은 이미 문 닫아서 책임질 주인을 찾기 어렵고, 광산도 마찬가지이다. 군사시설은 그 주체가 국가이고, 농경지인 경우도 책임을 물어 배상을 요구할 방법이 별로 없다. 결국 오염은 있는데 처리할 주체, 처리 비용을 부담할 주체가 없는 경우가 많다. 이런 경우에는 결국 국가가 이 문제를 떠맡아야 하는데 그 비용이 천문학적이다. 미국에서는 카터 대통령 시절(제39대 대통령, 1977–81 재임) 이 문제를 해결하기 위해 수백억 달러 규모의 슈퍼 펀드super fund를 조성하기도 하였다.

7.4 주요 환경사고 사례

이타이이타이병과 미나마타병(중금속의 위험)

중금속이 인체에 축적될 때 발생하는 문제는 생각보다 심각하다. 특히 임산부, 어린아이에게 치명적이다. 몇 년 전 서울시의 낙지, 주꾸미 등의 섭취와 관련한 발표로 떠들썩한 적이 있다. 최근 식약처에서도 참치 등 푸른 생선의 섭취와 관련한 일종의 경고가 있기도 했다. 이는 모두 중금속과 관련이 있다. 미국 환경청에서도 임산부나 취학 이전의 아동에게는 등푸른 생선의 섭취를 금지하고 있다. 우리는 두뇌 발달에 좋다고 많이 먹이려 하는데 다른 나라에서는 금지시키고 있는 것이다. 이들의 특징은 바다에서 상위 포식자의 위치를 차지하고 있거나 갯벌에 서식하여 중금속의 축적이 상대적으로 쉽다는 점에 있다.

중금속과 관련한 환경재해 사례는 특히 일본에서 찾아보기 쉽다.

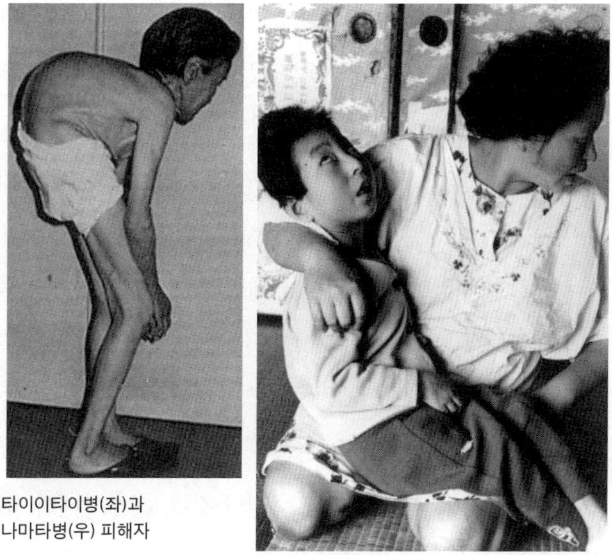

그림 7-16. 이타이이타이병(좌)과 미나마타병(우) 피해자

미나마타병이나 이타이이타이병이 대표적이다. 이타이이타이병은 일본어로 "아프다 아프다"라는 의미를 지닌 병이다. 이 병의 이름은 1900년대 초반 일본 도야마현의 해안가 마을에서 원인이 무엇인지 잘 모르는 병에 걸린 환자들이 '아프다'라는 말을 반복하는 데서 유래된다. 나중에 이 병은 중금속의 일종인 카드뮴의 중독으로 밝혀졌다. 인근에 있는 미쓰이금속주식회사 광업소에서 버린 폐광석에 포함된 카드뮴이 체내에 농축되어 발생한 병이다. 카드뮴이 몸에 농축되면 칼슘 부족, 골절, 골연화증 및 신장장애를 일으키는 것으로 확인되었다. 이런 인과관계를 정부가 공식적으로 확인한 것이 1960년대 후반이니 50년 이상의 세월이 지난 뒤의 일이다. 이 병으로 고생한 사람들은 원인도 모

른 채 적절한 치료도 받지 못하고 고통 속에서 죽어갈 수밖에 없었다.

미나마타병은 수은중독으로 인해 발생하는 병이다. 1956년 일본 구마모토현의 미나마타시에서 메틸수은이 포함된 어패류를 먹은 주민들에게서 집단적으로 발생하면서 알려진 병이다. 문제가 되었던 메틸수은은 인근의 신일본질소주식회사라는 화학 공장에서 바다에 방류한 것으로 밝혀졌다. 회사의 방해에도 불구하고 관련 학자들의 노력으로 약 10여 년이 지난 뒤에 이 병이 수은중독이라는 것을 확인하게 된다. 수은중독은 특히 인체의 중앙신경계에 영향을 주어 감각의 상실, 손발의 무감각 등의 증상을 보인다. 점차 몸의 균형을 잡지 못하고, 목소리까지 변하게 되며, 결국에는 심한 경련, 혼수상태에 빠진 후에 사망하게 된다. 이후 수천 명에 달하는 관련 피해자들은 보상금을 받을 수 있었으나 건강을 되찾지는 못하였다(Harada, 1995).

광우병

광우병(狂牛病)이란 용어는 소해면상뇌증(-海綿狀腦症) 또는 BSEBovine Spongiform Encephalopathy를 지칭하는 용어이다. 이 용어 자체는 영국에서 최초의 인간 광우병이라고 알려진 vCJD 발생 사태 당시에 영국 언론들이 BSE에 대해 썼던 'mad cow disease'라는 용어를 일본에서 그대로 받아 번역하면서 탄생한 것으로 알려져 있다. 이 병은 중추신경계를 가지고 있는 동물 전반에서 나타나는 전염성 해면상뇌증 혹은 TSETransmissible Spongiform Encephalopathy의 일종으로 소에서 발현

그림 7-17. 광우병에 걸린 소의 모습

된 케이스이다. 공통적으로 정상적 단백질 구조 중 하나인 PrPc가 특정 연유로 PrPsc로 변형되어 감염성을 지니게 되면 정상 단백질을 아밀로이드 구조로 변형시켜 발생하는 병이다. 발병시 대뇌피질에 수많은 구멍이 생기게 되어 스펀지처럼 변한다. 정상 뉴런의 단백질 구조가 파괴되기에 제 기능을 하지 못하며 대부분이 사망하는 질병이다. 이 질병은 외국에서 30년 넘게 연구되어 왔으며 아직까지도 계속 연구 중인 단계이다. 아직 치료 방법이 없다(장은성, 2008).

참고로, 프리온Prion은 아밀로이드 구조를 가진 단백질 감염원으로 다른 단백질을 강제적으로 아밀로이드로 바꾸는 특성이 있다.

CJDCreutzfeldt-Jakob Disease, 크로이츠펠트-야콥 병은 역시 TSE의 일종으로 60세 이상 치매 노인들에게서 주로 발견되는 질병이다. 독일의 신경과학자인 크로이츠펠트Hans Gerhard Creutzfeldt, 1885-1964와 야콥Alfons Maria Jakob, 1884-1931에 의해 1920년대에 처음으로 발견되었으며 전세계적으로 매년 백만 분의 1의 확률로 발생한다. 마지막으로, vCJDvariant CJD, 변종 크로이츠펠트-야콥 병가 인간 광우병이라고 불리는 질병이다. vCJD는 60대 이상에서 주로 발병하는 CJD와는 다르게 20–30대의 젊은 연령대에서도 자주 발병한다는 특징이 있다.

본래 양이나 사슴에게서나 발생하던 아밀로이드 감염이 소에게서 발생한 건 특이한 케이스였다. 여태까지 소에게서 이런 증상이 발생된 사례는 없었으므로 외부적인 요인이 있었을 것이란 추측이 대두되기 시작했다. 그 이유 중 하나로 프리온의 체내 축적을 꼽았는데, 1980년대초에 영국 축산업계는 우유 생산량 증대를 위해 육골분 사료를 사용하기 시작한 것이다. 육골분 사료는 시장 상품성이 떨어지는 부위(뼈, 머리, 꼬리 등)을 갈아 만든 사료이다. 초식동물인 소가 육류를 먹더라도 문제가 생기진 않지만 이 과정에서 진전병scrapie 증상이 있던 양의 육골분이 포함되었을 가능성을 의심하고 있다. 진전병은 양과 염소의 신경계에 영향을 미치는 치명적인 퇴행성 질환이다. 이 병은 프리온이 원인으로, 비슷한 류의 동물들에게만 전염성을 가지고 있으며, 인간에게는 전염되지 않는 것으로 알려져 있었다.

영국에서는 1980년대 초반부터 광우병으로 의심되는 소가 발견되기 시작하였고, 1990년대에는 인간 광우병으로 의심되는 사례가 보고되었다. 당초 영국 정부는 vCJD와 쇠고기와의 인과관계를 부정하였다. 하지만, 결국에는 소에서 유래한 물질이 유력한 원인이라고 인정하였다. 영국 정부는 30개월 이상의 소를 모두 식품 공급망으로부터 완전히 격리시키는 정책을 시행해, 약 370만 마리를 소각 처분하였다. 2000년 광우병 진단 키트가 인증된 후, 검사 샘플수를 큰 폭으로 늘려가며 검사한 결과, 광우병에 걸린 소가 약 17만 9천 마리 발견되었다. 현재는 특정 위험 부위를 격리하는 정책이 효과를 내어 광우병이 발견되는 수가 감소하고 있다. 그러나 관련 분야 과학자들은 이 병의 잠복기간이 길고 감염 경로도 명확히 밝혀지지 않아서 장기간의 감시가 꼭 필요하다고 강조하고 있다.

태안 원유 유출 사건

이 사고는 '삼성1호'라는 무동력 바지선과 '허베이 스피리트호'라는 유조선이 충돌하며 발생하였다. 충돌이지만 사실은 삼성1호가 원유 하역을 위해 기다리고 있던 허베이스피리트호를 들이받아 선체에 구멍이 뚫리면서 발생한 것이다. 이것이 2007년 12월 7일 충청남도 태안군 앞바다에서 발생한 태안 원유 유출 사건이다. 이 충돌로 유조선 탱크에 있던 총 12,547킬로리터(78,918배럴)의 원유가 태안 인근 해역으로 유출되었다.

당시 삼성물산이 시공하던 인천대교 공사에 삼성중공업 소속 삼

그림 7-18. 기름유출로 폐허가 된 태안 해안(ⓒ충청남도)

성1호 크레인 부선(동력이 없는 배)이 동원되었다. 이 배는 동력이 없으므로 스스로 움직일 수 없다. 예인선에 와이어로 연결하여 움직인다. 공사를 마치고 경남 거제로 끌고 가는 과정에서 이 와이어가 끊어진 것이다. 이동 중 끊어진 것은 아니고 정박해 있던 중 끊어졌다. 끊어진 줄 아무도 몰랐다는 것이 첫 번째 문제. 삼성1호는 조류를 따라 천천히 이동했는데 공교롭게도 허베이스피릿호를 정면으로 향하였다. 이동하는 데 하루 이상은 걸렸을 것이다. 이 삼성1호의 움직임이 이상하다는 걸 항만 당국이 발견한 것은 사고 2시간쯤 전이다. 두 배에 비상연락을 취했으나 잘 되지 않았고 결국 충돌하였다. 두 번째 문제.

유조선의 기름이 충돌로 생긴 커다란 구멍을 통해 바다로 유출되는 과정이 생생히 중계되었으나 그냥 보고만 있었다. 2일 동안. 나중

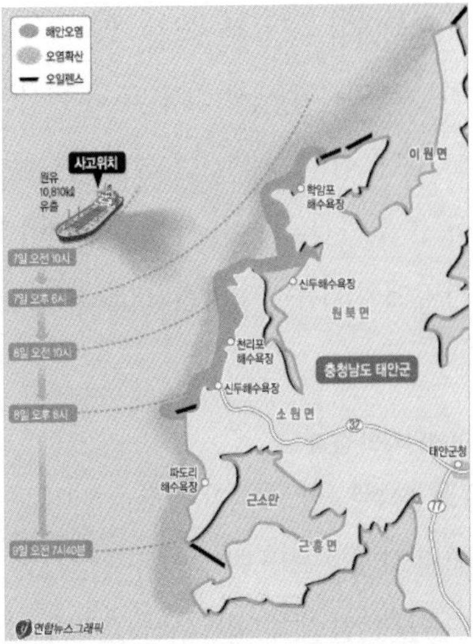

그림 7-19. 태안 기름 유출사고 시간대별 확산 범위

출처: 장성구, 〈[그래픽] 태안 기름 유출사고 시간대별 확산 범위〉, 《연합뉴스》, 2007년 12월 9일. https://www.yna.co.kr/view/GYH20071209000100044

에 TV로 중계된 것을 보면 뚫린 구멍과 같은 모양으로 나무를 깎아 구멍을 막았다. 이때까지 총 12,547킬로리터(78,918 배럴)의 원유가 유출되었고 이로 인해 태안군의 양식장, 어장 등 8천여 헥타르가 원유에 오염되었다. 이것이 결정적 문제였다. 인근 양식장의 어패류가 대량으로 폐사했고, 생태계에도 치명적인 피해를 가져왔다. 같은 해 12월 30일 전라남도에서도 타르가 발견되었으며, 2008년 1월에는 제주도 북쪽 추자도에서도 타르가 발견되었다. 회복을 위해서는 빨라야 10년, 길게는

20–30년이 걸릴 것이라는 것이 전문가들의 진단이다. 해양 생태계의 원상 복귀를 위해서 최장 백 년 이상의 시간이 소요될 수 있다는 예상도 있다. 참고로 1995년 전남 여천 앞바다에서 일어난 씨프린스호 원유 유출 사건의 경우, 사건 후 10년이 지난 2005년에도 침몰 해역의 밑바닥에서 기름띠가 발견되기도 하였다.

미세먼지의 습격

대기오염의 한 특성이 국경을 넘어 넓게 퍼진다는 것이지만 최근 미세먼지 사태를 보면 이게 얼마나 심각한 문제인지를 절감하게 된다. 2019년 1월 15일 새해 벽두부터 중국발 미세먼지의 공습이 시작되었다. 서울시는 미세먼지 저감 대책으로 대중교통 이용 무료, 차량 2부제를 실시했지만 그 효과는 정말 미미한 것으로 나중에 밝혀졌다. 원인이 국외에 있는데 국내에서 아등바등해봐야 문제가 해결될 수는 없었다. 아무것도 안 할 수는 없다는 정치적인 부담이 작용했을 뿐이다(김용표, 2017).

먼지하고 미세먼지는 다르다. 먼지는 대부분 코털이나 기관지 점막에서 걸러진다. 그러나 미세먼지는 그 크기가 10㎛이하인 먼지들이다. 이를 PM10이라고 부른다. PM이란 입자상물질Particulate Matter의 약어이고 10은 10㎛의 숫자이다. 10㎛는 머리카락 굵기의 1/10정도이다. 미세먼지는 코나 기관지에서 걸러지지 않고 몸에 축적된다. 미세먼지는 황산화물, 질소산화물 등의 유해 성분이 대부분이고 카드뮴, 납과 같은 중금속도 많이 섞여 있다. 이들 물질은 자동차 매연, 난방기구, 공

그림 7-20. 서울의 미세먼지 수치가 '보통'일 때와 '매우 나쁨'일 때의 비교
출처: 김주성, 〈미세먼지의 공습… 일주일 만에 극과 극 서울 하늘〉, 《한국일보》, 2018년 3월 26일. https://www.hankookilbo.com/News/Read/201803261431456752

장 가동을 통해 석탄이나 석유와 같은 화석연료가 탈 때 나온다. 미세먼지는 다양한 폐질환의 원인이며 폐암의 원인이기도 하다. 미세먼지는 세계보건기구 산하 국제암연구소가 지정한 1급 발암물질이다. 담배를 태우지 않는 주부들에게 발생하는 폐암은 취사 중 발생하는 미세먼지(흔히 검댕이라고 부르는 것)가 원인인 경우가 많다.

우리나라의 겨울철은 삼한사온이 특징이다. 3일 춥고 4일은 따듯하다. 이는 3일은 북풍에 지배를 받고 4일은 서풍에 지배를 받기 때문이다. 지구가 자전을 하므로 서쪽에서 동쪽으로 부는 서풍은 전 세계 어디에서나 일반적인 바람이다. 북풍은 북쪽에서 남쪽으로 부는 바람으로 차가운 시베리아 고기압의 영향권에 들 때 부는 바람이다. 우리나라 겨울을 나타내는 말로 '북풍한설'이라는 표현을 들어본 적이 있을 것이다. 이러한 우리나라의 기후 특성은 미세먼지가 덜하면 한파가 닥치고 날이 풀리면 미세먼지로 하늘이 뿌옇게 바뀌는 것이다.

우리나라 미세먼지의 가장 큰 원인은 중국발 스모그이다. 중국이 발전, 난방연료로 대부분 석탄을 쓰면서 미세먼지가 대량 발생한다. 중국의 대기오염이 얼마나 심각한 문제인지는 뉴스를 통해서 많이 접해왔었다. 그러나 우리나라에 큰 영향을 주기 시작한 것은 오래되지 않았다. 이는 기본적으로 중국의 미세먼지 대책과 관련이 있다. 즉, 연료를 바꾸거나 오염원을 제거해야만 대기오염 문제를 해결할 수 있는데, 중국은 오염원을 제거하는 방법으로 이전을 선택하였다. 중국에서도 서풍이 분다. 따라서 오염원들을 대거 중국의 동쪽으로 이전하고 있는 것이다. 우리나라와 가까운 서해 건너에 이 시설들이 대거 건설되고 있다. 우리에게는 직격탄이다. 사실 중국 동해안(우리의 서해 건너)에 건설 중인 원자력 발전소는 더욱 치명적이다. 사고가 발생하면 방사능은 모두 우리에게로 오게 되어 있다. 같은 이유로 우리나라의 원자력 발전소는 모두 남동해안에 위치하고 있다. 다만, 이러한 관점에서 우리나라의 화력발전소가 인천 등 서해안에 많은 것은 큰 문제이다.

7.5 환경운동과 님비 현상

환경운동

환경운동은 자연환경의 보호, 유해물질 사용의 금지, 생태계의 보전, 이를 위한 정책의 실현 등을 목표로 하는 사회적 활동을 말한다. 이런 일을 하는 사람을 환경운동가라고 한다. 환경운동은 개인적 차원일 수도 있으나, 가능하면 많은 사회 구성원들이 참여할 수 있도록 유도하는 과정까지를 포함하는 포괄적인 개념이다. 즉, 환경운동은 환경 파괴의 실태를 세상에 널리 알리고, 정부, 기업, 개인 등이 환경에 부담을 주는 행위에 참여하지 않도록 유도함을 목적으로 한다.

사실 환경을 바라보는 사람들의 시각은 다양하다. 특히 동양과 서양의 차이가 크다. 동양과 서양의 차이를 말할 때 다빈치의 그림 모나리자를 많이 언급한다. 서양인은 모나리자라는 사람의 모습에 많이 주목하여 그것을 잘 기억하고, 반대로 동양인은 모나리자라는 사람의 배경에 주목하여 그것을 잘 기억한다고 한다. 범죄의 현장을 목격해도 서양인은 범인의 모습, 즉, 인상착의를 잘 기억하는 반면, 동양인은 범인의 모습은 잘 기억 못하고, 반대로 주변 환경은 잘 기억하는 차이가 있다고 한다. 동양에서는 인간이 자연의 일부라는 생각이 강했다. 이에 반해 서양에서는 자연이 정복의 대상이었다. 최근에는 물론 환경에 대한 이 두 극단적인 생각이 많이 완화되었겠지만 여전히 근본적인 자세는 바뀐 것 같지 않다. 환경운동도 이 근본적인 생각에 영향을 받는다. 동양에서는 건드리지 말라는 주장이 강하고, 반대로 서양에서는 잘 조절하라는 주장이 강하다.

개발과 보전이라는 두 개의 큰 목표를 대하는 자세도 다르다. 예를 들어, 서양에서 새롭게 제시된 개념 중에 소위 지속 가능한 개발 sustainable development이라는 것이 있다. 자연환경을 배려한 개발 정도로 생각할 수 있다. 이러한 개념은 물론 개발에 대한 공격을 피하기 위해 생겨난 것이다. 일종의 타협안 같은 것이다. 최근에는 LIDLow Impact Development라는 개념도 만들어졌다. 결국 개발을 할 것이라면 자연 상태의 훼손을 최소로 해 보자는 것이다. 자연 그 자체가 아니라 자연 상태라는 단어를 사용하고 있는 것이 중요하다. 눈으로 볼 때 숲이 도시로 바뀌었으나, 원래 숲이 가지고 있던 여러 가지 기능을 최대한 유지시켜 보자는 것이다. 물론 인공적으로. 그러나 이런 개념이 동양에서는 잘 먹히지 않는다. 동양에서는 어떤 형식이라도 개발에 끝까지 반대하는 경향이 강하다(강헌, 1996).

환경 또는 지구가 가지고 있는 자정 능력에 대한 판단도 크게 다르다. 사실 이 문제에 대해서는 지구상 누구도 정답을 모르고 있다. 그런 이유로 정답을 찾는 것이 아니라 일종의 신념이 발동하게 된다. 소위 정상상태라는 것을 정의해 보자. 정상상태는 시간적인 개념인데 어떤 상태가 시간 축에서 크게 변하지 않는 것을 의미한다. 우리가 어떤 친구에게 '너는 오늘 정상이야!'라고 말한다면 이 친구의 오늘 모습은 과거의 모습과 비슷하다는 것을 의미한다. 정상, 비정상이 시간 축에서의 평가라는 것을 기억하자. 추가로 어떤 사람의 정상상태를 안정적 정상

그림 7-21. 지구의 날 행사 포스터들

상태와 불안정한 정상상태로 구분할 수도 있다. 말 그대로 안정적 정상상태는 정상상태에서 쉽게 벗어나지 못할 것을 나타낸다. 그러나 불안정한 정상상태는 외부의 조그마한 충격 때문에 다시 비정상의 상태로 바뀔 수 있음을 나타낸다(Douglas, 1998).

지구 또는 환경에 대해서도 이런 판단을 한다. 현재 지구는 안정적 정상상태를 유지하고 있으므로 어느 정도의 개발이 큰 영향을 미치지는 않을 것이다. 사실 이를 뒷받침할 수 있는 증거는 많다. 또는 현재 지구는 불안정한 정상상태를 유지하고 있으므로 조금만 더 환경을 훼손하게 되면 바로 비정상적인 상태로 변할 것이다. 이렇게 믿을 만한 증거도 많다. 그러나 사람들은 일종의 신념처럼 위 두 의견 중 하나를 선택하여 신봉하는 경향이 있다. 물론 이도 저도 아닌 사람이 훨씬 많다. 사실 우리 모두는 답을 모른다. 모두 추측일 뿐이다. 미래가 어떻다고 단정하여 확신 있게 이야기 할 수 있는 사람은 지구에는 없다. 전혀 알지 못함으로써 공포심이 더 클 수 있는 것은 사실이다.

환경운동이 무조건적인 반대만 한다는 의견이 있다. 그러나 이는 사실이 아니다. 만일 환경운동을 무조건적인 반대라고 여긴다면, 맹목적인 개발이 있다는 것도 인정해야 한다. 간혹 이런 상황을 볼 때도 있겠지만, 지구가, 자연이, 환경이 파괴되는 것을 막고 있다는 것은 인정해야 한다. 환경운동은 개발에 대한 어느 정도의 브레이크 역할을 한다.

님비 현상

님비라는 단어는 'Not In My Backyard!'의 첫 글자를 따서 만든 신조어이다. 우리나라에서도 '나는 되고, 너는 안되고!', '내로남불' 등 유사한 용어가 많다. 사람들의 이기심이 극단적으로 펼쳐지는 상황을 의미하기도 한다.

과거 서울 인근 신도시에서 발생한 일이다. 하수처리장을 건설해야 하는데 인근 주민들이 반대 시위를 시작한 것이다. 하수처리장은 말 그대로 우리 일상생활에서 나오는 하수를 처리하는 시설이다. 폐수도 아니고 분뇨도 아니다. 그런데 혐오시설이라고 반대하는 것이다. 만일 하수처리를 하지 않으면 이 하수는 바로 인근 하천으로 들어가 썩어버리게 된다. 소위 하천이 하수구가 되는 것이다. 그걸 바라지는 않을 것이다. 결국 하수를 다른 동네로 가져가 처리하라고 우기는 것이다. 물론 그걸 받아줄 다른 지자체는 없다. 이 사건이 있고 난 뒤 신도시를

그림 7-22. 쓰레기 소각장 반대 투쟁

개발할 때는 소위 혐오시설을 먼저 건설한 후 아파트를 분양하는 방식으로 바뀌었다. 이렇게 하면 이런 시설들을 상당 기간 놀려야 하므로 경제적인 피해가 발생한다.

서울에 화장장을 짓는 문제도 10여 년 이상 끈 문제이다. 다른 지자체에다 지으라고 우기는 것이다. 그 지자체 주민들은 환영한다고 생각하는 모양이다. 서울시의 분뇨처리장이 대부분 인근 지자체에 있는 것은 사실이다. 그러나 그것은 그 지자체가 허락하는 경우에 한한 이야기이다. 최근 서울시의 쓰레기 문제가 큰 이슈가 된 적이 있다. 인천시에 있는 매립장 사용계약 기간이 끝나 더 이상 받지 않겠다고 했기 때문이다. 서울시의 쓰레기는 어디로 가야 할까? 스스로 해결하든지 아

그림 7-23. 여러 지자체에서 있었던 화장장 반대 투쟁

출처: (좌) 이화종, <"우리집 앞엔 절대 안돼!" 대구서 동물화장장 설치 좌절>, 《뉴스중심》, 2017년 4월 10일. http://www.stv.or.kr/news/article.html?no=45707

(우) 김동성·김한규, <'民民→民官→民政까지'…화장장 갈등 확산일로>, 《중부일보》, 2015년 2월 3일. https://news.joins.com/article/17088317

니면 큰돈을 지불하고 처리해야 한다. 문제는 스스로 해결하기도 싫고 큰돈을 지불하기는 더욱 싫다는 것이다. 이 모든 것이 대표적인 님비 현상이다. 서울시는 인천시에 큰돈을 지불하고 매립장 사용 기간을 연장했다.

이 님비 현상을 국가가 키운 탓도 있다. 우리나라는 국민에게 맑은 물을 공급할 목적으로 소위 상수원보호구역이라는 제도를 운영하고 있다. 간단히 얘기하면 수도권의 주민을 위해 강원도 주민들의 경제활동을 제한하는 것이다. 우리가 먹을 물이니 더럽히지 말고 그냥 놔두라는 것이다. 소액이지만 수도권 주민들은 물이용 부담금을 낸다. 그런데 이 돈이 피해를 보는 강원도 주민들에게 직접 돌아가지는 않는다. 소위 도덕적 해이를 방지한다는 핑계로 해당 지자체에 조금 지원하고, 나머지는 딴 곳에 쓴다. 그린벨트도 마찬가지이다. 공공의 목적이라고 이야기하지만, 다수를 위해 소수가 손해를 감수하라는 것이기도 하다. 만일 선진국이었다면 물 값을 올리고 강원도 지역 주민의 경제적 피해를 어느 정도는 보상했을 것이다.

환경단체도 이런 님비 현상을 부추기는 경향이 있다. 예를 들어, 지방 어느 곳에 도로, 공단, 댐, 발전소 등의 건설이 예정되면 일단 반대를 시작한다. 지역 주민들이 간절히 원한다고 해도 다른 곳에 살고 있는 사람들이 오히려 개발을 멈추라고 강력하게 요구하는 것이다. 환경 훼손을 멈추라고. 그 지역이나 주민들의 상황이 고려되지는 않는다. 그 지역 주민들은 그렇게 사는 것이 당연하다고 판단한다. 현재까지처럼 그대로 살라고 요구하는 것이다. 지구의 허파라는 곳이 아마존이다. 이곳의 개발은 늘 큰 이슈이다. 다른 나라 사람들은 자연의 보고인 아마존을 있는 그대로 보전하라고 주장한다. 그렇다고 그 사람들이 아마존에 가서 살 생각은 없다. 그 나라 사람들을 위해 돈을 낼 생각은 더욱 없다. 이것도 일종의 님비 현상이다.

알아두면 좋은 환경 상식

보통의 수질 기준은 BOD 20ppm(mg/L)이다. 20ppm 정도면 물고기가 살 수 있는 한계치 정도가 된다. 우리 생활 속에서 흔히 보는 쌀뜨물, 식용유, 라면, 소주는 이 20ppm을 만들기 위해 어느 정도의 물이 들어갈까? 그 답은 쌀뜨물 2L는 6백 배, 식용유 500cc는 300리터짜리 욕조 330개, 라면 한 개의 국물(300cc)은 300리터짜리 욕조 5개, 소주

한 잔은 그 양의 일만 배 등이다.

이 답을 좀 더 객관적으로 비교해 보기 위해 단위를 통일해 보자. 우리에게 익숙한 단어들이 있는데 먼저 cc이다. 흔히 '맥주 500cc 주세요!'라고 이야기 한다. 이 cc는 'cubic centimeter(세제곱센티미터)'의 약자이다. 즉, 부피의 단위로 가로, 세로 높이 모두 1cm인 정육면체의 부피이다. 다음으로 1리터L는 1,000cc이다. 맥주 1,000cc가 1L이다. 즉, 1L는 가로, 세로, 높이 모두 10cm인 정육면체의 부피이다. 추가로 밀리리터mL에서 밀리mili는 1/1,000의 의미이다. 즉, 1L는 1,000mL이고, 따라서 1mL는 1cc와 같다.

쌀 씻을 때 나오는 쌀뜨물이 약 2L라고 한다. 이를 20ppm 정도로 희석하는 데는 그 600배의 물이 필요하니 1,200L가 필요한 셈이다. 간단히 튀김을 만들고 남은 식용유 500cc는 20ppm 정도로 희석하는 데 300L짜리 욕조 330개가 필요하다고 하니 99,000L가 필요한 셈이다. 라면 한 그릇을 먹을 때 나오는 라면 국물은 300mL이다. 300mL의 라면 국물을 20ppm으로 희석하려면 1,500L의 물이 필요하다.

소주 한 잔의 부피는 꽉 채울 경우 72mL이라고 한다. 그런데 소주 한 병(360mL)이면 7잔 반 정도가 나온다고 하니, 한 잔에는 대략 50mL를 따르는 셈이다. 약 70% 채우는 셈이다. 소주 한 잔을 20ppm 정도로 희석하려면 10,000배의 물이 필요하므로 500,000mL, 즉, 500L의 물이 필요한 셈이다.

결국 막대한 양의 물이 필요하다는 것을 알게 되었다. 여기서 실없는 소리를 조금 보태면, 우리 일상생활에서 할 수 있는 환경보호는 음주 시 술은 남기지 말고, 라면은 국물까진 다 먹는 게 좋고, 튀김은 가능한 안 먹는 게 좋고, 쌀은 씻지 말고 그냥 밥해서 먹는 게 필요하다.

참고 문헌

1장 지구온난화

국립기상과학원. 2019.《IPCC 6차평가보고서 대응 전지구 기후변화 전망보고서》. 제주: 국립기상과학원 기후연구과.

국립기상과학원. 2019.《2018 지구대기감시 보고서》. 제주: 국립기상과학원 환경기상연구과.

김경익 외. 2005.《생활환경과 기상》. 서울: 동화기술.

에드워드 아구아도. 2005.《생활환경과 기상》. 서울: 東和技術

이광호. 2010.《인간과 기후환경》. 서울: 시그마프레스.

이승호. 2007.《기후학》. 서울: 푸른길.

이운형. 2006.《인문학에서 본 자연재해》. 서울: 도시홍수재해관리기술연구사업단.

이유진. 2010.《기후변화 이야기》. 파주: 살림지식총서.

이태교. 1991.《재미있는 물이야기》. 서울: 현암사.

이현영. 2000.《한국의 기후》. 서울: 법문사.

장동순. 2004.《100년의 기상 예측》. 서울: 중명.

한국수자원학회. 1997.《한국의 수자원 개발 30년》. 서울: 한국수자원학회.

______. 2007.《물과 미래》. 서울: 한국수자원학회.

______. 2009.《물과 미래》. 서울: 한국수자원학회.

______. 2012.《물 위를 걸어온 과학자들: 물과학 분야의 프런티어》. 서울: 한티

미디어.

Houghton, John. 1994. *Global Warming: The Complete Briefing*. Cambridge, UK: Cambridge University Press.

Silver, Jerry. 2008. *Global Warming and Climate Change Demystified*. New York: McGraw-Hill Education.

Weart, Spencer R. 2003. *The Discovery of Global Warming*. Massachusetts: Harvard University Press.

설동일. 2010. 〈지구 온난화와 태풍의 변화 경향〉. 《한국항해항만학회》.

신호정, 장찬주. 2016. 〈지구온난화로 인한 전례 없는 기후 시기의 선형 전망〉. 《한국연안방재학회》.

심성보, 권상훈, 임윤진, 염성수, 변영화. 2019. 〈1.5/2.0℃ 지구온난화 시나리오 기반의 동아시아 기후변화 분석〉. 《한국기상학회》.

오상명, 권석재, 문일주, 이은일. 2011. 〈지구온난화에 의한 북서태평양 및 한반도 근해의 해수면 상승〉. 《한국해안해양공학회》.

정유림, 최다희, 백희정, 조천호. 2013. 〈CMIP5 모델에서 모의되는 지구온난화에 따른 21세기 말 저위도 대기 순환의 변화〉. 《한국기상학회》.

Department of the Environment. 2013. "Climate Sensitivity: Fact Sheet." Department of the Environment, Australian Government, Canberra, Australia.

IPCC. 2014. "Climate Change 2014." *Synthesis Report*. Contribution of Working Groups I, II and III to the Fifth Assessment Report of the Intergovernmental Panel on Climate Change. IPCC, Geneva, Switzerland: 50-109.

Peterson, T. C. and R. S. Vose. 1997. "An overview of the Global Historical Climatology Network temperature database." *Bulletin of the American Meteorological Society* 78(12): 2837-2850.

Root, T. L., J. T. Price, K. R. Hall, S. H. Schneider, C. Rosenzweig and J. A. Pounds, 2003. *Fingerprints of global warming on wild animals and plants*. Nature 421(6918): 57-60.

US Global Change Research Program. 2018. "Fourth National Climate Assessment, Vol. II: Impacts, Risks, and Adaptation in the United States." *U.S. Global Change Research Program*, Washington.

Vitousek, P. M. 1994. "Beyond global warming: ecology and global change." *Ecology* 75(7): 1861-1876.

WMO. 2020. "The Global Climate in 2015–2019." WMO Publications, Geneva, Switzerland: 6-15.

WMO. 2020. "WMO Statement on the State of the Global Climate in 2019." WMO Publications, Geneva, Switzerland: 6-10.

국가기후변화적응정보포털(https://kaccc.kei.re.kr/)

국립기상과학원(http://www.nims.go.kr/5)

국토환경정보센터(http://www.neins.go.kr/etr/climatechange/)

기상청 기후정보포털(http://www.climate.go.kr/home/)

APEC 기후센터(https://www.apcc21.org/main.do)

Australian Government – Department of Agriculture, Water and the Environment(https://www.environment.gov.au/)

CSIRO – Climate Change in Australia(https://www.climatechangeinaustralia.gov.au/en/)

European Climate Change Programme(https://ec.europa.eu/clima/policies/eccp_en)

European Space Agency - Climate Change Initiative(http://cci.esa.int/)

NASA Global Climate Change(https://climate.nasa.gov/)

National Oceanic and Atmospheric Administration(https://www.noaa.gov/)

The Intergovernmental Panel on Climate Change(https://www.ipcc.ch/)

United Nations(https://www.un.org/en/sections/issues-depth/climate-change/)
World Meteorological Organization(https://public.wmo.int/en)

국회기후변화포럼(http://www.climateforum.or.kr/)
기후변화 홍보포털(https://www.gihoo.or.kr/)
통계청(http://kostat.go.kr/)
BBC News(https://www.bbc.com/)
Encyclopedia Britannica(https://www.britannica.com/)
National Geographic(https://www.nationalgeographic.com/environment/global-warming/global-warming-effects/)
Skeptical Science(https://www.skepticalscience.com)
World Resources Institute(https://www.wri.org)

2장 홍수

김현준. 1996.《강우예보의 시공간 특성을 고려한 홍수예보모형의 개발》. 한국건설기술연구원.
우효섭. 2001.《하천수리학》. 서울: 淸文閣
유철상, 신사철, 정재성.《따라 하기 쉬운 수리학 실험》. 서울: 동화기술
윤용남. 2007.《수문학》. 청문각.
윤태훈. 2011.《응용수문학 이론과 실무》. 청문각.
이동우. 2003.《방재과학개론》. 시그마프레스.
이재수. 2007.《수리학》. 구미서관.
______. 2008.《수자원공학》. 서울: 구미서관
이종석. 2004.《수리학 실험》. 서울: 새론

정종호, 윤용남. 2007.《수자원설계실무》. 서울: 구미서관
한건연. 2013.《홍수방재》. R&D프레스.
한국방재학회. 2017.《도시계획과방재》. 예문사.
______. 2017.《방재학》. 구미서관.

Bedient, P. B. and W. C. Huber. 1992. *Hydrology and floodplain analysis*. New York: Addison-Wesley.

Brutsaert, W. 2005. *Hydrology: an introduction*. Cambridge: Cambridge University Press.

Cengel, Yunus A. and John M. Cimbala. 2006. *Fluid mechanics : fundamentals and applications*. Boston: McGraw-HillHigher Education

Chow, V. T., D. R. Maidment and L. W. Mays. 1988. *Applied Hydrology*. New York: McGraw-Hill.

Crowe, C. T., D. F. Elger and J. Roberson. 2001, *Engineering fluid mechanics*. New York: John Wiley & Sons, New York.

Graf, W. H. 1984. *Hydraulics of sediment transport*. Water Resources Publication.

Hall, M. J. 1984. *Urban hydrology*. London: Elsevier Applied Science Publishing.

Handmer, John W.(ed.) 1987. *Flood hazard management: British and international perspectives*. Florida: CRC Press.

Herschy, Reginald W. 1999. *Hydrometry: principles and practices*. New York: John Wiley.

Keller, E., and D. DeVecchio. 2015. *Natural hazards: earth's processes as hazards, disasters, and catastrophes*. New Jersey: Pearson Higher Education.

Lamond, Jessica, Colin Booth, Felix Hammond and David Proverbs, eds. 2011. *Flood hazards: Impacts and responses for the built environment*. Florida: CRC Press.

Maidment, D. R. 1993. *Handbook of hydrology*. New York: McGraw-Hill.

McWhorter, D. B. and D. K. Sunada. 1977. *Ground-Water Hydrology and Hydraulics*.

Colorado: Water Resources Publications.

Munson, Bruce R., Donald F. Young and Theodore H. Okiishi. 1990. *Fundamentals of fluid mechanics*. New York: Wiley

Novák, P., A. I. B. Moffat, C. Nalluri and R. Narayanan. 2007. *Hydraulic structures*. Cleveland, Ohio: CRC Press

Nemec, Jaromir, Joanne M. Nigg and Franco Siccardi(eds.). 2013. *Prediction and perception of natural hazards. Vol. 2*. New York: Springer Science & Business Media.

Schumann, Guy J-P., Paul D. Bates, Heiko Apel, Giuseppe T. Aronica(eds.). 2018. *Global Flood Hazard: Applications in Modeling, Mapping, and Forecasting*. New Jersey: John Wiley & Sons.

Singh, V. P. 1992. *Elementary hydrology*. New Jersey: Prentice Hall Englewood Cliffs.

United States. Bureau of Reclamation. 1987. *Design of small dams*. US Department of the Interior, Bureau of Reclamation.

Vanoni, Vito A.(ed.) 2006. Sedimentation engineering. American Society of Civil Engineers

White, Frank M.1979. *Fluid mechanics*. New York: McGraw-Hill

World Meteorological Organization. 1974. *International glossary of hydrology*. Geneva: WMO.

Zschau, Jochen, and Andreas N. Küppers(eds.). 2013. *Early warning systems for natural disaster reduction*. New York: Springer Science & Business Media.

국립방재연구소. 2009. 〈산지특성을 고려한 GIS기반 돌발홍수예측시스템 프로토타입 개발〉. 서울: 소방방재청.

국립방재연구소. 2010. 〈산지 돌발홍수예측시스템 시범운영 및 실무활용 방안〉. 서울: 소방방재청.

기상연구소. 2006. 〈한반도 악기상(집중호우 등) 감시 및 예측 기술 개발〉. 서울: 기상청.

김병식, 김형수. 2008. 〈유출수문곡선과 돌발홍수지수를 이용한 돌발홍수심도 산정〉. 《한국수자원학회 논문집》.

박태선, 여창건, 최민하, 이승오. 2010. 〈지역별 홍수피해특성을 고려한 홍수피해지표 개발〉. 《대한토목학회논문집》.

배덕효, 김진훈. 2007. 〈한국형 돌발홍수 예경보시스템 개발:(I) 이론 및 시스템 설계〉. 《대한토목학회논문집》.

이병주, 최수민, 윤성심, 최영진. 2016. 〈산지돌발홍수 예측을 위한 TOPLATS 지표해석모델 적용성 평가〉. 《한국수자원학회논문집》.

임광섭, 최시중, 이동률, 문장원. 2010. 〈홍수지표의 인과관계를 이용한 홍수위험지수 개발〉. 《대한토목학회논문집》.

장대원, 양동민. 2013. 〈중소하천 홍수 예경보를 위한 시스템 개발〉. 《물과 미래》.

한국건설기술연구원. 2007. 〈강우레이더에 의한 돌발홍수예보시스템 개발(3차년도)〉. 서울: 건설교통부.

Bates, P. D., M. S. Horritt, C. N. Smith and D. Mason. 1997. "Integrating remote sensing observations of flood hydrology and hydraulic modelling." *Hydrological processes* 11(14): 1777-1795.

Birkholz, S, M. Muro, P. Jeffrey and H. M. Smith. 2014. "Rethinking the relationship between flood risk perception and flood management." *Science of the Total Environment* 478: 12-20.

Carpenter, T. M., J. A. Sperfslage, K. P. Georgakakos, T. Sweeney and D. L. Fread. 1999. "National threshold runoff estimation utilizing GIS in support of operational flash flood warning systems." *Journal of hydrology* 224(1-2): 21-44.

Dixon, S. J., D. A. Sear, N. A. Odoni, T. Sykes and S. N. Lane. 2016. "The effects of river restoration on catchment scale flood risk and flood hydrology." *Earth Surface Processes and Landforms* 41(7): 997-1008.

Doswell III, C. A., H. E. Brooks and R. A. Maddox. 1996. "Flash flood forecasting: An ingredients-based methodology." *Weather and Forecasting* 11(4): 560-581.

Georgakakos, K. P. 1986. "A generalized stochastic hydrometeorological model for flood and flash-flood forecasting: 1. Formulation." *Water Resources Research* 22(13): 2083-2095

Hapuarachchi, H. A. P., Q. J. Wang and T. C. Pagano. 2011. "A review of advances in flash flood forecasting." *Hydrological processes* 25(18): 2771-2784.

Leopold, L. B. 1994. "Flood hydrology and the floodplain." *Journal of Contemporary Water Research and Education* 95(1): 2.

Miller, A. J. 1990. "Flood hydrology and geomorphic effectiveness in the central Appalachians." *Earth Surface Processes and Landforms* 15(2): 119-134.

Plate, E. J. 2002. "Flood risk and flood management." *Journal of Hydrology* 267(1-2): 2-11.

Siegrist, M. and H. Gutscher. 2008. "Natural hazards and motivation for mitigation behavior: People cannot predict the affect evoked by a severe flood." *Risk Analysis: An International Journal* 28(3): 771-778

Sorensen, J. H. 2000. "Hazard warning systems: Review of 20 years of progress." *Natural hazards review*, 1(2), 119-125.

국가공간정보포털(http://www.nsdi.go.kr/lxportal/?menuno=2679)

국가수자원관리종합정보시스템(WAMIS, http://wamis.go.kr/)

국립기상과학원(http://www.nimr.go.kr/MA/main.jsp)

국립재난안전연구원(http://www.ndmi.go.kr/)

금강홍수통제소(https://www.geumriver.go.kr/html/index.jsp)

낙동강홍수통제소(http://www.nakdongriver.go.kr/main.do)

보험연구원(KIRI, http://kiri.or.kr/index.do)

수자원공사(https://www.kwater.or.kr/main.do?s_mid=1)

영산강홍수통제소(http://www.yeongsanriver.go.kr/index.do?S=S01)

일본 하천정보센터(FRICS, http://www.river.or.jp/)
하천관리지리정보시스템(RIMGIS, http://www.river.go.kr/index_new.aspx)
한강홍수통제소(http://www.hrfco.go.kr/main.do)
한국농어촌공사(https://www.ekr.or.kr/homepage/main.krc)
한국방재학회(https://www.kosham.or.kr/html/)
한국수자원조사기술원(KIHS, http://www.kihs.re.kr/index_new.php)
한국수자원학회(http://www.kwra.or.kr/)
한국시설안전공단(https://www.kistec.or.kr/index.do)
한국하천협회(http://www.riverlove.or.kr/index.asp)
EFAS(European Flood Awareness System, https://www.efas.eu/)
NWS(National Weather Service, https://water.weather.gov/ahps/)
RFC(river forcast centers) - NOAA(https://www.outlook.noaa.gov/riverf.htm)
USGS WaterWatch(https://waterwatch.usgs.gov/new/index.php)
WMO(World Meteological Organization, https://public.wmo.int/en)

김아름. 2018. 〈1998년 여름, 지리산에는 무슨일이?〉. 《파이낸셜뉴스》(https://www.fnnews.com/news/201806160910464580).

남계숙. 2020. 〈토네이도/허리케인/홍수, 보험으로 보상이 되나요?〉. 《중앙일보》. (http://www.koreadaily.com/news/read.asp?art_id=8418295)

위키피디아. 2020. 〈홍수〉. 《위키피디아》(https://ko.wikipedia.org/wiki/%ED%99%8D%EC%88%98).

이현영. 1995. 〈홍수〉. 《한국민족문화대백과사전》(http://encykorea.aks.ac.kr/Contents/SearchNavi?keyword=%ED%99%8D%EC%88%98&ridx=1&tot=89).

코리아위클리-플로리다. 2016. 〈플로리다 홍수보험 가입해야 하는 이유〉. 《세계한인언론인협회》(http://www.okja.org/miju_world/33701).

행정안전부 재난관리실 재난복구정책관 재난보험과. 2020. 〈풍수해 보험 안

내〉. 《정부24》(https://www.gov.kr/portal/service/serviceInfo/PTR000050487).

Federal Emergency Management Agency. 2020. "The National Flood Insurance Program." *Federal Emergency Management Agency*.(https://www.fema.gov/national-flood-insurance-program)

Natural Disaster Association. 2020. "Natural Hazards | Flooding." *Natural Disasters Association*.(https://www.n-d-a.org/flooding.php)

Wikipedia. 2020. "Flash Flood". *Wikipedia*.(https://en.wikipedia.org/wiki/Flash_flood)

3장 가뭄

국토교통부. 《수자원장기종합계획(2001~2020) 제3차 수정계획》. 2016. 19쪽.

김계자, 최종길, 편용우 역. 2015. 《재난에서 살아남기 1》. 서울: 이상미디어.

김연주, 박혜선, 전상묵. 2014. 《가뭄재난 관리를 위한 용수공급 피해 분석 및 대응 연구》. 세종: 한국환경정책평가연구원.

김연주, 이진영, 장평화, 송재열. 2013. 《가뭄 유형별 기후변화 적응정책 연구》. 서울: 한국환경정책평가연구원.

김현준. 2001. 《조선시대 가뭄 기록 조사》. 고양: 한국건설기술연구원.

김호정, 강형식, 정아영. 2016. 《가뭄 단계에 따른 적응형 가뭄관리정책 연구: 지역 차원의 비구조적 가뭄대책을 중심으로》. 세종: 한국환경정책평가연구원.

버나드, 브린. 2020. 《지구의 역사를 바꾼 9가지 자연재해》. 파주: 주니어김영사.

우승엽. 2016. 《대기근이 온다: 세상을 바꾼 가뭄과 기근의 역사》. 서울: 처음북스.

이동우. 2003.《방재과학개론》. 서울: 시그마프레스.

이재수. 2010.《자연재해의 이해 제3판》. 서울: 구미서관.

하인드먼, 도널드, 데이비드 하인드먼. 이동우 옮김. 2006.《자연재해와 재난》. 서울: 시그마프레스.

Botterill, L. C. and M. Fisher. 2003. *Beyond drought: People, policy and perspectives*. Clayton, Australia: CSIRO PUBLISHING.

Glantz, M. H. 1987. *Drought and hunger in Africa*. Cambridge, UK: Cambridge University Press.

Hayes, M. J., C. Alvord and J. Lowrey. 2002. *Drought indices.* Nebraska. National Drought Mitigation Center: University of Nebraska.

Keetch, J. J. and G. M. Byram. 1968. *A drought index for forest fire control.* Washington D. C.: US Department of Agriculture, Forest Service, Southeastern Forest Experiment Station.

Mortimore, M. 1989. *Adapting to drought: Farmers, famines and desertification in West Africa.* Cambridge, UK: Cambridge University Press.

Palmer, W. C. 1965. *Meteorological drought.* Maryland: US Department of Commerce. Weather Bureau.

Rossi, G., Vega, T. and B. Bonaccorso. 2007. *Methods and Tools for Drought Analysis and Management*. Berlin, Germany: Springer Science & Business Media.

Shafer, B. A., and L. E. Dezman. 1982. *Development of Surface Water Supply Index (SWSI) to Assess the Severity of Drought Condition in Snowpack Runoff Areas*. Proceeding Of The Western Snow Conference.

Smith, K. 2013. *Environmental hazards: assessing risk and reducing disaster*. Abingdon, UK: Routledge.

Wilhite, D. A. 2000. Drought: A global assessment. Abingdon, UK: Routledge.

김대하, 유철상. 2006. 〈가뭄심도-지속기간-빈도해석을 통한 우리나라 가뭄의 공간분포 분석〉. 《한국수자원학회 논문집》. 745-754쪽.

류재희, 이동률, 안재현, 윤용남. 2002. 〈가뭄평가를 위한 가뭄지수의 비교 연구〉. 《한국수자원학회논문집》. 397-410쪽.

유철상, 김대하. 2006. 〈구형펄스모형을 이용한 가뭄사상의 평가〉. 《한국수자원학회 논문집》. 373-382쪽.

유철상, 류소라. 2003. 〈서울지점 가뭄의 재현 및 지속특성 분석〉. 《한국수자원학회 논문집》. 561-573쪽.

윤순옥, 황상일. 2009. 〈삼국사기를 통해 본 한국 고대의 자연재해와 가뭄주기〉. 《대한지리학회지》. 497-509쪽.

윤순옥, 황상일. 2010. 〈고려사를 통해 본 한국 중세의 자연재해와 가뭄주기〉. 《한국지형학회지》. 85-98쪽.

윤용남, 안재현, 이동률. 1997. 〈Plamer 의 방법을 이용한 가뭄의 분석〉. 《한국수자원학회논문집》. 317-326쪽.

이상현. 2015. 〈물-식량-에너지 넥서스와 농업가뭄〉. 《한국농공학회지》. 49-55쪽.

이주헌, 김창주. 2011. 〈가뭄빈도해석을 통한 가뭄심도-지속시간-생기빈도 곡선의 유도〉. 《한국수자원학회논문집》. 889-902쪽.

이주헌, 서지원, 김창주. 2012. 〈가뭄지수를 활용한 한반도 가뭄의 경향성, 주기성 및 발생빈도 분석〉. 《한국수자원학회논문집》. 75-89쪽.

이주헌, 정상만, 김성준, 이명호. 2006. 〈가뭄모니터링 시스템 구축: I. 정량적 가뭄모니터링을 위한 가뭄지수의 적용성 분석〉. 《한국수자원학회논문집》. 787-800쪽.

Alley, W. M. 1984. "The Palmer drought severity index: limitations and assumptions." *Journal of Climate and Applied Meteorology* 23(Jul.): 1100-1109.

Byun, H. R. and D. A. Wilhite. 1999. "Objective quantification of drought severity and duration." *Journal of Climate* 12(Sep.): 2747-2756.

Cook, E. R., C. A. Woodhouse, C. M. Eakin, D. M. Meko and D. W. Stahle. 2004. "Long-term aridity changes in the western United States." *Science* 306(Nov.): 1015-1018.

Dai, A. 2011. "Drought under global warming: a review." *Wiley Interdisciplinary Reviews: Climate Change* 2(Jan.): 45-65.

Farooq, M., A. Wahid, N. Kobayashi, D. B. Fujita and S. M. A. Basra. 2009. "Plant drought stress: effects, mechanisms and management." *Agronomy for Sustainable Development* 29(Jan.): 185-212.

Fischer, R. A., and R. Maurer. 1978. "Drought resistance in spring wheat cultivars. I. Grain yield responses." *Australian Journal of Agricultural Research* 29(Oct.): 897-912.

Guttman, N. B. 1998. "Comparing the palmer drought index and the standardized precipitation index." *JAWRA Journal of the American Water Resources Association* 34(Feb.): 113-121.

Guttman, N. B. 1999. "Accepting the standardized precipitation index: a calculation algorithm 1." *JAWRA Journal of the American Water Resources Association*, 35(2): 311-322.

Heim Jr., R. R. 2002. "A review of twentieth-century drought indices used in the United States." *Bulletin of the American Meteorological Society* 83(Aug.): 1149-1166.

Keyantash, J. and J. A. Dracup. 2002. "The quantification of drought: an evaluation of drought indices." *Bulletin of the American Meteorological Society* 83(Aug.): 1167-1180.

Loon, A. F. Van. 2015. "Hydrological drought explained." *Wiley Interdisciplinary Reviews: Water* 2(Apr.): 359-392.

McKee, T. B., N. J. Doesken and J. Kleist. 1993. "The relationship of drought frequency and duration to time scales." In *Proceedings of the 8th Conference on Applied Climatology*(Vol. 17, No. 22): 179-183.

Mishra, A. K. and V. P. Singh. 2010. "A review of drought concepts." *Journal of Hydrology* 391(Jan.): 202-216.

Stine, S. 1994. "Extreme and persistent drought in California and Patagonia during mediaeval time." *Nature* 369(Jun.): 546-549.

Trenberth, K. E., A. Dai, G. Van Der Schrier, P. D. Jones, J. Barichivich, K. R. Briffa and J. Sheffield. 2014. "Global warming and changes in drought." *Nature Climate Change* 4(Jan.): 17-22.

Vicente-Serrano, S. M., S. Beguería and J. I. López-Moreno. 2010. "A multiscalar drought index sensitive to global warming: the standardized precipitation evapotranspiration index." *Journal of climate* 23(Jul.): 1696-1718.

Wilhite, D. A. and M. H. Glantz. 1985. "Understanding: the drought phenomenon: the role of definitions." *Water international* 10(Mar.): 111-120.

국가가뭄정보포털(http://www.drought.go.kr/main.do)

국민재난안전포털(가뭄예경보, http://www.safekorea.go.kr/idsiSFK/neo/main/main.html)

농업가뭄관리시스템(http://adms.ekr.or.kr/main/main.do)

농업기상재해 조기경보 시스템(농촌진흥청, https://agmet.kr)

동유럽 가뭄관리센터(DMCSEE, http://www.dmcsee.org/)

수문기상 가뭄정보 시스템(기상청, https://hydro.kma.go.kr/front/intro.do)

수자원공사(가뭄예경보, http://water.or.kr/disaster/drought/droughtnew03.do)

미국 가뭄정보시스템(NIDIS, https://www.drought.gov/drought/)

미국 가뭄모니터링포털(https://droughtmonitor.unl.edu/)

미국 국립가뭄경감센터(NDMC, https://drought.unl.edu/)

유럽 가뭄센터(EDC, (https://www.geo.uio.no/edc/index_old.htm)

유럽 가뭄연구원(EDO, https://edo.jrc.ec.europa.eu/edov2/php/index.php?id=1000)

캐나다 농업부(https://www.agr.gc.ca/eng/agriculture-and-climate/?id=1580153237101)
한강홍수통제소(가뭄예경보, http://www.hrfco.go.kr/web/notice/droughtAlertList.do)

그린포스트코리아(https://m.post.naver.com/viewer/postView.nhn?volumeNo=18433272&memberNo=30293492&vType=VERTICAL)
농촌진흥청(https://m.post.naver.com/viewer/postView.nhn?volumeNo=20411722&memberNo=1610070&searchKeyword=%EA%B0%80%EB%AD%84%EC%9E%AC%ED%95%B4&searchRank=8)
NAVER 지식백과, 〈가뭄〉(https://terms.naver.com/entry.nhn?docId=3577817&cid=58947&categoryId=58981).
NAVER 지식백과, 〈가뭄 시 행동요령〉(https://terms.naver.com/entry.nhn?docId=5661684&cid=42918&categoryId=42918).
한국민족문화대백과사전(http://encykorea.aks.ac.kr/Contents/Item/E0000180)

4장 화산

국립방재연구원. 2012.《대형 화산재해 대응체계 선진화 방안 연구》. 서울: 국립재난안전연구원.
기상청. 2011.《백두산 화산 대응 방안에 관한 연구》. 서울: 기상청.
이종신. 2010.《유체역학》. 인천: 원창출판사.
일본 뉴턴프레스. 2016.《화산의 모든 것: 화산의 구조부터 폭발 피해까지》. 서울: 아이뉴턴.
행정안전부. 2018.《한반도 주변 화산분화 위험을 고려한 화산재해 대응체계 고도화》. 세종: 행정자치부.

Bardintzeff, J. M. and A. R. McBirney. 2000. *Volcanology*. Massachusetts: Jones & Bartlett Learning.

Blong, R. J. 2013. *Volcanic hazards: a sourcebook on the effects of eruptions*. Amsterdam: Elsevier.

Gilbert, J. S. and R. S. J. Sparks. 1998. *The physics of explosive volcanic eruptions*. London: Geological Society of London.

Gottsmann, J. and J. Martí. 2011. *Caldera volcanism: analysis, modelling and response*. Amsterdam: Elsevier.

Harper, K. 2005. *The Mount St. Helens volcanic eruptions*. New York: Facts on File.

Lockwood, J. P. and R. W. Hazlett. 2013. *Volcanoes: global perspectives*. New Jersey: John Wiley & Sons.

Németh, K. and U. Martin. 2007. *Practical volcanology*. Budapest: Geological Institute of Hungary.

Parfitt, L. and L. Wilson. 2009. *Fundamentals of physical volcanology*. New Jersey: John Wiley & Sons.

Scarpa, R. and R. I. Tilling. 2012. *Monitoring and mitigation of volcano hazards*. Berlin: Springer Science & Business Media.

Segall, P. 2010. *Earthquake and volcano deformation*. New Jersey; Princeton University Press.

Siebert, L., T. Simkin and P. Kimberly. 2011. *Volcanoes of the World*. California: Univ of California Press.

Sigurdsson, H., B. Houghton, S. McNutt, H. Rymer and J. Stix. 2015. *The encyclopedia of volcanoes*. Amsterdam: Elsevier.

Simkin, T., L. Siebert, L. McClelland, D. Bridge, C. Newhall and J. H. Latter. 1981. *Volcanoes of the world: a regional directory, gazetteer, and chronology of volcanism during the last 10,000 years*. Amsterdam: Elsevier.

Wohletz, K. and G. Heiken. 1992. *Volcanology and geothermal energy*. Berkeley: University of California Press.

고기원, 박준범, 강봉래, 김기표, 문덕철. 2013. 〈제주도의 화산활동〉. 《지질학회지》. 49(2), 209-230.

구창민, 이원호, 이승수, 이동현. 2018. 〈1960 년 이후의 전 세계 화산재해 피해 분석〉. 《한국방재학회 논문집》. 18(4), 79-87.

김남신. 2011. 〈시뮬레이션에 의한 백두산 화산분출 영향범위 분석〉. 《한국지역지리학회지》, 17(3), 348-356.

김성욱, 최은경, 정수정, 김상현, 이길하, 윤성효. 2013. 〈백두산 분화에 따른 화쇄류, 화산이류, 화산성 홍수의 피해범위 예측을 위한 예비연구〉. 《한국지구과학회지》, 34(6), 479-491.

윤성효, 반용부. 2016. 〈2010 년 이후 지구에서 발생한 화산활동 분석〉. 《암석학회지》. 25(4), 409-419.

윤성효, 이정현. 2012. 〈백두산 화산의 전조활동 분석 연구〉. 《암석학회지》. 21(1), 1-12.

Bryan, S. E., I. U. Peate, D. W. Peate, S. Self, D. A. Jerram, M. R. Mawby, J. S. Marsh and J. A. Miller. 2010. "The largest volcanic eruptions on Earth." *Earth-Science Reviews* 102(3-4): 207-229.

Chouet, B. 2003. "Volcano seismology." *Pure and applied geophysics* 160(3-4): 739-788.

Chouet, B. A. 1996. "Long-period volcano seismicity: its source and use in eruption forecasting." *Nature* 380(6572): 309-316.

Eichelberger, J. C., C. R. Carrigan, H. R.Westrich and R. H. Price. 1986. "Non-explosive silicic volcanism." *Nature* 323(6089): 598-602.

Hill, D. P., F. Pollitz and C. Newhall. 2002. "Earthquake-volcano interactions." *Physics*

Today 55(11): 41-47.

Jaupart, C. 1996. "Physical models of volcanic eruptions." *Chemical Geology* 128(1-4): 217-227.

Jaupart, C. and C. J. Allègre. 1991. "Gas content, eruption rate and instabilities of eruption regime in silicic volcanoes." *Earth and Planetary Science Letters* 102(3-4): 413-429.

Nakamura, K. 1977. "Volcanoes as possible indicators of tectonic stress orientation—principle and proposal." *Journal of volcanology and Geothermal Research* 2(1): 1-16.

Robock, A. 2000. "Volcanic eruptions and climate." *Reviews of geophysics* 38(2): 191-219.

Sparks, R. S. J. 2003. "Forecasting volcanic eruptions." *Earth and Planetary Science Letters* 210(1-2): 1-15.

Voight, B. 1988. "A method for prediction of volcanic eruptions." *Nature* 332(6160): 125-130.

Walker, G. P. 1973. "Explosive volcanic eruptions—a new classification scheme." *Geologische Rundschau* 62(2): 431-446.

Woods, A. W. 1995. "The dynamics of explosive volcanic eruptions." *Reviews of geophysics* 33(4): 495-530.

국립재난안전포털(http://www.safekorea.go.kr/idsiSFK/neo/sfk/cs/contents/prevent/prevent11.html?menuSeq=126)

기상청(https://www.weather.go.kr/weather/earthquake_volcano/volcano_01.jsp)

미국 지질조사국(USGS, https://volcanoes.usgs.gov/index.html)

미국 국토안보부(https://www.ready.gov/volcanoes)

세계화산관측기구(World Organization of Volcano Observatories, WOVO, http://www.wovo.org/homepage-wovo.org/)

스미소니언 연구소 글로벌 화산프로그램(Smithsonian Institution. National Museum of Natural History Global Volcanism Program, https://volcano.si.edu/)

이탈리아 국립지구물리화산연구소(National Geophysical and volcanological Institute, http://www.ct.ingv.it/)

일본 화산연구센터(Volcano Research Center, VRC, http://www.eri.u-tokyo.ac.jp/VRC/index_E.html)

프랑스 화산관측소(French Volcano Observatory, http://www.ipgp.jussieu.fr/fr/observatoires-volcanologiques-sismologiques)

화산재해대응연합회(Volcanic Disaster PEDIA, VDPEDIA, http://www.vdpedia.org/)

사이언스올, 〈화산쇄설물〉(https://www.scienceall.com/%ED%99%94%EC%82%B0-%EC%87%84%EC%84%A4%EB%AC%BCpyroclastic-material/).

위키피디아, 〈보일의법칙〉(https://ko.wikipedia.org/wiki/%EB%B3%B4%EC%9D%BC%EC%9D%98_%EB%B2%95%EC%B9%99).

위키피디아, 〈샤를의법칙〉(https://ko.wikipedia.org/wiki/%EC%83%A4%EB%A5%BC%EC%9D%98_%EB%B2%95%EC%B9%99).

위키피디아, 〈열역학법칙〉(https://ko.wikipedia.org/wiki/%EC%97%B4%EC%97%AD%ED%95%99).

위키피디아, 〈이상기체법칙〉(https://ko.wikipedia.org/wiki/%EC%9D%B4%EC%83%81%EA%B8%B0%EC%B2%B4_%EB%B2%95%EC%B9%99).

위키피디아, 〈화산〉(https://ko.wikipedia.org/wiki/%ED%99%94%EC%82%B0).

위키피디아, 〈화산재〉(https://ko.wikipedia.org/wiki/%ED%99%94%EC%82%B0%EC%9E%AC).

ZUM학습백과, 〈화산 활동의 이점과 피해〉(http://study.zum.com/

book/11803).
ZUM학습백과, 〈화산분출물〉(http://study.zum.com/book/11991).

5장 지진

김소구. 2008.《지진학원론(물리지진학)》. 경기: 지구문화사.
김소구. 2010.《이론지진학》. 서울:범한서적.

Booth, E. D. and D. Key. 2006. *Earthquake design practice for buildings*. London: Thomas Telford.
Bullen, K. E., K. A. Bullen and B. A. Bolt. 1985. *An introduction to the theory of seismology*. England: Cambridge University Press.
Duggal, S. K. 2007. *Earthquake resistant design of structures*. England: Oxford University Press.
Elnashai, A. S. and L. Di Sarno. 2008. *Fundamentals of earthquake engineering*. New York: Wiley.
Frohlich, C. 2006. *Deep earthquakes*. England: Cambridge University Press.
Kappos, A. 2014. *Earthquake resistant concrete structures*. Florida: CRC Press.
Lay, T. and T. C. Wallace. 1995. *Modern global seismology*. Netherland: Elsevier.
Lee, W. H., P. Jennings, C. Kisslinger and H. Kanamori. 2002. *International handbook of earthquake and engineering seismology*. Netherland: Elsevier.
Shearer, P. M. 2019. *Introduction to seismology*. England: Cambridge University Press.
Stein, S. and M. Wysession. 2009. *An introduction to seismology, earthquakes, and earth structure*. New Jersey: John Wiley and Sons.

라홍우. 2019. 〈우리나라 포항지진 재난관리에 대한 중앙 · 지방정부 간 대책 방안 연구〉. 《한국방재안전학회 논문집》.

박주남, 최은수. 2007. 〈취약도 해석을 통한 빌딩구조물의 내진성능 비교 및 평가〉. 《한국지진공학회 논문집》.

오상훈, 신승훈. 2016. 〈경주지진의 지진파 특성과 건축물 피해규모와의 상관관계 분석〉. 《대한건축학회 논문집》.

이철호, 김성용, 박지훈, 김동관, 김태진, 박경훈. 2018. 〈9.12 경주지진 및 11.15 포항지진의 구조손상 포텐셜 비교연구〉. 《한국지진공학회 논문집》.

이한선, 황경란, 김승직. 2015. 〈세계지진기록에 근거한 우리나라의 지진하중 평가〉. 한국지진공학회 논문집》.

정기현, 이한선, 황경란. 2017. 〈우리나라 건축물 설계 스펙트럼에 상응하는 지진규모와 진앙거리의 추정〉. 《한국지진공학회 논문집》.

Ishigaki, A., H. Higashi, T. Sakamoto and S. Shibahara. 2013. "The Great East-Japan Earthquake and devastating tsunami: an update and lessons from the past Great Earthquakes in Japan since 1923." *The Tohoku journal of experimental medicine*, 229(4), 287-299.

Chung, L. L., L. Y. Wu, H. H. Huang, C. H. Chang and K. H. Lien. 2009. Optimal design theories of tuned mass dampers with nonlinear viscous damping. Earthquake engineering and engineering vibration, 8(4), 547-560.

Ellsworth, W. L., Lindh, A. G., Prescott, W. H., & Herd, D. G. (1981). The 1906 San Francisco earthquake and the seismic cycle. Earthquake prediction: An international review, 4, 126-140.

Ma, K. F., Lee, C. T., Tsai, Y. B., Shin, T. C., & Mori, J. (1999). The Chi-Chi, Taiwan earthquake: Large surface displacements on an inland thrust fault. Eos, Transactions American Geophysical Union, 80(50), 605-611.

Makris, N., & Constantinou, M. C. (1992). Spring-viscous damper systems for combined seismic and vibration isolation. Earthquake engineering & structural dynamics, 21(8), 649-664.

Plafker, G. (1965). Tectonic Deformation Associated with the 1964 Alaska Earthquake: The earthquake of 27 March 1964 resulted in observable crustal deformation of unprecedented areal extent. Science, 148(3678), 1675-1687.

Seed, H. B., & Idriss, I. M. (1967). Analysis of soil liquefaction: Niigata earthquake. Journal of the Soil Mechanics and Foundations Division, 93(3), 83-108.

Wang, X., & Liu, P. L. F. (2006). An analysis of 2004 Sumatra earthquake fault plane mechanisms and Indian Ocean tsunami. Journal of Hydraulic Research, 44(2), 147-154.

한국지질자원연구원(https://www.kigam.re.kr/quake/)

국립재난안전연구원(https://www.ndmi.go.kr)

국민재난안전포털(https://www.safekorea.go.kr)

기상청 날씨누리(https://www.weather.go.kr/)

Earthquake Engineering Research Institute(https://www.eeri.org/)

Incorporated Research Institutions for Seismology(https://www.iris.edu/)

Insternational Institute of Seismology and Earthquake Engineering(https://www.jma.go.jp/en/quake/)

International Seismological Centre(http://www.isc.ac.uk/)

SeismicPortal(https://www.seismicportal.eu/)

Seismological Society of America(https://www.seismosoc.org/)

USGS Earthquake Hazards(https://www.usgs.gov/natural-hazards/earthquake-hazards)

국립재난안전연구원, 〈지진해일〉(http://www.ndmi.go.kr/promote/knowledge/nature.jsp?link=3).

사이언스올 과학백과사전, 〈지진〉(https://www.scienceall.com/지진earthquake/).
위키피디아, 〈지진〉(https://ko.wikipedia.org/wiki/지진).
〈지진재해대책법〉(http://www.law.go.kr/법령/지진재해대책법/(12001)).
한국지질자원연구원 지진연구센터, 〈지진이란〉(https://www.kigam.re.kr/menu.es?mid=a40301010000).
Britannica, "Earthquake"(https://www.britannica.com/science/earthquake-geology).
British Geological Survey, "What is an earthquake"(https://www.bgs.ac.uk/discoveringGeology/hazards/earthquakes/whatIs.html).
USGS, "The Science of Earthquakes"(https://www.usgs.gov/natural-hazards/earthquake-hazards/science/science-earthquakes?qt-science_center_objects=0#qt-science_center_objects).
WHO, "Earthquakes"(https://www.who.int/health-topics/earthquakes#tab=tab_1).

6장 운석

김동섭, 김지현. 2004.《운석도감》. 서울: 한국운석광물연구소.
조경철. 1993.《운석》. 대광문화사.
최변각. 2008.《하늘에서 떨어진 돌, 운석》. 서울대학교출판부.

McCall, G. J. H., A. J. Bowden and R. J. Howarth. 2006. *The history of meteoritics and key meteorite collections: fireballs, falls and finds*. Geological Society of London.
Wasson, J. T. 2012. *Meteorites: Classification and properties (Vol. 10)*. Springer Science & Business Media.

이종익. 2009. 〈2006-2008 대한민국 남극운석 탐사〉.《지질학회지》. 45(6). 621-637.

______. 2013. 〈운석-2006~2012 대한민국 남극운석 탐사〉. 《The Science & Technology》. 56-59.

최변각, 박창근, 안인수, 이종익. 2009. 〈제1, 2, 3차 대한민국 남극운석의 분류와 암석학적, 지구화학적 특징〉.《지질학회지》. 45(6), 593-605.

최변각. 2009. 〈운석의 분류와 암석학적, 지구화학적 특징〉.《지질학회지》.

Bottke Jr, W. F., D. Vokrouhlický, D. P. Rubincam and D. Nesvorný. 2006. "The Yarkovsky and YORP effects: Implications for asteroid dynamics." *Annu. Rev. Earth Planet. Sci* 34(1):157-191.

Clarke Jr, R. S., E. Jarosewich, B. Mason, J. Nelen, M. Gomez and J. R. Hyde. 1971. "Allende, Mexico, Meteorite Shower." *Smithsonian Contributions to the Earth Sciences* 5: 1-53

Clayton, R. N. 1993. "Oxygen isotopes in meteorites." *Annual Review of Earth and Planetary Sciences* 21(1): 115-149.

Clayton, R. N., N. Onuma and T. K. Mayeda. 1976. "A classification of meteorites based on oxygen isotopes." *Earth and Planetary Science Letters* 30(1):10-18.

Farinella, P., D. Vokrouhlický and W. K. Hartmann. 1998. "Meteorite delivery via Yarkovsky orbital drift." *Icarus* 132(2): 378-387.

Massel, S. R. 2012. "Tsunami in coastal zone due to meteorite impact." *Coastal engineering* 66:40-49.

Peterson, C. 1976. "A source mechanism for meteorites controlled by the Yarkovsky effect." *Icarus* 29(1): 91-111.

극지연구소(https://www.kopri.re.kr/)

한국극지연구진흥회(http://kosap.or.kr/)

한국지질자원연구원(https://www.kigam.re.kr/main/)
한국항공우주연구원(https://www.kari.re.kr/kor.do)
한국해양과학기술원(http://www.kiost.ac.kr/kor.do)
ARES(https://ares.jsc.nasa.gov/)
ASU Center for Meteorite Studies(https://meteorites.asu.edu/)
IOM(http://meteorite.unm.edu/)
NASA(https://www.nasa.gov/)
SETI(https://www.seti.org/)

위키피디아, 〈운석〉(https://ko.wikipedia.org/wiki/%EC%9A%B4%EC%84%9D).
위키피디아, 〈충돌사건〉(https://ko.wikipedia.org/wiki/%EC%B6%A9%EB%8F%8C%EC%82%AC%EA%B1%B4).
위키피디아, 〈야르콥스키 효과〉(https://ko.wikipedia.org/wiki/%EC%95%BC%EB%A5%B4%EC%BD%A5%EC%8A%A4%ED%82%A4_%ED%9A%A8%EA%B3%BC).
위키피디아, 〈유성체〉(https://ko.wikipedia.org/wiki/%EC%9C%A0%EC%84%B1%EC%B2%B4).
위키피디아, 〈철질운석〉(https://ko.wikipedia.org/wiki/%EC%B2%A0%EC%A7%88%EC%9A%B4%EC%84%9D).
위키피디아, 〈카마사이트〉(https://ko.wikipedia.org/wiki/%EC%B9%B4%EB%A7%88%EC%82%AC%EC%9D%B4%ED%8A%B8).
위키피디아, 〈구립운석〉(https://ko.wikipedia.org/wiki/%EA%B5%AC%EB%A6%BD%EC%9A%B4%EC%84%9D).
위키피디아, 〈진주 운석〉(https://ko.wikipedia.org/wiki/%EC%A7%84%EC%A3%BC_%EC%9A%B4%EC%84%9D).
위키피디아, 〈가평 운석〉(https://ko.wikipedia.org/wiki/%EA%B0%80%ED%8F

%89_%EC%9A%B4%EC%84%9D).

7장 환경재해

C. J. 위즈너. 임경택 옮김. 2002.《수문기상학》. 서울: 지구문화사
강헌. 1996.《환경영향평가》. 서울 : 東和技術
공인철. 2006.《환경오염 생태학》. 영남대학교 출판부.
길버트 마스터스. 1995.《환경공학개론》. 서울 : 東和技術
더글러스 A. 헤이스. 김경섭 외 옮김. 1998.《환경시스템 최적화》. 서울: 東和技術
마이클 그랜츠. 2002.《엘리뇨와 라니냐》. 서울 : 아르케
브라이언 페이건. 2002.《기후는 역사를 어떻게 만들었는가: 소빙하기 1300~1850》. 서울 : 중심
생태공학포럼. 2011.《생명의 강 살리기 : 국내외 사례》. 파주 : 淸文閣
오광중, 김영식, 김미경, 남창모, 서종원. 2011.《대기오염개론》. 동화기술.
옥치상. 2000.《폐기물 관리 및 자원화 기술》. 대학서림.
윤일희 편역.《현대기후학》. 서울 : 시그마프레스
이규성, 조웅현, 이수구, 이현주, 백형철 외. 2007.《수질오염개론》. 형설출판사.
이재수. 2000.《자연재해의 이해》. 구미서관.
이제근, 이병헌, 여석준, 강임석, 김일규. 2013.《환경과학개론》. 동화기술.
장은성. 2008.《(죽음의 단백질)프리온 : 광우병의 정체》. 한국학술정보.
최상일, 이군택, 양재규. 2009.《토양오염 관리 및 복원 개론》. 동화기술.
카렌 암스. 전의찬 외 옮김. 2001.《(지구를 살리는)환경과학》. 서울 : 淸文閣
크리스티안 다트리히 쇤비제, 김종규 옮김. 1998. .《기후변동론》. 서울: 한울아카데미
토마스 그레델, 폴 크루첸.《기후 변동 : 21세기 지구의 미래를 예측한다》. 서울 :

사이언스북스
한무영 역. 2014.《청정에너지 기후 그리고 탄소》. 서울 : 씨아이알
한상욱. 2001.《환경영향평가제도: 국내외 동향과 향후과제》. 서울: 東和技術
허대기, 박용찬. 2014.《청정에너지 기후 그리고 탄소》. 서울 : 씨아이알
헤르만 플론. 2000.《과거와 미래의 기후변화문제》. 서울 : 한울아카데미
현상민, 최영호. 2019. 초미세먼지와 대기오염. 씨아이알.

Blight, Geoffrey E. and E. C. Leong(eds.). 2012. *Mechanics of residual soils*. Cleveland, Ohio: CRC Press
Hyndman, Donald W. and David W Hyndman. 2006. *Natural hazards and disasters*. Australia, United States: Thomson Higher Education
Julien, P. Y. 2010. *Erosion and sedimentation*. United Kingdom: Cambridge, United Kingdom; New York: Cambridge University Press
Stern, Arthur C. 1984. *Fundamentals of air pollution*. Orlando: Academic Press
Yaron, B. 1996. *Soil pollution : processes and dynamics*. New York : Springer

권순국. 1998. 〈우리나라 비점원 수질오염 관리의 문제점과 개선방안〉.《대한환경공학회지, 20(11)》. 1497-1510.
김동술. 2013. 〈우리나라 대기오염 역사, 규제의 변천, 현행 규제제도의 개선방안〉.《한국대기환경학회지, 29(4)》. 353-368.
김연태. 2003. 〈폐기물의 개념 및 분류, 처리체계-독일의 순환관리 및 폐기물법을 중심으로〉.《환경법연구, 25(1)》. 165-208.
김용표. 2017. 〈초미세먼지 문제 해결을 위한 연구 및 정책 방향〉.《한국대기환경학회지, 33(3)》. 191-204.
이경재. 1993. 〈대기오염과 산성비가 생태계에 미치는 영향〉.《한국대기환경학회지, 9(1)》. 11-18.
이상진, 김영일. 2014. 〈수질오염총량관리제의 합리적인 시행을 위한 비점오염

원관리 개선방안〉. 《대한환경공학회지, 36(10)》. 719-723.
차인환, 한해광, 조현서, 안윤근, 김세훈. 2015. 〈플라스틱류 해양쓰레기와 생물 피해 특성〉. 《한국해양환경 · 에너지학회 학술대회논문집》. 249-252.

El-Fadel, M., A. N. Findikakis, J. O. Leckie. 1997. "Environmental impacts of solid waste landfilling." *Journal of environmental management* 50(1): 1-25.
Harada, M. 1995. "Minamata disease: methylmercury poisoning in Japan caused by environmental pollution." *Critical reviews in toxicology 25*(1): 1-24.
Huamain, C., Z. Chunrong, T. U. Cong, Z. Yongguan. 1999. "Heavy metal pollution in soils in China: status and countermeasures." *Ambio* 130-134.
Xepapadeas, A. 1997. "Economic development and environmental pollution: traps and growth." *Structural Change and Economic Dynamics 8*(3): 327-350.

국제폐기물협회(ISWA, https://www.iswa.org/)
그린피스(http://www.greenpeace.org/homepage/)
미국 지질조사국(USGS, https://www.usgs.gov/)
미국환경보호청(EPA, https://www.epa.gov/)
수도권대기환경청(http://me.go.kr/mamo/web/main.do)
유엔 환경 계획(UNEP, https://www.unenvironment.org/)
한국보건사회연구원(https://www.kihasa.re.kr/)
한국폐기물협회(http://www.kwaste.or.kr/)
한국환경공단(http://www.keco.or.kr/kr/main/index.do)
화학물질안전원(https://nics.me.go.kr/front/main/main.do)
환경부(http://me.go.kr/home/web/main.do)
IQ Air(https://www.iqair.com/earth?nav)

녹색평론사(http://www.greenreview.co.kr)

위키피디아, 〈미세먼지〉(https://en.wikipedia.org/wiki/Particulates).
위키피디아, 〈폐기물〉(https://ko.wikipedia.org/wiki/%ED%8F%90%EA%B8%B0%EB%AC%BC).
위키피디아, 〈프리온〉(https://ko.wikipedia.org/wiki/%ED%94%84%EB%A6%AC%EC%98%A8).
지식백과, 〈광우병〉(https://terms.naver.com/entry.nhn?docId=5144873&cid=61232&categoryId=61232).
지식백과, 〈미나마타병〉(https://terms.naver.com/entry.nhn?docId=926686&cid=51007&categoryId=51007).
지식백과, 〈이따이이따이병〉(https://terms.naver.com/entry.nhn?docId=1135666&cid=40942&categoryId=32783).
지식백과, 〈환경〉(https://terms.naver.com/entry.nhn?docId=5646851&cid=62861&categoryId=62861).
환경공해신문(http://env-news.co.kr)
환경정의 시민연대(http://www.ecojustice.or.kr)

고려대학교핵심교양 6

자연재해의 이해

초판 발행 2020년 7월 31일
초판 3쇄 2023년 8월 16일

지은이 유철상
펴낸곳 고려대학교출판문화원
www.kupress.com
kupress@korea.ac.kr
(02841) 서울특별시 성북구 안암로 145
Tel 02-3290-4230, 4232
Fax 02-923-6311
찍은곳 네오프린텍(주)

ISBN 979-11-90205-36-8 03530

값 16,000원